食品加工技术与应用（第2版）

主　编◇魏强华
副主编◇左映平　马海霞　姚瑞祺

重庆大学出版社

内容提要

食品加工技术是研究食品资源的组成、加工保藏特性及相关食品工艺的应用技术。依托地方食品资源进行创新创业，大力发展食品产业，有助于我国三农问题的解决和乡村振兴战略的实施。本书根据我国实施乡村振兴战略和“大众创业、万众创新”的需求，以培养应用型人才为目标，突出食品加工、食品研发、食品创新创业能力的培养，按工学结合模式、项目教学法、任务驱动法编写而成。

与同类教材相比，本书围绕学生今后在食品产业的就业创业需求，突出重点，精选果蔬制品、乳制品、粮食制品、肉制品、水产品等典型食品的加工生产，不追求内容大而全；以实验实训为中心，教学做一体化，培养学生的食品加工技能、食品研发能力；将食品创新创业案例融会其中，拓宽视野，触类旁通，提高学生的食品创新创业意识。本书各任务后附有拓展训练、思考练习等，有助于启发学生思维和系统掌握知识。

本书可作为高职高专食品检验检测技术、食品质量与安全、食品营养与健康等专业的必修教材，也可作为食品智能加工技术、食品贮运与营销等专业的通识教材，还可供食品产业创业人员、食品企业技术人员参考。

图书在版编目（CIP）数据

食品加工技术与应用 / 魏强华主编. --2版. --重庆：重庆大学出版社，2020.8（2024.1重印）
高职高专食品类专业系列教材
ISBN 978-7-5689-2396-5

Ⅰ.①食… Ⅱ.①魏… Ⅲ.①食品加工—高等职业教育—教材 Ⅳ.①TS205

中国版本图书馆CIP数据核字（2020）第160576号

高职高专食品类专业系列教材
食品加工技术与应用
SHIPIN JIAGONG JISHU YU YINGYONG
（第2版）
主 编 魏强华
副主编 左映平 马海霞 姚瑞祺
策划编辑：梁 涛
责任编辑：夏 宇 版式设计：梁 涛
责任校对：王 倩 责任印制：赵 晟
*
重庆大学出版社出版发行
出版人：陈晓阳
社址：重庆市沙坪坝区大学城西路21号
邮编：401331
电话：（023）88617190 88617185（中小学）
传真：（023）88617186 88617166
网址：http://www.cqup.com.cn
邮箱：fxk@cqup.com.cn（营销中心）
全国新华书店经销
重庆华数印务有限公司印刷
*
开本：787mm×1092mm 1/16 印张：16.75 字数：337千
2014年5月第1版 2020年8月第2版 2024年1月第6次印刷
印数：13 001—16 000
ISBN 978-7-5689-2396-5 定价：43.00元

高职高专食品类专业系列教材

GAOZHI GAOZHUAN SHIPIN LEI ZHUANYE XILIE JIAOCAI

高职高专食品类专业系列教材

GAOZHI GAOZHUAN SHIPIN LEI ZHUANYE XILIE JIAOCAI

参加编写单位

（排名不分先后）

合肥职业技术学院
重庆三峡职业学院
甘肃农业职业技术学院
甘肃畜牧工程职业技术学院
茂名职业技术学院
广东轻工职业技术学院
广西工商职业技术学院
广西邕江大学
河北北方学院
河北交通职业技术学院
鹤壁职业技术学院
漯河职业技术学院
河南牧业经济学院
濮阳职业技术学院
商丘职业技术学院
永城职业技术学院
黑龙江农业职业技术学院
黑龙江生物科技职业学院
湖北轻工职业技术学院
湖北生物科技职业学院
湖北师范学院
长沙环境保护职业技术学院
内蒙古农业大学
内蒙古商贸职业技术学院
山东畜牧兽医职业学院
山东职业技术学院
淄博职业学院
运城职业技术学院
杨凌职业技术学院
四川化工职业技术学院
四川旅游学院
天津渤海职业技术学院
台州科技职业学院
中国水产科学研究院南海水产研究所

食品加工技术是研究食品资源的组成、加工保藏特性及相关食品工艺的应用技术。依托地方食品资源进行创新创业，大力发展食品产业，延长食品产业链（保藏、加工、物流、电商等），有助于我国三农问题的解决，也有助于我国乡村振兴战略的实施（如开发乡村旅游食品，促进乡村旅游经济发展）。本书根据我国实施乡村振兴战略和“大众创业、万众创新”的需求，以培养应用型人才为目标，突出食品加工、食品研发、食品创新创业能力的培养，内容涵盖果蔬制品、乳制品、粮食制品、肉制品、水产品、饮料等加工生产。

与同类教材相比，本教材具有如下改进：

（1）食品加工技术众多，产品繁多，不可能都写入教材，也没有必要。本教材围绕学生今后在食品产业的就业创业需要，精简内容，精选典型食品的加工生产，通俗易懂。

（2）本教材以实验实训为中心，教学做一体化，设计食品研究内容（食品配方、工艺参数、食品添加剂等），并安排自主实验任务，培养学生的食品加工技能和食品研发能力。

（3）本教材将食品创新创业案例融会其中，穿插企业实际应用，辅助视频教学，拓宽视野，触类旁通，以提高学生的食品创新创业意识。

（4）在学银在线、学习通平台上建立了精品在线开放课程——食品加工技术，提供课件、教材、视频、习题等电子资源，便于学生课外自主学习。

本书由魏强华任主编，邓毛程任主审。其中绪论、任务 1.1 至任务 1.4、任务 2.3、任务 2.5、任务 3.1 至任务 3.6、任务 4.1 至任务 4.3、任务 6.2、任务 6.3、任务 7.1 至任务 7.3、任务 8.2 至任务 8.4、任务 9.1、任务 9.2、附录由广东轻工职业技术学院魏强华编写；任务 1.5、任务 2.1、任务 2.2、任务 2.4 由茂名职业技术学院左映平编写；任务 5.1 至任务 5.3 由中国水产科学研究院南海水产研究所马海霞编写；任务 1.6、任务 6.1、任务 8.1 由杨凌职业技术学院姚瑞祺编写。

本书可作为高职高专食品检验检测技术、食品质量与安全、食品营养与健康等专业的必修教材，也可作为食品智能加工技术、食品贮运与营销等专业的通识教材，还可供食品产业创业人员、食品企业技术人员参考。

由于编者水平有限，书中难免会有错误之处，恳请读者批评指正，编者将不胜感谢。

编　者

2020 年 8 月

目录
Contents

绪论

食品加工技术课程标准

任务 0.1　食品概念及分类

思政导读

2020 年 12 月中央农村工作会议召开，习近平总书记强调，在向第二个百年奋斗目标迈进的历史关口，巩固和拓展脱贫攻坚成果，全面推进乡村振兴，加快农业农村现代化，是需要全党高度重视的一个关系大局的重大问题。全党务必充分认识新发展阶段做好“三农”工作的重要性和紧迫性，坚持把解决好“三农”问题作为全党工作重中之重，举全党全社会之力推动乡村振兴，促进农业高质高效、乡村宜居宜业、农民富裕富足。

拓展阅读

谈谈食品加工技术在乡村振兴中的作用，引导学生认识到学习食品加工技术课程的重要性，明确学习的方向。

0.1.1　食品

《中华人民共和国食品安全法》规定，食品指各种供人食用或者饮用的成品和原料以及按照传统既是食品又是中药材的物品，但是不包括以治疗为目的的物品。

0.1.2　食品加工技术

食品加工技术是研究食品资源的组成、加工保藏特性及相关食品工艺的应用技术。

应用不同的技术所得到的产品质量会不一样，这被认为是食品加工技术的核心。例如，采用速冻技术可以使冻制品保持好的品质，而缓慢冻结往往会使产品品质降低。

食品加工常常是由系列单元操作（独立的操作过程）组成，包括物料输送、过滤、离心、混合、乳化、传热、干燥、冷却、冷冻等操作过程。食品加工的关键之一便是恰当地选择各种单元操作，并将其正确地组合成一些更为复杂完整的加工体系。

讨论

播放一段食品加工的视频，使学生直观理解企业加工食品的过程。与家庭或作坊制作的粽子相比，工厂生产加工的粽子有什么区别？

食品加工技术课程作为食品检验检测技术、食品质量与安全、食品营养与健康等专业的必修课程，在食品加工保藏条件选择、食品品质控制、地方食品资源开发、营养健康食品开发（如糖尿病人群适合的低糖食品、桑叶面条、全麦面包）等方面具有重要作用。该课程定位是：

①服务于化验、品控等工作岗位的需要。只有懂得必要的食品加工原理和工艺，才能使化验、品控等工作更好地分析、解决产品质量问题，提高产品质量。

全面推进乡村振兴

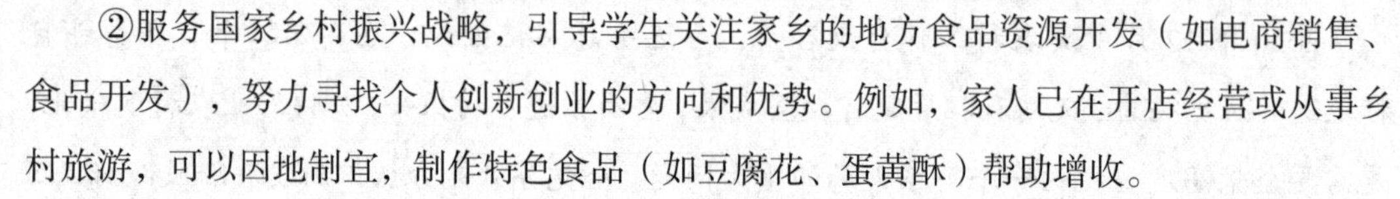
②服务国家乡村振兴战略，引导学生关注家乡的地方食品资源开发（如电商销售、食品开发），努力寻找个人创新创业的方向和优势。例如，家人已在开店经营或从事乡村旅游，可以因地制宜，制作特色食品（如豆腐花、蛋黄酥）帮助增收。

推进健康中国建设

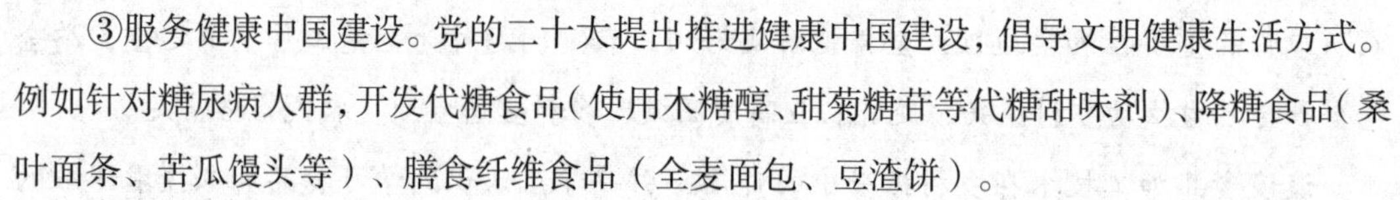
③服务健康中国建设。党的二十大提出推进健康中国建设，倡导文明健康生活方式。例如针对糖尿病人群，开发代糖食品（使用木糖醇、甜菊糖苷等代糖甜味剂）、降糖食品（桑叶面条、苦瓜馒头等）、膳食纤维食品（全麦面包、豆渣饼）。

0.1.3 食品的分类

1）按食品原料种类分类

按食品原料种类分类如图 0.1 所示。

食品
- **果蔬制品，如果蔬罐头、果脯蜜饯、果蔬汁饮料、果蔬干制品等**
- **粮食制品，如面包、蛋糕、饼干、方便面、膨化食品、米粉等**
- **肉禽制品，如冷鲜肉、肉禽罐头、肉干、酱卤肉制品、香肠、火腿等**
- **水产制品，如冷冻水产品、水产干制品、水产罐头等**
- **乳制品，如巴氏杀菌乳、超高温灭菌乳、酸奶、奶酪等**
- **蛋制品，如保洁蛋、卤蛋、蛋粉、蛋液等**
- **蜂产品**

图 0.1 按食品原料种类分类

2）按食品保藏方法分类

按食品保藏方法分类如图 0.2 所示。

食品
- 干藏食品，如苹果干、笋干、葡萄干、牛肉干、鱼干等
- 罐藏食品，如糖水荔枝罐头、盐水蘑菇罐头、午餐牛肉罐头、豆豉鲮鱼罐头等
- 冷藏食品，如冷鲜肉、酸奶、巴氏杀菌乳等
- 冷冻食品，如冷冻水产品、速冻汤圆、速冻草莓等
- 腌渍食品，如咸菜、苹果脯、蜜枣等
- 烟熏食品，如熏鱼、熏肉等
- 辐射保藏食品

图 0.2　按食品保藏方法分类

3）按食品加工方法分类

按食品加工方法分类如图 0.3 所示。

食品
- 生鲜食品，如净菜、保洁蛋、冷鲜肉等
- 焙烤食品，如面包、蛋糕、饼干等
- 膨化食品，如薯片等
- 油炸食品，如炸油条、炸乳鸽等
- 干制品，如风干牛肉、干制黄花菜、笋干等
- 罐头食品，如栗子鸡罐头、糖水梨罐头等
- 发酵食品，如酱油、食醋、果酒、啤酒、白酒等
- 速冻食品

图 0.3　按食品加工方法分类

范例

我国如今大力推动传统米面食品和中餐菜肴的工业化，如自热方便米饭、速冻水饺、冷冻辣子鸡丁等受到市场欢迎，使人们从繁重的厨房劳动中解放出来。

任务0.2　食品工业作用与现状

思政导读

柚子皮
辣酱加工

任务：查找并分享食品创业成功案例（如老干妈辣酱创业），谈谈对自己今后就业创业的启发。

目标：结合老干妈辣酱创业等案例，引导学生培养创新创业意识，激发学习食品加工技术课程的热情。

食品工业是以农林牧渔的产品（或半成品）为主要原料，辅以化学工业的产品（如食品添加剂），采用科学生产和管理方法，生产商品化食品及半成品的工业体系。

0.2.1　食品工业的作用

俗话说：“民以食为天。”我国食品工业承担着为14亿人口提供安全放心、营养健康食品的重任，多年来一直是国民经济的支柱产业和保障民生的基础产业，为满足我国城乡居民消费、带动相关产业发展、提高农业产业化水平、促进社会和谐稳定做出了重要贡献。

食品工业的关联产业众多。首先，食品工业是第一产业（农、林、牧、渔业）的继续和发展，食品工业的原料大部分来自农业，可为农业的健康发展提供更为广阔的市场；其次，食品工业能带动机械、包装等第二产业的发展；再次，食品工业企业制造出产品后，需要经过流通、运输、消费等环节才能进入市场，进而拉动以服务业为主的第三产业的发展。

例如，食品包装的主要目的在于保证食品的质量和安全，方便消费者使用，并突出商品包装外表及标志。食品包装不当，会使食品生产者所有通过精心生产而努力实现的一切都化为泡影。很多时候，包装成本会比制造食品时使用的原辅料成本还要大。

思考

一种食品的成本构成包括哪些方面？

0.2.2 食品工业的现状

现代食品工业是以消费为导向(供给侧改革),消费者需要什么就加工什么(如对猪肉、牛肉的精细化分割包装)，同时食品原料的生产应根据食品加工的要求来种植或养殖(如适合薯条、薯片加工的马铃薯专用品种)。

总之，食品工业是具有悠久历史的传统产业，是关系国计民生的生命工业，是一个永不衰退的行业，是一个充满商机的行业，也是一个竞争激烈的行业。例如，越来越多的食品企业自行组织或与旅行社合作，开展了食品工业旅游，如有的企业建立参观通道，让消费者参观企业生产场地和工艺，有的企业建立相关食品博物馆或体验馆，还有的企业提供消费者能参与的体验活动，加强了食品企业与消费者之间的沟通，提升了企业的知名度。

任务 0.3 自主实验任务

思政导读

为了服务党的二十大提出的全面推进乡村振兴和健康中国建设的需要，促进地方食品资源的开发利用(如开发乡村旅游食品)，培养大学生的食品创新创业能力、实践能力，本课程安排食品加工的自主实验任务。

要求选择一个类别：

自主实验任务

①结合家乡食品资源的食品开发，如沙田柚、苦瓜、南瓜、红茶等。

②结合食品废弃物的食品开发，如豆渣、柚皮、茶末等。

③结合网店或门店的食品开发，如蛋黄酥、雪媚娘、月饼等。

雪媚娘制作

④结合糖尿病人群需要的食品开发，如低糖酸奶、桑叶面条、苦瓜馒头、全麦面包、豆渣饼等。

所加工的食品应易于实施，如面条、馒头、面包、豆腐花、千层糕、糯米糍、蜜饯、曲奇饼干、奶茶等。

广东省“一村一品、一镇一业”专业村名单

例如，广东省的同学可以查找广东省“一村一品、一镇一业”专业村名单，了解家乡的特色食品资源。如家乡有红茶产业，在红茶加工中所产生的茶末销售困难、售价低，可以研究如何将茶末加工成奶茶或柠檬茶，从而提高茶末的经济价值，带动茶农增收致富，促进当地红茶产业发展。

每组 2 ~ 6 人，自由组队。

提前下载资源（下厨房 App、视频、期刊等），初步确定食品加工的工艺和配方，利用课外时间（如另一个班课程实验的时间），尝试加工一种食品。每组完成一个食品加工视频，并上台汇报。

高级技术

食品生产（如苹果醋饮料）可以采用代工生产方式，适合食品创业者，不需要自建厂房、采购设备、组织生产、招聘技术人员等，可以把主要精力放在产品研发、销售渠道拓展等方面。

代工生产也称定点生产，基本含义是品牌生产者不直接生产产品，而是利用自己掌握的关键核心技术负责设计和开发新产品，控制销售渠道，具体的加工任务通过合同订购的方式委托同类产品的其他厂家生产。之后将所订产品低价买断，并直接贴上自己的品牌商标。这种委托他人生产的合作方式简称 OEM（Original Equipment Manufacture），承接加工任务的制造商被称为 OEM 厂商，其生产的产品被称为 OEM 产品。

通常，代工生产方式有三种：

①客户自带品牌，提供配方与标准，并提供原料、包装材料，OEM 方仅负责生产。

②客户自带品牌，提供配方与标准，并提供包装材料，OEM 方负责代购原料及生产。

③客户自带品牌，提供配方与标准，OEM 方提供原料与包装及产品生产等。

拓展训练

《关于加快推进乡村人才振兴的意见》

党的十九大提出实施乡村振兴战略，党的二十大强调要全面推进乡村振兴。发展乡村旅游经济（如水果采摘游、农家乐）是大势所趋，是实施乡村振兴战略的重要途径。在乡村旅游的过程中，消费者必然会进行食品消费，其中各地的乡村旅游食品（如豆腐花、千层糕、糍粑、粽子等）会吸引众多消费者品尝和购买，而乡村旅游食品制作体验活动更是受到消费者欢迎，使得乡村旅游更具吸引力，可以创造更大的经济价值。

柚子糖加工

为此，针对日益蓬勃发展的乡村旅游需求，各高校应依托本校食品专业的人才、技术优势，以食品专业学生为主体，成立食品制作研发协会（以下简称“食品协会”），为食品专业学生提供学以致用和创新创业实践的平台。食品协会不仅可以针对有志于乡村旅游创业的大学生、乡村旅游经营者开展乡村旅游食品制作的线上线下融合培训，为乡村旅游事业培养创新创业人才，还可以开展乡村旅游食品研发，即在乡村旅游食品中创新融入各地特色农产品，例如在种植百香果较多的地区，研发百香果千层糕，在种植椰子较多的地区，研发椰汁千层糕，从而促进当地农产品销售和农民增收致富，助力国家乡村振兴战略的实施。

谈谈在高校成立食品协会，可以在哪些方面发挥作用。

思考练习

①俗话说，没有食品添加剂，就没有现代食品工业。举例说明食品添加剂在食品工业中的应用有哪些。

②列举某种适合做电商销售的家乡特色食品或食品资源。作为食品专业的大学生，应多关注乡村振兴战略等国家战略，将个人事业发展与国家需求结合。家乡特色食品或食品资源（特色农产品）可以成为今后个人创业致富的核心竞争力。

广东省产业集群行动计划

③我国启动了马铃薯主粮化战略（也称马铃薯主食化战略），推进把马铃薯加工成馒头、面条、米粉等主食，马铃薯将成为继稻米、小麦、玉米后的又一主粮。分析我国为何会推进马铃薯主食化战略。

④网上查找一家 OEM 生产企业，谈谈它可以代工生产哪些食品，是否可以用于你家乡的某种食品资源的代工生产。例如，家乡的百香果资源丰富，可以委托企业代加工百香果饮料或百香果糕，在乡村旅游中供消费者品尝和购买。

⑤炒菜机器人也称烹饪机器人、自动炒菜机，是模拟人工烹饪，将备好的主料、配料、佐料按照程序要求投入，即可自动烹饪食品的智能化设备。其中，家用炒菜机器人适合家庭使用（如年轻人工作忙碌没有时间做饭），而商用炒菜机器人适合学校饭堂、特色餐厅、会所、快餐店等后厨房使用。查找炒菜机器人的使用方法和发展现状，讨论其应用前景。

⑥谈谈学习食品加工技术课程对于个人今后的就业或创业有哪些作用。

项目 1　果蔬加工技术

★项目描述

本项目主要介绍以果蔬为原料加工而成的产品，包括速冻果蔬、果蔬罐头、果蔬糖制品、果蔬干制品、果蔬汁饮料等，重点讲解这些产品的加工原理、工艺流程、操作要点、实例实训。

学习目标

◎了解果蔬保鲜、速冻果蔬、果蔬罐头、果蔬糖制品等产品的概念和分类。

◎理解速冻果蔬、果蔬罐头、果蔬糖制品等产品的加工原理。

◎掌握速冻果蔬、果蔬罐头、果蔬糖制品等产品的加工工艺流程、操作要点及注意事项。

能力目标

◎能正确选择果蔬原料和预处理方法。

◎能完成速冻果蔬、果蔬罐头、果蔬糖制品等产品的加工。

◎能进行速冻果蔬、果蔬罐头、果蔬糖制品等产品的质量评价。

◎学生能通过网络、视频，自主学习食品加工技术，并能开展相关加工实验和研究。

教学提示

教师应提前从网上下载相关视频，结合视频辅助教学，包括果蔬速冻加工、果蔬罐头加工、果蔬干制品加工等视频。可根据实际情况，开设果蔬罐头加工等实验。

任务 1.1 果蔬贮藏保鲜技术

思政导读

通过视频或图片，讲解果蔬贮藏保鲜技术缺失而使果蔬损失严重，引申三农问题和粮食安全问题的重要性。

活动情景

果蔬含有人体所需的多种营养物质（尤其是水溶性维生素、膳食纤维等），风味独特，在人们日常消费中占有相当大的比重。

但果蔬生产存在较强的季节性、区域性及果蔬本身的鲜嫩易腐等特性，给果蔬的贮藏运输及销售带来极大的困难，造成“旺季烂、淡季断”的问题，即旺季滞销，腐烂损失严重，而淡季则供应数量不足，无法满足市场需求。

因此，对果蔬进行贮藏保鲜是必不可少的，可以使广大农户或销售商延长果蔬销售供应时间，并能达到比较满意的市场价格。

“柑橘院士”邓秀新

任务要求

理解果蔬贮藏保鲜的原理，掌握果蔬冷库贮藏保鲜、气调贮藏保鲜、涂膜保鲜等保鲜技术。

技能训练

针对荔枝或苹果等，查找冷库贮藏保鲜、气调贮藏保鲜、涂膜保鲜的工艺及参数。

1.1.1 果蔬贮藏保鲜基本原理

采收后的新鲜果蔬是有生命活动的有机体，具有呼吸作用（使果蔬贮藏环境中的氧气浓度降低、二氧化碳浓度升高），会放出热量和水分。

思考

将果蔬用包装袋密封后放入冰箱，包装袋内往往会出现水珠，为什么？

果蔬呼吸作用过强，会使果蔬自身贮藏的营养物质（糖类、有机酸等）过多地被消耗，含量迅速减少，果蔬品质下降（营养、风味等），同时加速果蔬的衰老，缩短贮藏寿命。例如，甜玉米、菠菜、草莓、蘑菇、青豆等呼吸强度特别高，若紧密贮放，会由于呼吸产热而导致果蔬中心发生腐烂。

但果蔬呼吸作用也有有利方面，即采收后的新鲜果蔬通过呼吸作用，把体内贮藏的有机物（糖类、有机酸等）氧化代谢，以提供维持生命的能量和中间物质，使果蔬保持耐藏性和抗病性。例如，果蔬的呼吸作用不正常，其抗微生物致腐的能力下降，容易出现腐烂变质。

思考

两个新鲜苹果，将其中一个煮熟，对照两个苹果，同样放置在室温下，哪个苹果保鲜期更长？

总之，果蔬贮藏保鲜的基本原理是创造适宜的贮藏保鲜条件（温度、湿度、空气组成、去除乙烯等），将果蔬的正常生命活动控制在最小限度（类似使果蔬处于休眠状态），从而延长果蔬的保鲜期。

在果蔬贮藏保鲜中，采用最多的方法是降低果蔬贮藏温度，如荔枝、甜玉米、车厘子采摘后，采用浸泡冰水或喷淋冰水等方式进行预冷处理（降低果蔬呼吸强度），同时有清洗作用（若在水中溶有臭氧，还可对果蔬进行消毒）；辣椒采收后，温度较高，及时放入 0 ~ 4 ℃冷库经过一段时间会降温到 3 ~ 5 ℃，预冷后的果蔬再进行冷库贮藏，或通过冷藏车进行物流运输。

通常在不破坏果蔬正常的新陈代谢机能的前提下，果蔬贮藏温度越低，越能延缓果蔬衰老过程，延长保鲜期。值得注意的是，果蔬贮藏温度不宜过低，否则会破坏果蔬正常的生命活动，进而引起果蔬的低温伤害（冷害），如香蕉表皮出现冻伤变黑、鸭梨果肉出现黑心病等。番茄和黄瓜低于 7 ℃冷藏，也容易出现冷害，失去食用价值。

思政导读

结合案例，讲解各种果蔬贮藏保鲜技术，可以减少果蔬损失，激发学生学习果蔬贮藏保鲜技术的积极性，增强家国情怀。

1.1.2 果蔬贮藏保鲜技术种类

果蔬贮藏保鲜技术很多，如简易贮藏保鲜（沟藏、窖藏）、通风库贮藏保鲜、冷库贮藏保鲜、气调贮藏保鲜、涂膜保鲜等。

1）冷库贮藏保鲜

冷库贮藏保鲜是果蔬生产中主要应用的贮藏保鲜技术，即在一个热绝缘材料建筑中，借助机械制冷系统的作用，将库内的热量传送到库外，使库内的温度降到果蔬贮藏保鲜所要求的温度（一般为 0 ~ 4 ℃），以大大延长果蔬保鲜期。其本质是通过人工制冷，将果蔬的正常生命活动控制在最小限度，从而延长果蔬的保鲜期。

果蔬冷库分为生产性冷库、分配性冷库和零售性冷库。现在很多果蔬主产地都建有大型冷库，延长果蔬保鲜期，便于根据市场行情进行销售，也就是集中采摘上市，售价低时入冷库贮藏，当市场紧缺而售价高时出冷库销售，从而获得较好的销售价格。

补充

一些大型超市建有冷库，刚从冷库取出的苹果、葡萄等果蔬温度较低，表面往往有水珠凝结。

冷库贮藏保鲜的优点：机械冷藏不受外界环境条件的影响，可终年维持冷库内所需的低温；冷库内温度、相对湿度以及空气的流通都可控制调节。缺点：需要修建冷库和配备大型的机械设备，一次性投资大、资金回收期长；耗能较高；长时间贮藏会引起某些果蔬的生理伤害和耐低温细菌、病毒的繁衍滋生，影响食用安全；冷藏果蔬表面如与高湿空气相遇，就会有水分冷凝在其表面上，容易导致果蔬发霉。

拓展

臭氧（由臭氧发生器产生）与冷库贮藏保鲜结合，在板栗贮藏保鲜中采用较多。通过臭氧的消毒杀菌作用，可有效防止板栗霉变腐烂，抑制板栗发芽。板栗加工企业可根据生产需要，从冷库中分批取出板栗原料进行加工，保证有充足的加工原料。

2）气调贮藏保鲜

气调贮藏保鲜是指在低温贮藏的基础上，同时调节贮藏环境中的氧气、二氧化碳或氮气等气体成分比例，并把它们稳定在一定的浓度范围内的一种贮藏保鲜方法（属于物理保鲜方法）。气调贮藏保鲜能保持果蔬在采摘时的新鲜度，且果蔬保鲜期长，无污染。

氧气浓度和二氧化碳浓度对香蕉呼吸作用的影响如图 1.1 所示。

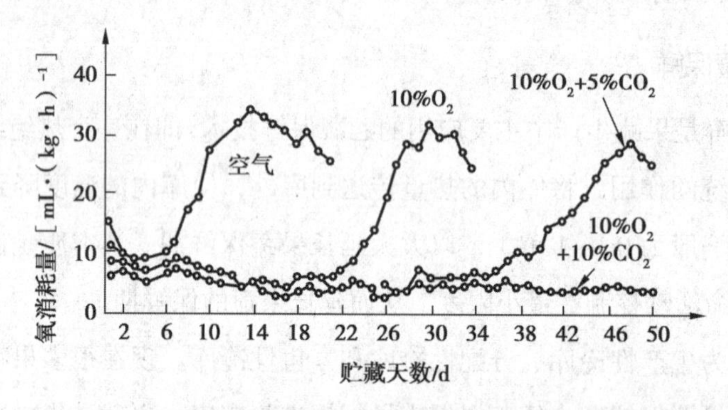

图 1.1　氧气浓度和二氧化碳浓度对香蕉呼吸作用的影响

气调冷藏库也称气调保鲜库、气调贮藏库，简称气调库，是利用机械制冷的密闭贮藏库，配用气调装置和制冷装置，使贮藏库内保持一定的低氧、低温、适宜的二氧化碳浓度和空气湿度，并及时排除贮藏库内产生的有害气体（如去除乙烯气体，延缓其催熟作用），从而有效地降低所贮藏果蔬的呼吸强度，以达到延缓后熟、延长保鲜期的目的。

气调冷藏库除了应具有普通冷藏库的特征外，还应具有较高的气密性能（并非要求绝对气体密封），配备氧气、二氧化碳或氮气的监测和控制设备，以维持气调库所需的气体浓度。

拓展

气调库每次存取果蔬都需要重新充气，保鲜成本较高。目前，市面上出现气调包装，不需要修建专用气调库，广泛应用于果蔬的保鲜。

气调包装是一种新型果蔬保鲜技术，采用盒式气调保鲜包装机（或袋装气调保鲜包装机），将已填充物品（预冷好的新鲜果蔬，如樱桃、杨梅、鲜枸杞等）的包装盒放入包装机的下模腔后，自动完成抽真空、充气、热压封口、分切、成品排出等包装过程，然后再冷库贮藏，或通过冷藏车进行物流运输。

气调包装的保鲜原理：将保护性混合气体（通常为二氧化碳、氮气、氧气）置换包装盒内的空气，然后将透明塑料膜热熔密封在包装盒上，利用保护性混合气体的作用，抑制引起果蔬变质的大多数微生物生长繁殖，并使果蔬呼吸强度降低，从而延长果蔬保鲜期。

3）涂膜保鲜

果蔬表面往往有一层天然的蜡质保护层，但在采收、采后处理（如分拣、清洗）中受到破坏，影响了果蔬保鲜期，可以进行涂膜保鲜处理。

涂膜保鲜是果蔬采后商品化处理手段，其本质是通过浸渍、涂布等方法在食品表面覆盖一层膜（人为形成有阻隔性的膜），提供选择性的阻气、阻湿、阻内容物散失及阻隔外界环境的有害影响。

例如，果蜡是最早使用的果蔬涂膜保鲜剂，是一种含食用蜡（如虫蜡、蜂蜡）的水溶性乳液，喷涂在果实的表面再干燥（如晾干），在果皮表面固化形成薄膜，起到保鲜作用，该过程也称打蜡。

拓展

市面上销售的橙子、柑橘等，很多采用打蜡机进行打蜡处理，由清洗、擦吸干燥、喷涂、低温干燥、分级和包装等部分组成。

涂膜保鲜的作用：在果蔬表面形成有阻隔性的膜，不仅可阻止果蔬失水和微生物的生长，果蔬的呼吸作用还会使膜内氧气浓度下降，二氧化碳浓度上升，起到自发气调作用，从而抑制果蔬呼吸作用，延缓后熟衰老，延长货架期。此外，涂膜保鲜还可大大改善果蔬的色泽，提高果蔬的商品价值。

值得注意的是，在一定的时期内，涂膜处理也只不过起到一种辅助作用，不能忽视果蔬的成熟度（如果蔬采摘的成熟度不宜过高）、机械伤，以及贮藏环境中的温度、湿度和气体成分等，对延长果蔬贮藏寿命和保持品质起着决定性的作用。

拓展

市面上销售的橙子、梨、火龙果等，有的采用塑料袋单个包装，可以起到类似打蜡的作用（减少水分散失、自发气调保鲜等），同时避免消费者对打蜡的安全担忧。

拓展训练

针对家乡的某种特色果蔬，查找其冷库贮藏保鲜工艺条件，并确定适合的电商物流包装方法（需要考虑如何全程保持低温、防止果蔬发生机械损伤等）。

思考练习

①在果品涂膜保鲜中，是不是涂膜越厚越好?

②市面上销售的部分脐橙、冰糖橙或柚子套了塑料袋，起到什么作用？能否刚采摘后就套塑料袋?

③气调保鲜包装机除了应用于新鲜果蔬外，还可以应用于哪些食品保鲜?

任务 1.2　果蔬速冻加工技术

活动情景

通过果蔬贮藏保鲜技术，可以延长果蔬保鲜期，减少果蔬腐烂损失，然而其保鲜期延长有限，一般只能达到半年左右。对于需要更长保鲜期的果蔬，或作为企业加工原料所需的果蔬，则可进行果蔬速冻加工。速冻果蔬的保鲜期可达 10 ~ 12 个月，有的甚至长达 2 年。

速冻果蔬一般以速冻蔬菜为主，如速冻玉米粒、速冻茄子、速冻菠菜、速冻西兰花、速冻豆角。例如，在速冻茄子加工中，将茄子清洗、切块、油炸、速冻，然后冷冻贮藏，食用时微波炉解冻 5 min 后拌上不同调料即可食用，方便快捷。

而速冻水果，如速冻草莓、速冻蓝莓、速冻西瓜块、速冻苹果丁等，多为其他制品的半成品。例如，新鲜草莓加工成速冻草莓后，贮藏期延长，不易发生机械损伤，可作为企业加工草莓酱的原料，这方面的出口需求量较大；新鲜蓝莓采摘后，不适合鲜售的蓝莓小果、裂果，可以速冻后冷冻贮藏，用作加工蓝莓果干、蓝莓酱的原料。

思考

企业在草莓酱加工中，为何往往使用速冻草莓作为加工原料?

任务要求

理解果蔬速冻加工的原理，掌握速冻玉米粒加工技术。

技能训练

结合视频或图片，掌握速冻玉米粒的加工工艺。

1.2.1　果蔬冷冻保藏原理

果蔬采后腐烂变质的主要原因是果蔬本身的呼吸作用和微生物侵染。果蔬冷冻保藏就是在果蔬预处理后（如挑拣、切分、清洗、漂烫、预冷等），利用人工制冷技术降低新鲜果蔬的温度至 -18 ℃及以下温度，以控制微生物和酶的活力，并维持在 -18 ℃及以下温度条件下保藏，以达到长期保藏的目的。

在果蔬冷冻保藏中，主要包括冻结和冻藏两个过程。其中，冻结是将果蔬中的热量排除，使得果蔬原料的中心温度降至冻结点以下，并使原料中大部分的水分形成冰晶；冻藏是将已经冻结的果蔬维持在 -18 ℃及以下温度条件下贮藏，以保持其冻结状态。

补充

根据冻结速度快慢，可分为速冻（快速冻结）和缓冻（缓慢冻结）。冻结速度会直接影响产品的质量。

1.2.2　冻结温度曲线

在果蔬冻结过程中，产品温度随着冻结时间延长呈逐步下降趋势。其中，产品温度与冻结时间关系可用冻结温度曲线表示（图 1.2）。该曲线一般可分为三个阶段：

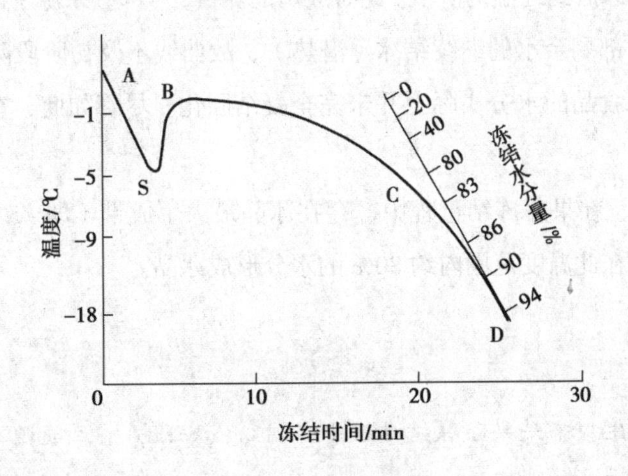

图 1.2　冻结温度曲线

1）初阶段（A→B）

初阶段即从果蔬初温（5 ℃左右）至冰点温度（也称冻结点）的阶段。此时放出的是显热（未发生相变），其与冻结过程中所排出的总热量相比，显热量较少，故降温快，曲线较陡。

补充

显热是指物体不发生化学变化或相变化时，温度升高或降低所需要的热量。潜热是指不改变物质的温度而引起物态变化（又称相变）的热量。

在此阶段会出现过冷点（即图 1.2 曲线中的 S 点），此时状态称为过冷状态，即食品的温度下降到冻结点以下也不结冰的现象。例如，纯水的冰点为 0 ℃，但纯水并不会在 0 ℃时就冻结。

过冷点对应的温度为过冷温度，是指降温过程中形成稳定性晶核的温度，或开始回升的最低温度。

2）中阶段（B→C）

在此阶段，产品中大部分水分冻结成冰。一般果蔬中心温度降至 –5 ℃时，其内部已有 80% 以上的水分冻结。此阶段由于水变成冰需放出大量结晶潜热，总热量中的大部分在此阶段释放，故降温慢，曲线平坦。

3）终阶段（C→D）

终阶段即从成冰后到终温的阶段。此时放出的热量，一部分来源于冰的降温（显热），另一部分来源于内部剩余水的继续结冰（潜热），故曲线不及初阶段陡峭。在 –18 ℃及以下温度时，冷冻食品的水分实际上并未完全凝结固化。尽管如此，在这种温度下大部分水已冻结了。

由图 1.2 可知，在果蔬冻结过程中，存在冰晶最大生成带（即 –5 ~ –1 ℃的温度范围），大部分食品在此温度范围内约 80% 的水分形成冰晶。

补充

冰晶最大生成带是果蔬冻结过程中降温缓慢阶段，一旦通过冰晶最大生成带，则可较快降温到冻结终温（一般为 –18 ℃）。

1.2.3　冻结速度对产品质量的影响

当果蔬进行缓慢冻结时，由于细胞间隙的溶液浓度低于细胞内的，其冰点较高，故首先产生冰晶。随着冻结的继续进行，细胞内水分不断外移结合到这些冰晶上（通过渗透作用或以水蒸气状态通过细胞膜而扩散到细胞间隙中），从而形成了体积大且数目少的冰晶体分布状态（主要存在于细胞间隙）。这样就容易造成细胞的机械损伤和脱水损伤（如细胞内酸、盐等发生浓缩，造成蛋白质变性等），使细胞破裂。解冻后，往往造成汁液流失、组织变软、风味劣变等现象。例如，冻肉解冻时有血水析出。

当果蔬进行快速冻结时，由于细胞内外的水分几乎同时形成冰晶（水分来不及移动，就在原位置变成极细微的冰晶），冰晶的分布接近天然食品中液态水的分布情况，速冻形成的冰晶多且细小均匀，水分从细胞内向细胞外转移少，不至于对细胞造成机械损伤和脱水损伤。冷冻中未被破坏的细胞组织，在适当解冻后水分能保持在原来的位置，并发挥原有的作用，有利于保持食品原有的营养价值和品质。

果蔬速冻是指在 30 min 或更短时间内将果蔬原料的中心温度通过冰晶最大生成带（即 −5 ~ −1 ℃的温度范围），使得原料中 80% 以上的水分尽快冻结成冰晶。果蔬速冻能否实现，与冷却介质导热快慢、产品初温、产品与冷却介质接触面、产品体积厚度等因素有关，在实际生产中应加以综合考虑。

1.2.4　果蔬速冻加工技术

【实验实训 1.1】速冻玉米粒加工

1）目的

掌握速冻玉米粒加工的基本工艺，理解果蔬速冻加工的原理和注意事项。

2）材料及用具

鲜玉米、不锈钢刀、夹层锅、漏勺、速冻机、冷冻冰箱、真空包装机等。

3）工艺流程

速冻玉米粒加工工艺流程如图 1.3 所示。

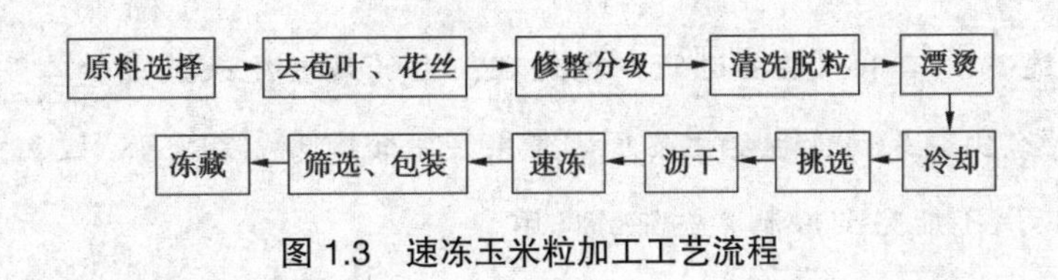

图 1.3　速冻玉米粒加工工艺流程

4）操作要点

（1）原料选择

一等品甜玉米（外形完整美观，无虫蛀、缺粒）适合加工玉米棒软罐头，而二等品甜玉米（有少量虫蛀、缺粒等）适合加工速冻玉米粒或玉米粒罐头，不仅可以充分利用原料，避免浪费，还可以降低成本。

一般选择乳熟期的甜玉米为最佳，要求籽粒饱满，颜色为黄色或淡黄色，色泽均匀，无杂色粒，籽粒大小及籽粒排列均匀整齐，秃尖、缺粒、虫蛀的少。其中，秃尖是指玉米果穗的顶部不结籽粒，加工中往往会被切除。

（2）去苞叶、花丝

剥去玉米苞叶，去除花丝。去除苞叶的玉米穗要轻拿轻放，装入专用的筐内。

（3）修整分级

首先将过老、过嫩、过度虫蛀、籽粒极度不整齐的甜玉米穗剔除，然后按玉米的直径分级，可根据不同玉米品种制订 2 ~ 3 个等级，等级间的直径差定在 5 mm 左右。可以设置分拣台，采用人工挑选、分级。

（4）清洗脱粒

用流动水将玉米清洗干净，并用专用的玉米脱粒机进行脱粒。脱粒后的玉米粒应立即漂烫。

补充

对一些速冻后脆性减弱的果蔬，可用浓度为 0.5% ~ 1% 的碳酸钙或氯化钙溶液浸泡处理 10 ~ 20 min，以增加其硬度和脆度。

（5）漂烫

先将清水煮沸，再放入甜玉米粒，水与玉米粒的比例为 4 ∶ 1。漂烫时间依水温而定，一般为 2 ~ 3 min。漂烫的时间过长，会使营养成分严重流失，成品的颜色和口感等质量指标也会大大降低。

补充

果蔬速冻加工中，需要进行护色处理，目的是避免果蔬在加工及贮藏过程中发生变色。引起果蔬变色的主要原因是果蔬中含有多酚氧化酶、过氧化物酶等，而冻藏的低温不能完全抑制这些酶的作用。

漂烫又称热烫、预煮，是将已切分的新鲜果蔬原料放入沸水或热蒸汽中进行短时间的热处理，如在 95 ~ 100 ℃热水中热烫 2 ~ 3 min，以破坏其中的酶（漂烫的主要目的），然后用冷水或冷风迅速将果蔬冷却，停止热处理作用（防止过度受热），以保持果蔬的色、香、味、营养价值和脆硬度。漂烫也有一定的杀菌作用。

目前，主要的预煮设备有链带式连续预煮机和螺旋式连续预煮机等。对于部分酶活性低的蔬菜，也可直接进行清洗、冻结。

（6）冷却

经漂烫的玉米粒应立即冷却，否则残余的热量会严重影响品质。将 90 ℃左右的玉米粒的温度降到 25 ~ 30 ℃；然后在 0 ~ 5 ℃的冰水中浸泡冷却，使玉米粒的中心温度降至 5 ℃以下。

（7）挑选

挑拣出玉米穗轴屑、花丝、变色粒和其他外来杂质，同时剔除过熟、未烫透和碎玉米粒。

（8）沥干

为了防止冻结时表面水分过多而形成冰块以及玉米粒之间粘连（粘连结坨后，解冻慢），影响外观和净重，速冻前应沥干玉米粒表面的水分，也可用冷风吹干。

在企业，沥干水分可采用振动筛或离心机。振动筛通过机器使得果蔬上下振动或左右振动，以脱除果蔬表面水分。沥干水分后由提升机输送到振动布料机进行原料的均匀布料（厚度不宜太厚），以实现均匀冻结，保证产品的冻结质量。

拓展

离心机是将果蔬放入离心机的漏网中，通过离心力脱除水分，类似家庭洗衣机的脱水桶。为了便于取出，应将果蔬装进网袋中再放入离心机沥干水分。

（9）速冻

在冷空气温度 −30 ℃下，冻结 3 ~ 5 min，使玉米粒中心温度达到 −18 ℃即可结束（玉米粒中水分形成细小的冰晶体）。速冻完的玉米粒应互不粘连，表面无霜。

例如，企业采用专用的速冻装置，如板带式速冻机或单螺旋式速冻机，速冻要求介质温度在 −35 ~ −30 ℃，风速保持在 5 ~ 8 m/s，这样才能保证产品的快速冻结。

（10）筛选、包装

将冻结的玉米粒进一步挑选，剔除有缺陷粒和碎粒。一般用聚乙烯塑料袋包装，然后立即送入冷冻库或冰箱冻藏。对速冻果蔬进行包装，可有效地控制产品在冻藏中因升华而引起的表面失水干耗，防止氧化变色及污染，便于产品的运输和销售。速冻果蔬包装分为冻前包装（先包装后速冻）和冻后包装（先速冻后包装）。一般蔬菜多采用冻后包装，以保证蔬菜的冻结速度。

包装车间应保持低温，在短时间内完成包装，并及时入库冻藏。

（11）冻藏

速冻果蔬要求在 –18 ℃或更低的温度下进行冻藏，以保持其冻结状态。

冻藏过程中要保持冻藏温度的稳定（冷库应配有自动温度记录仪），防止发生重结晶；同时避免与其他有异味的食品混藏。一般速冻产品的冻藏期可达 10 ~ 12 个月，有的甚至长达 2 年。

加工出的速冻甜玉米粒，不仅可用于菜肴烹饪，也可加入适量热开水，用破壁机加工成鲜榨玉米汁饮用。

5）质量评价

根据《速冻玉米》（Q/HJC 0003S—2011）的规定进行质量评价（表 1.1）。

《速冻玉米》

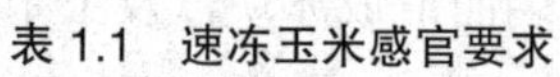
表 1.1　速冻玉米感官要求

项目	指标		
	玉米穗（棒）	玉米段	玉米粒
外观	成熟度适宜，籽粒饱满，排列整齐，无明显秃尖、缺粒和畸形，无病虫害，无腐烂和霉变	大小基本一致，籽粒饱满，成熟度适宜，无病虫害，无腐烂和霉变	籽粒饱满，成熟度适宜，无病虫害，无腐烂和霉变
色泽	具有本品固有的色泽		
冷冻质量	冷冻良好，无粘连、结块、结霜和风干现象		
滋味与气味	解冻后，具有玉米特有的滋味和气味，无异味		
组织形态	穗状	短棒状	粒状
杂质	无肉眼可见外来杂质		

1.2.5　速冻方法

1）气流冻结

气流冻结是利用低温空气（如 –35 ℃）在鼓风机推动下形成一定速度的气流对食品进行冻结。气流的方向可与产品方向同向、逆向或垂直。

通常设备有带式连续冻结装置、螺旋带式连续冻结装置、隧道式冻结装置等。

2）流化床冻结

流化床冻结又称悬浮式冻结，即使用高速的冷风从下而上吹送，将物料吹起成悬浮状态，在此状态下，产品能与冷空气全面接触，冻结速度极快（图 1.4）。而气流冻结往往只能使与冷空气接触的食品部位热量排除快，与冷空气接触不到的部位则热量排除慢。

流化床冻结属于单体快速冻结（Individual Quick Freezing，IQF），适用于小型单体果蔬的速冻，如玉米粒、蘑菇、草莓、豌豆等，速冻速度快，不会结坨，并且解冻快，美观。对于苹果等可分切成苹果丁后采用流化床冻结，加工成速冻苹果丁。

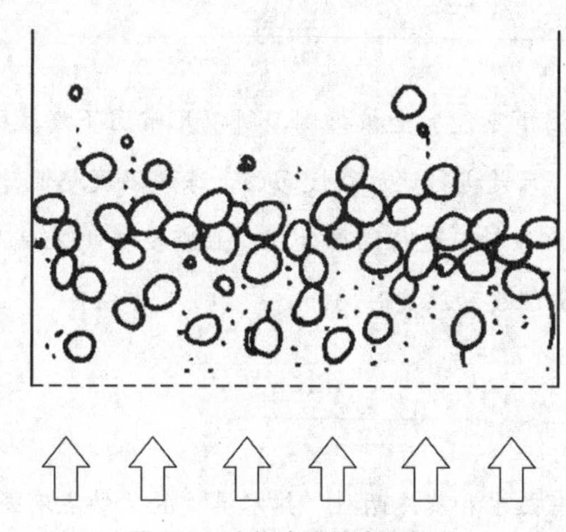

图 1.4　流化床冻结产品状态

高级技术

1）重结晶

在冻藏过程中，由于冻藏温度的波动，引起速冻产品反复解冻和再冻结，造成组织细胞间隙的冰晶体积增大，以至于破坏速冻产品的组织结构，产生严重的机械损伤。因此单位时间内冻藏温度波动幅度越大、次数越多，重结晶的程度就越大。

控制措施：采用深温冻结方式，提高产品的冻结率；控制冻藏温度，避免温度变动，尤其是避免 −18 ℃以上的温度变动。

2）干耗

速冻产品在冻结、冻藏过程中，部分水分会随热量被带走，从而造成干耗的发生。干耗主要是表面的冰晶直接升华所造成，即食品中水分直接从固态以冰晶升华的方式进入周围的空气中。通常空气流速越快，干耗就越大；冻藏时间越长，干耗问题就越严重。干耗会造成企业很大的经济损失。

控制措施：对速冻产品采用严密包装；保持冻藏库温与冻品品温一致性；有时也可通过镀冰衣来降低或避免干耗对产品品质的影响。

补充

在冻藏过程中，开始时仅仅是在冻藏食品的表面层发生冰晶升华。随着冻藏时间的延长，食品表面就会出现脱水多孔层，并不断地加深，同时脱水多孔层会被空气充满，使食品受到强烈的氧化。

3）变色

因为酶的活性在低温下不能完全被抑制，所以凡常温下发生的变色现象，在长期的冻藏过程中同样会发生，只是进行速度减慢而已。冻藏温度越低，变色速度越慢。

控制措施：在速冻前原料应进行漂烫处理，且需要根据果蔬品种确定适宜的漂烫方式（热水或蒸汽）、漂烫温度和漂烫时间。

思考练习

①漂烫常用的方法有热水和蒸汽两种。热水漂烫的优缺点有哪些？

②果蔬速冻加工中，漂烫的主要目的是什么？

③速冻食品的冻藏温度一般为（　　）℃。

A. −25　　B. −18　　C. −10　　D. −4

④冰点是指一定体系中液态的水与固态的冰达到平衡时的温度，果蔬的冰点（　　）。

A. 高于纯水冰点　B. 低于纯水冰点　C. 与纯水冰点相同　D. 与自来水冰点相同

⑤冰晶最大生成带是指（　　）℃。

A. −5 ~ −1　　B. −10 ~ −5　　C. −18 ~ −10　　D. −1 ~ 0

⑥植物性原料采用沸水预煮的主要目的是（　　）。

A. 除味　　B. 调味　　C. 护色　　D. 去色

任务 1.3 果蔬罐头加工技术

思政导读

结合案例和视频（如电影《上甘岭》），讲解抗美援朝战争期间上甘岭战役中的红色故事，引申敌我双方在罐头食品等后勤补给的差距，引导学生好好学习，强国兴军。

活动情景

罐头食品也称罐藏食品、罐头，是将食品原料经过预处理装入容器，经排气、密封、杀菌、冷却等工序制成的食品。果蔬罐头是罐头食品的重要一类，市面上既有半成品罐头，如甜玉米罐头、竹笋罐头、马蹄罐头、番茄酱罐头等作为调味配菜使用，也有即开即食的品种，如糖水梨罐头、糖水黄桃罐头、糖水菠萝罐头、糖水橘子罐头、糖水荔枝罐头等。

果蔬罐头的优点：常温下安全卫生并可长时间存放（1～2年），不需要冷藏条件，节约能源，成本低；能较好地保存食品原有的色、香、味和营养价值；不需要加入防腐剂等。

拓展

19 世纪初，拿破仑率领法国军队与别国处于战争状态。由于战线太长，缺乏有效食品保藏技术，运到前线的食品大多腐烂变质，严重影响了军队的战斗力。1810 年，尼古拉·阿培尔生产出第一批玻璃瓶罐头，获得了法国政府的奖赏。

与新鲜果蔬相比，果蔬罐头带有果蔬加热后的熟食味，其风味口感往往稍逊于新鲜果蔬。此外，成熟度高的果蔬在高温杀菌过程中，容易出现质地软烂的问题。罐头食品适合于加工那些需要加热烧熟的食品原料，例如有的企业将地方特色食品（如湖北的莲藕排骨汤、广东的猪脚姜等）加工成罐头，可以长期保存，方便消费者携带、食用，因此成为外来游客的特产礼品。

任务要求

针对某种果蔬进行果蔬罐头加工（如糖水梨罐头），理解罐藏原理。

技能训练

结合视频或图片，掌握糖水梨罐头的加工工艺。

1.3.1 果蔬罐头加工原理

果蔬罐头是将果蔬原料经预处理后，排气、密封在罐藏容器中，通过杀菌工艺杀灭微生物和破坏酶，并维持其密封和真空条件，进而在常温下得以长期保存。

果蔬罐头加工原理：商业无菌＋罐藏容器密封，两者缺一不可，这也是果蔬罐头能在室温下长期保存的关键。

思考

果蔬原料经过预处理密封在罐藏容器中，是否可以在常温下放置 2 d 后再进行杀菌处理？

1.3.2 果蔬罐头杀菌对象确定

食品的腐败主要是由微生物的生长繁殖和食品中酶的活动引起的，其中微生物的生长繁殖又是最主要的原因。如果罐头杀菌不够，当环境条件适宜时，残存在罐头内的微生物就会生长，造成罐头的腐败变质。

罐头的杀菌不同于细菌学上的灭菌，而是要达到商业无菌，即可能仍残留少量嗜热微生物（已在高温作用下受损伤），但在罐藏条件下不会繁殖、产毒。

由于罐头原料的种类、来源、加工方法和卫生条件等不同，罐头在杀菌前存在着不同种类和数量的微生物。生产上不可能对所有不同种类的微生物进行耐热性试验，只能选择最常见的耐热性强并有代表性的腐败菌作为杀菌对象。目前，在罐头生产上以能产生毒素的肉毒梭状芽孢杆菌（肉毒杆菌）的芽孢作为杀菌对象。这种菌在罐头食品中出现的概率较高，其芽孢要在 100 ℃ 6 h 或 120 ℃ 4 min 的加热条件下才能被杀灭。

1.3.3 罐头杀菌条件确定

合理的杀菌工艺条件（杀菌温度 - 杀菌时间组合）是确保罐头质量的关键。杀菌温度高、杀菌时间长，虽可以彻底杀菌，但对营养成分和风味口感破坏过多。杀菌温度低、杀菌时间短，对营养成分破坏少，但杀菌不彻底。

达到商业无菌效果，有不同的杀菌温度 - 杀菌时间组合，一般杀菌温度越高，所需杀菌时间越短。杀菌工艺条件制订的原则：在保证罐头食品安全的基础上，尽可能地缩短杀菌时间，以减少热力对食品品质的影响。通常采用较高杀菌温度、较短杀菌时间的杀菌工艺。

补充

不同品种、不同成熟度的果蔬原料加工罐头，甚至同一品种但净重不同或净重相同但罐型不同，所需的杀菌温度 - 杀菌时间组合也是不同的，应通过实验来确定适合每一种果蔬原料的杀菌温度 - 杀菌时间组合。

杀菌条件通常用杀菌公式来表示，即

$$\frac{t_1\text{-}t_2\text{-}t_3}{\theta} \tag{1.1}$$

式中　t_1——升温时间，表示杀菌锅内的介质由初温升高到规定的杀菌温度时所需要的时间，min；

t_2——恒温杀菌时间，即杀菌锅内的热介质（水蒸气）达到规定的杀菌温度后，在该温度下所持续的杀菌时间，min；

t_3——降温时间，表示恒温杀菌结束后，杀菌锅内的热介质（水蒸气）由杀菌温度下降到出罐时的温度所需要的时间，min；

θ——规定的杀菌温度，即杀菌过程中杀菌锅达到的最高温度，℃。

卧式杀菌锅（可将罐头装入推车，方便推入杀菌锅和取出）如图 1.5 所示。

图 1.5　卧式杀菌锅

补充

热力高温杀菌温度记录仪针对杀菌工艺的温度测量而研发，可用于杀菌锅、水浴灭菌柜、蒸汽灭菌柜等温度监测验证。通过精确测量和数据分析，可得到杀菌工艺流程中热穿透和热分布的详细信息。

针对罐头杀菌工艺，热力高温杀菌温度记录仪基本操作如下：将温度记录仪（具有高温下防水功能）装入某个罐头后，进行排气、密封，再和其他罐头一同在杀菌锅中进行杀菌、冷却。其间温度记录仪可以自动精准测量温度和记录，然后从该罐头中取出记录仪读取温度，并用软件显示温度 - 时间曲线，从而判断是否达到所需要的杀菌要求。

1.3.4 影响罐头杀菌效果的因素

1）微生物的种类和数量

一般而言，食品中所污染的微生物数量，尤其是芽孢数越多，同样的致死温度下所需杀菌时间就越长。因此，采用的原料要求新鲜清洁，从采收到加工应及时，各加工工序之间要紧密衔接，尤其是装罐后到杀菌之间不能积压，否则罐内微生物数量将大大增加而影响杀菌效果。同时，要注意生产卫生管理、用水质量以及机械设备器具（与食品接触）的清洁和处理，使食品中的微生物减少到最低限度，否则都会影响罐头食品杀菌的效果。

2）食品 pH 值

食品的酸度对微生物耐热性的影响很大。绝大多数产生芽孢的微生物在 pH 值中性范围内耐热性最强，pH 值升高或降低都会减弱微生物的耐热性。特别是偏向酸性时，微生物的耐热性会明显减弱，也就提高了热杀菌的效应。

肉毒梭状芽孢杆菌在不同 pH 值下其芽孢致死时间的变化如图 1.6 所示。

根据食品的酸性强弱，可分为酸性食品（pH 4.5 及以下）和低酸性食品（pH 4.5 以上）。在生产过程中，对 pH 4.5 及以下的酸性食品（如水果罐头、番茄制品、酸泡菜和酸渍食品等），通常热杀菌温度不超过 100 ℃；对 pH 4.5 以上的低酸性食品（如大多数蔬菜罐头、肉禽罐头等），通常杀菌温度在 100 ℃以上（如 118 ℃），一般采用高压蒸汽杀菌。

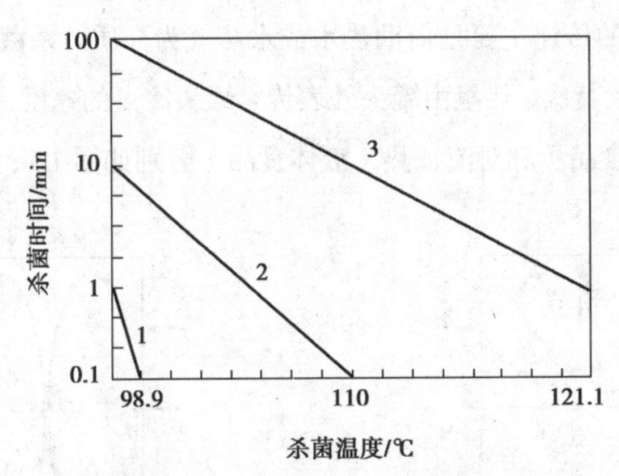

图 1.6　肉毒梭状芽孢杆菌在不同 pH 值下其芽孢致死时间的变化

1— pH 3.5；2— pH 4.5；3— pH 5 ~ 7

> 补充
>
> 这个界限的确定是根据肉毒梭状芽孢杆菌在不同 pH 值下的适应情况而定的，高于此值，其适宜生长并产生致命的毒素。

由于微生物在低 pH 值条件下是不耐热处理的，因此对于低酸性食品，可以通过加酸，如添加食醋、柠檬酸、乳酸（或发酵产生乳酸）等，以制造酸性食品（称为酸化食品），从而降低杀菌温度和杀菌时间，提高产品质量。但是需要考虑加酸后，食品色泽、风味、口感是否可以被接受。

3）食品中的化学成分

食品中的糖、淀粉、蛋白质、盐等对微生物的耐热性也有不同程度的影响。例如，糖浓度越高，杀灭微生物芽孢所需的时间越长，淀粉、蛋白质、脂肪能增强微生物的耐热性; 低浓度(如浓度为 1%)的食盐对微生物的耐热性通常具有保护作用; 多数香辛料，如芥末、丁香、洋葱、胡椒、蒜、姜等，对微生物的耐热性有显著的降低作用。

例如，有的企业加工竹笋罐头遇到问题，即乳酸（竹笋接种乳酸菌发酵产生）可提高杀菌效果，但酸过多会影响罐头的风味口感。而通过添加具有杀菌作用的香辛料等提取物，在不加酸的条件下，可提高杀菌效果，延长产品的保质期，并保持良好的风味口感。

4）传热效果

冷点是指食品内部最后到达目标温度的点（位置）。在罐头杀菌过程中，必须保证罐内冷点处达到杀菌温度并在此温度下保持足够长的时间，才能保证该食品达到杀菌效果，否则即使其他部分过度加热，也不能说该食品是安全的。

罐头杀菌时，热的传递主要是借助热水或水蒸气为介质。杀菌时，必须使每个罐头都能直接与介质接触。其次，热量由罐头外表传至罐头冷点的速度，对杀菌有很大影响。

传导加热（固体食品）和对流加热（液体食品）分别如图 1.7、图 1.8 所示。

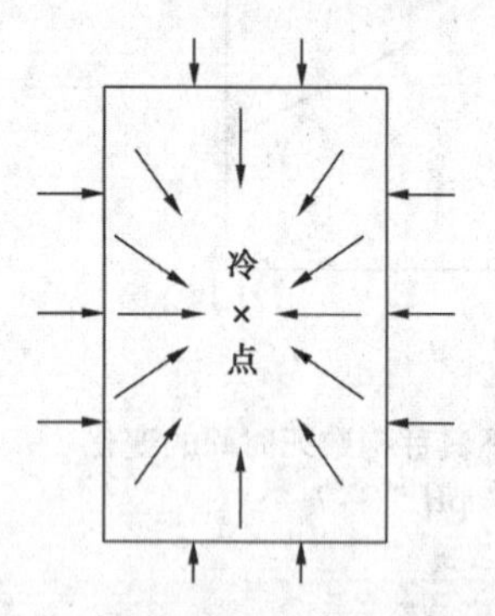

图 1.7　传导加热（固体食品）

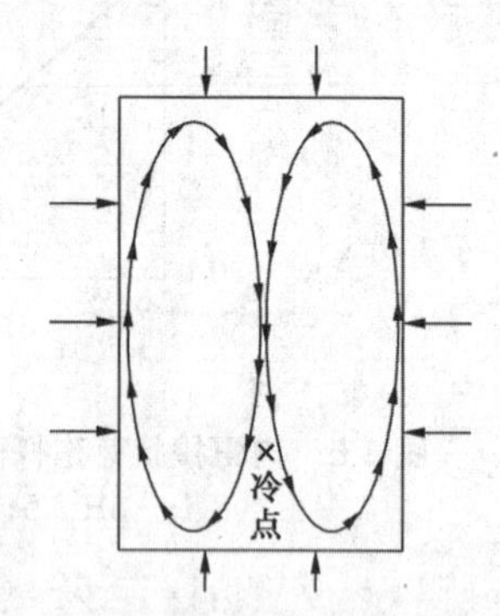

图 1.8　对流加热（液体食品）

影响罐头传热速度的因素主要有罐藏容器的种类、食品的种类和装罐状态、罐头的初温、杀菌锅的形式和罐头在杀菌锅中的状态（如罐头保持转动状态有利于杀菌）等。例如，为了缩短升温时间，要求罐内原料的初温（即杀菌前罐内汤汁的温度）要高。因此，应在罐头排气封罐后，初温较高时趁热杀菌。

在实际罐头生产中，罐内各点难以做到瞬间加热和冷却，尤其是固体物料及较浓稠的酱体物料在静置式杀菌锅中进行杀菌时，往往到了杀菌结束，罐内中心温度还达不到规定的杀菌温度。

1.3.5　果蔬罐头加工技术

【实验实训 1.2】糖水梨罐头加工

1）目的

理解果蔬罐头的加工原理，掌握糖水梨罐头的加工工艺和操作步骤。

2）材料及用具

梨（如皇冠梨或翠冠梨）、柠檬酸、食盐、白砂糖、氯化钙、异抗坏血酸钠等。

不锈钢削皮刀、不锈钢去核器、不锈钢盆（或瓷盆）、烧杯、量筒、电子秤、沸水杀菌锅、玻璃罐、旋盖、不锈钢锅（或夹层锅）、糖度计等。

糖水梨罐头
加工实验

3）工艺流程

糖水梨罐头加工工艺流程如图 1.9 所示。

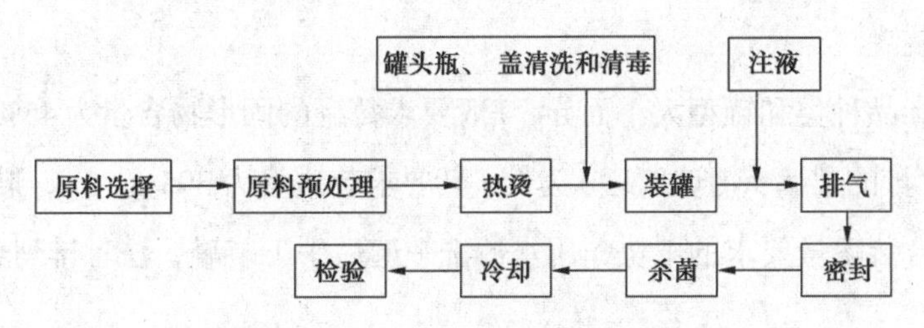

图 1.9　糖水梨罐头加工工艺流程

4）操作要点

（1）原料选择

选择成熟度一致（梨成熟度不宜过高，否则加热会导致果肉软烂）、无病虫害及机械损伤的果实；果实中等大小，果形圆整，果面光滑，果心小，风味浓郁，石细胞和纤维少，肉质细腻。梨品种应无明显褐变，没有无色花色苷的红变现象。值得注意的是，并不是所有的梨品种都适合加工成糖水梨罐头。

（2）原料预处理

用不锈钢削皮刀去皮并对半切开，立即投入浓度为 1% 的食盐水溶液中，以防变色。再用不锈钢去核器挖去果心。

（3）热烫

经整理过的果实，投入沸水中热烫（也称漂烫）2 ~ 5 min，软化组织至果肉透明为度。漂烫后，立即投入冷水中冷却，并进行整修，剔除变色、碎裂等不符合要求的果块。

热烫时应沸水下锅（图 1.10），迅速升温，热烫后及时冷却（水果块在流动水槽中冷却）。热烫时间视果肉块的大小及果的成熟度而定。含酸量低的梨（如莱阳梨）可在热烫水中添加适量的柠檬酸（浓度为 0.1%）。

图 1.10　可倾式夹层锅

（4）装罐

经热烫、冷却、整修后的果块装入玻璃罐（已经过清洗、消毒、沥干处理），装罐时果块尽可能排列整齐并称重。由于果蔬原料及成品形态不一，大小、排列方式各异，大多采用人工装罐。

装罐量依产品种类和罐型大小而异，一般要求每罐的固形物含量为45% ~ 65%。例如，以某720 g净含量的梨罐头（玻璃罐）为例，其要求装罐量为395 g ± 5 g，梨块片数7 ~ 12片。先称出符合装罐量要求的梨块，用水冲洗一遍后手工装罐，注意排列美观。

注意

在装罐前首先进行分选，以保证内容物在罐内的一致性，使同一罐内原料的成熟度、大小、色泽、形态基本均匀一致，搭配合理，排列整齐。

装罐时应保留一定的顶隙，即罐制品内容物表面和罐盖之间所留空隙的距离，一般要求为4 ~ 8 mm。罐内顶隙的大小直接影响到食品的装罐量、卷边的密封、罐头真空度以及产品的腐败变质。

装罐时还应注意卫生，严格操作，防止杂物混入罐内，保证罐头质量。

（5）注液

装罐后，注入温度80 ℃以上的热糖液。本实验中，糖液的糖浓度为13.5%、柠檬酸浓度为0.1%、氯化钙浓度为0.1%、异抗坏血酸钠浓度为0.05%，用沸水补足至100%。

注液的目的：增进风味，排除空气，以减少加热杀菌时的膨胀压力，防止封罐后容器变形，减少氧气对内容物带来的不良影响，同时能起到保持罐头初温、加强热传递和提高杀菌效果的作用。

补充

水果罐头的填充液一般是糖液，蔬菜罐头的多为盐水。

对糖水水果罐头而言，应趁热装罐，糖液维持一定的温度（65 ~ 85 ℃），以提高罐头的初温，减少微生物再污染，也可提高罐头中心温度，以利于杀菌。

（6）排气

装好的罐头放在热水锅或蒸汽箱中，罐盖轻放在上面（防止水滴落入罐内），在95 ~ 100 ℃的温度下加热5 ~ 10 min，至罐中心温度达到75 ~ 80 ℃（可用温度计测量），排气结束。

排气是指食品在装罐后、密封前，将罐内顶隙间、装罐时带入和原料组织内的空气排出罐外的工艺措施，从而使密封后罐头食品的顶隙内形成部分真空（杀菌冷却后）的过程。

排气的目的：防止或减轻因加热时内容物的膨胀而使容器变形，影响罐头容器卷边和缝线的密封性，防止玻璃罐跳盖；减轻罐内食品色、香、味的不良变化和营养物质的损失；阻止好氧微生物的生长繁殖；减轻马口铁罐内壁的腐蚀。

补充

罐头真空度是指罐外大气压与罐内气压之差，一般要求为 26.6 ~ 40 kPa（1 个大气压为 101 kPa）。在罐头加工好后，可用真空计抽检罐头的真空度。

主要的排气方法有热力排气、真空密封排气等。

①热力排气，即利用空气、水蒸气和食品受热膨胀冷却收缩的原理将罐内空气排除。常用方法有热装罐排气和加热排气。

热装罐排气：将食品加热到一定温度（75 ℃以上）后立即趁热装罐密封，主要适用于流体、半流体或组织形态不会因加热而改变的原料。

加热排气：将装罐后的食品送入蒸汽或沸水排气箱（如链带式排气箱）进行排气，使罐头的中心温度达到要求温度（75 ℃以上）。

②真空密封排气，即将罐头置于真空封罐机的真空室内，在抽真空的同时进行密封的排气方法。真空密封排气的效果主要取决于真空封罐机室内的真空度、罐头的密封温度。例如，罐头密封时温度高，所形成的罐头真空度就高。但是真空度不能太高，尤其是与热装罐排气结合时，容易造成爆沸溢出。

（7）密封

排气完成后，立即封盖。使用四旋罐（玻璃罐），其密封采用手工操作（需要佩戴防热橡皮手套，避免烫伤），由罐盖内侧的盖爪与罐颈螺纹（罐口斜线）相互吻合，将橡胶密封圈紧压在玻璃罐口以达到密封效果。

目前，已有企业配备自动玻璃罐旋封机，其基本操作如下：固定罐身，旋转头压住玻璃罐的罐盖进行旋转，与罐颈螺纹相互吻合，将橡胶密封圈紧压在玻璃罐口以达到密封效果。

补充

罐内真空度是保证罐盖始终紧压固定在罐口上的主要因素，而橡胶密封圈保证了容器的气密性。

（8）杀菌

在热水锅中注入足量的水，确保后续杀菌操作中罐头能全部浸入水中。封盖后，将罐头放到热水锅中（提前加热至沸），继续煮沸 15 min（从水再沸腾开始计时），进行杀菌处理。

（9）冷却

常压杀菌的玻璃罐制品应采用分段冷却，每段水温相差 20 ℃左右，即罐头杀菌后，逐步用不超过 70 ℃、50 ℃、30 ℃的温水进行分段冷却，擦干。贴标签，注明内容物种类及加工日期。

之所以杀菌完毕后应及时冷却，是为了避免嗜热菌的生长繁殖，同时防止高温下食品品质的下降。冷却不及时，会造成内容物色泽、风味劣变，组织软烂。

补充

常压杀菌的金属罐制品，杀菌结束后可直接将罐制品取出，放入冷却水池中进行常压冷却至罐温 40 ℃，然后用干净的手巾擦干罐表面的水分，以免罐外生锈。

（10）检验

检验主要是对罐头内容物和外观进行检查。一般包括保温检查、感官检验、理化检验和微生物检验。例如，保温检查是将罐头以足够的时间放置在微生物的最适生长温度（如 30 ℃下保温 7 d），观察罐头有无胀罐和真空度下降等现象，借以判别杀菌是否充分，确保食品安全。

《梨罐头》

5）质量评价

根据《梨罐头》（QB/T 1379—2014）的规定进行质量评价（优级品）（表 1.2）。

表 1.2　梨罐头感官要求

项目	要求
色泽	果肉呈白色、黄白色、浅黄白色，色泽较一致；汤汁澄清，可有少量果肉碎屑
滋味、气味	具有该品种梨罐头应有的滋味、气味，无异味
组织形态	组织软硬适度，食之无明显石细胞感觉；块形完整，可有轻微毛边；同一罐内果块大小均匀
杂质	无外来杂质

高级技术

罐头容器（也称罐藏容器）其材料要求无毒，与食品成分不发生化学反应，耐高温高压、耐腐蚀，能密封、质量轻、价廉易得、适合工业化生产等。

1）金属罐

金属罐一般由两面镀锡的低碳薄钢板（俗称马口铁）制成。由罐身、罐盖、罐底3部分焊接而成，称为三片罐；罐身、罐底是用一块马口铁冲压而成，装罐后再与罐盖密封而成的，称为两片罐，如豆豉鲮鱼罐头。

金属罐采用专门的封罐机来完成，使用二重卷边卷封法进行密封，即罐身的翻边和罐盖的圆边进行卷封，使罐身和罐盖相互卷合，压紧而形成紧密重叠的卷边的过程。

拓展

有些罐头因原料pH值较低，或含有较多花青素，或含有丰富的蛋白质，需采用涂料马口铁罐，即在马口铁与食品接触面涂上一层抗酸涂料或抗硫涂料（符合食品卫生要求的），以防止食品成分与马口铁发生反应。

2）玻璃罐

合格的玻璃罐应呈透明状，无色或微带黄色，罐身应平整光滑，厚薄均匀，罐口圆而平整，底部平坦，具有良好的化学稳定性和热稳定性。现在的玻璃罐外形美观，使用后还可以清洗、晾干，作为家庭盛装各种调味料的容器。

市面上大量的果蔬罐头采用玻璃罐，如糖水雪梨罐头、糖水桃罐头等。使用最多的玻璃罐是四旋罐。玻璃罐的密封不同于金属罐，其罐身是玻璃，而罐盖是金属（一般为镀锡薄钢板制成），罐盖内有橡胶密封圈。

思考

玻璃罐的瓶盖可以反复打开和密封，那么罐头加工企业如何避免消费者在选购罐头食品时打开瓶盖后又密封？

3）蒸煮袋

蒸煮袋俗称软罐头，是由耐高压杀菌的复合塑料薄膜制成的袋状罐藏包装容器。其特点是重量轻，体积小，易开启，携带方便，可耐受加热杀菌时的高温高压，结合真空密封，热传导快，可缩短杀菌时间，能较好地保持食品的色香味，可在常温下贮存，取食方便。

蒸煮袋分为带铝箔的不透明蒸煮袋（常用于100 ~ 121 ℃高温杀菌）和不带铝箔的透明蒸煮袋（一般为两层，常用于100 ℃水杀菌）。

其中，带铝箔的不透明蒸煮袋通常采用3种材料黏合制成。内层：要求不与食品反应，符合卫生条件，并能热熔密封，常用高密度的聚乙烯（PE）或聚乙烯和聚丙烯（PP）的聚合物。中层：为铝箔，起屏障作用，具有良好的避光、防透气、防透水的功能。外层：为聚酯（PET），起加固和耐高温作用。

蒸煮袋多采用真空包装机进行抽真空和热熔密封，即依靠蒸煮袋内层的塑料薄膜在加热时被熔融粘接在一起而达到密封的目的。热熔强度取决于蒸煮袋的材料性能以及热熔时的温度、时间和压力（如三层带铝箔的不透明蒸煮袋可采用200 ℃ 1 s的热熔密封条件）。

在蒸煮袋包装时，需要用料斗将食品（尤其是含油脂多的食品，如鱼豆腐、酱猪蹄等）装入袋中，避免袋口沾上油脂等，否则会影响真空密封效果。

拓展训练

1）罐头容器清洗和消毒

罐头容器使用前，必须进行清洗和消毒，以清除在运输和存放中附着的灰尘、微生物、油脂等污物，保证容器卫生，提高杀菌效率。洗净消毒后的空罐（尤其是马口铁罐）要及时使用，不宜长期搁置，以免生锈或重新污染微生物。

例如，玻璃罐应先用清水（或热水）浸泡，然后用带毛刷的洗瓶机刷洗，再将玻璃罐的罐口向下，用清水或高压水向上喷洗，再沥干。对于回收、污染严重的容器，还要用浓度为2% ~ 3%的氢氧化钠溶液加热浸泡5 ~ 10 min，或用洗涤剂、漂白粉清洗。

2）胀罐

合格的罐头其底盖中心部位略平或呈凹陷状态。当罐头内部的压力大于外界空气压力时，会造成罐头底盖鼓胀，形成胀罐（也称胖听）。

（1）物理性胀罐

产生原因：罐头内容物装得太满，顶隙过小；加压杀菌后，降压过快；排气不当或贮藏环境变化等。

控制措施：严格控制装罐量；注意装罐时，顶隙大小要适宜，控制在4 ~ 8 mm；提高排气时罐内中心温度，排气要充分，封罐后能形成较高的真空度；加压杀菌后降压冷却速度不能过快；控制罐头适宜的贮藏环境。

（2）化学性胀罐（氢胀罐）

产生原因：高酸性罐头中的有机酸与马口铁罐内壁起化学反应，产生氢气，导致内压增大而引起胀罐。

控制措施：防止空罐内壁受机械损伤，以防出现露铁（也称漏铁）现象；空罐宜采用涂层完好的抗酸性涂料钢板制罐，以提高罐藏容器对酸的抗腐蚀性能。

（3）细菌性胀罐

产生原因：由于杀菌不彻底或密封不严，细菌重新侵入而分解内容物，产生气体，使罐内压力增大而造成胀罐。例如，肉毒杆菌在生长和产生毒素时的一个代谢特点是产气，产生的气体足以造成密封容器的明显膨胀。根据这个特点，可采取保温后敲检的措施以避免含有肉毒杆菌毒素的罐头食品到达消费者手中。

控制措施：原料充分清洗或消毒，严格注意过程中的卫生管理，防止原料及半成品的污染；在保证罐头质量的前提下，对原料的热处理必须充分，以杀灭产毒致病的微生物；在预煮水或填充液中加入适量的有机酸，以降低罐头内容物的pH值，提高杀菌效果；严格封罐质量，防止密封不严；严格杀菌环节，保证杀菌质量，如温度计要定期计量校正，确保准确。

拓展

在容器外表面印制“罐盖中心部位凸起不可食用”的警示标志也可预防消费者因误食造成的不幸；有的大型罐头企业配有检测金属罐的罐底是否凹陷的感应设备（判断罐头内真空状态存在），进而确保罐头质量。

3）罐头容器腐蚀

产生原因：有氧气、酸、硫化物、环境的相对湿度等。氧气是金属强烈的氧化剂，罐头内残留氧的含量，对罐藏容器内壁腐蚀起决定性因素，氧气量越多，腐蚀作用越强；含酸量越多，腐蚀性越强；当硫化物（如鹌鹑蛋等蛋制品中硫化物含量多）混入罐头中，易引起罐内壁的硫化斑（黑斑，有的脱落形成黑屑）；当贮藏环境的相对湿度过高时，易造成罐外壁生锈及腐蚀等。

控制措施：排气要充分，适当提高罐内真空度；注入罐内的填充液要煮沸，以除去填充液中的二氧化硫；对于含酸或含硫高的内容物，容器内壁一定要采用抗酸涂料或抗硫涂料（如食品级的环氧聚酯，使罐内壁光滑）；贮藏环境相对湿度不能过大，保持在70%～75%。

4）罐内汁液的浑浊与沉淀

产生原因：原料成熟度过高，热处理过度（果肉发生软烂）；加工用水中钙、镁等离子含量过高，水的硬度大；杀菌不彻底或密封不严，微生物生长等。

控制措施：对加工用水进行软化处理；严格控制加工过程中的杀菌、密封等工艺条件；保证原料适宜的成熟度等。

范例

莱阳梨含酸量低，若加工过程中不添加一定量的酸调整酸度，十几天后成品就会出现细菌性的浑浊，汤汁呈乳白色的胶状液，进而使果肉变色和萎缩。一般来说，当原料梨酸度在 0.3% ~ 0.4% 范围内时，不必再外加酸，但要调节糖酸比，以增进成品风味。

思考练习

①为什么马口铁罐头产品需要测定锡含量？

②为何杀菌后的罐头应立即冷却？

③生产橘子罐头加注的填充液应为（　　）。

A. 清水　　B. 调味液　　C. 盐水　　D. 糖液

④低酸性食品罐头杀菌所需温度是（　　）℃。

A. 85　　B. 95　　C. 100　　D. 118

⑤在罐藏食品加工中，杀菌的含义是（　　）。

A. 杀死一切微生物的卫生学上的灭菌　　B. 杀死一切病虫害

C. 达到商业无菌　　D. 杀死一切细菌

⑥加工罐藏食品最重要的两道工序，应予以足够重视的是杀菌和（　　）。

A. 装罐　　B. 抽空　　C. 密封　　D. 冷却

⑦平时购买的果蔬罐头，如果罐盖是凸起的，能否食用？

任务1.4 果蔬糖制加工技术

活动情景

果蔬存在生产量大、集中上市销售、保鲜期短等问题，尤其是那些外观、品质稍差的果蔬更是销售困难，往往被丢弃浪费，造成农户增收困难、种植积极性受到打击。

因此，除了对新鲜果蔬进行贮藏保鲜外，将果蔬加工成各种食品也是非常必要的，可以大大增加食品种类，延长果蔬产品的供应期，提高其附加值。此外，有些新鲜果蔬直接食用，口感并不好，例如柠檬、梅、叶用芥菜、菊芋等，但经过制汁、腌制、糖制或干制等处理，可制成风味不同的产品，满足了市场需要。

拓展

果蔬糖制是一种重要的果蔬加工技术，其加工技术、设备要求不高，适合家庭制作和创业，如手工制作的刺梨干、南酸枣糕等，成为旅游景点的特产。

果蔬糖制在我国具有悠久的历史，最早的果蔬糖制品是利用蜂蜜糖渍而成，并冠以“蜜”字，称为蜜饯，口感香甜，如蜜枣。随着甘蔗糖（白砂糖）、饴糖（主要是麦芽糖、糊精的混合物）等食糖的开发和应用，促进了果蔬糖制品加工业的迅速发展，逐步形成了风味、色泽独具特色的产品，如糖莲藕、糖莲子、糖冬瓜、糖马蹄（广东家庭过年期间的特产）等。

任务要求

理解果蔬糖制的原理，掌握苹果脯加工技术。

技能训练

结合视频或图片，掌握苹果脯加工原理、工艺流程，加工苹果脯产品。

1.4.1 果蔬糖制品分类

果蔬糖制品按其加工方法和状态分为两大类，即果脯蜜饯类和果酱类。

1）果脯蜜饯类

果脯蜜饯类是指果蔬经过整理、硬化等预处理，加糖煮制而成，能保持一定形态的高糖制品，其含糖量在60% ~ 70%，包括果脯、蜜饯、凉果等。

果脯又称干态蜜饯，是指基本保持果蔬形态的干态糖制品，如蜜枣、糖姜片、糖冬瓜、糖莲藕、苹果脯、杏脯、桃脯、梨脯等。蜜饯又称湿态蜜饯，是指果蔬经过煮制后，保存于浓糖液中的一种制品，如樱桃蜜饯、蜜金橘等。

2）果酱类

果酱类为果蔬的汁、肉加糖煮制浓缩而成，形态呈黏糊状、冻体或胶态，包括果酱、果泥、果冻、果糕、果丹皮等。

其中，果酱是指果蔬原料经处理后，打浆或切成块状，加糖浓缩而成的凝胶制品，如番茄酱、草莓酱、苹果酱、山楂酱、蓝莓酱、桔子酱等。果酱制品呈黏糊状，带有细小果块，含糖量55%以上，含酸1%左右。果酱倾倒在平面上要求“站得住、不留汁、展得开”，口感细腻，酸甜适口。含酸及果胶含量低的果蔬原料可适当加酸（如柠檬酸）和增稠剂（如果胶）。

山楂酱加工

1.4.2 果蔬糖制的原理

果蔬糖制加工是利用高浓度糖液的渗透和扩散作用，使糖液渗入果蔬组织内部，并排出果蔬组织中的水分，从而达到长期保藏的目的，即果蔬原料排水吸糖过程。

1）高渗透压作用

一般果脯蜜饯的含糖量达到65%以上，可以产生高渗透压作用，从而抑制微生物的生长，使糖制品能较长时间保藏。这是因为微生物细胞的水分在高渗透压下会通过细胞膜向外流出，原生质因此而脱水出现生理干燥，甚至导致质壁分离。

2）降低水分活度

新鲜果蔬的水分活度为0.98 ~ 0.99，适合微生物的生长繁殖，造成果蔬不耐保藏。经糖制加工后，果脯蜜饯制品中的水分活度降低，微生物可以利用的水分大大减少，抑制了微生物的活动。例如，干态蜜饯（果脯）的水分活度为0.65以下，几乎抑制了一切微生物的活动，具有较强的保藏作用。

提示

果蔬糖制品种类繁多，本任务选择果脯蜜饯（苹果脯）为代表。

1.4.3 糖制工艺

糖制是果脯蜜饯加工的主要工艺，即糖液中糖分通过扩散作用进入果蔬组织细胞间隙，再通过渗透作用进入细胞内，最终达到要求的含糖量。

糖制方法有煮制和蜜制（冷制）两种，其中煮制适用于质地紧密、耐煮性强的原料，加工时间短，但色、香、味差；蜜制适用于皮薄多汁、质地柔软的原料。

煮制方法主要包括一次煮制法、多次煮制法和真空煮制法等。

拓展

真空煮制法又称减压煮制法，需要在真空设备中进行。糖液在真空和较低温度下煮沸，因果蔬组织中不存在大量空气，糖分能迅速渗入达到平衡，糖煮温度低、时间短，制品色、香、味、形都比常压煮制好。

多次煮制法是将处理过的原料经过多次糖煮（加糖煮制）和糖渍（糖渍是指停止加热，浸渍一段时间），逐步提高糖浓度的煮制方法。该法适用于组织致密、难以渗糖（易发生干缩），或易煮烂的含水量高的原料，如桃、杏、梨和樱桃番茄等。通常每次糖煮时间短，糖渍时间长。

例如，先用浓度为 30% ~ 40% 的糖液煮到原料稍软时，放冷糖渍 24 h。其后，每次煮制增加糖浓度 10%，煮沸数分钟，然后再糖渍 24 h，直至糖液浓度达到 60% 以上。

1.4.4 果蔬糖制品加工技术

【实验实训 1.3】苹果脯加工

1）目的

掌握苹果脯加工的工艺流程和操作要点，理解果蔬糖制加工原理。

2）材料及用具

苹果、柠檬酸、白砂糖、亚硫酸氢钠、氯化钙。

糖度计、热风干燥箱、不锈钢锅、电磁炉、夹层锅、挖核器、不锈钢刀、电子秤等。

3）工艺流程

苹果脯加工工艺流程如图 1.11 所示。

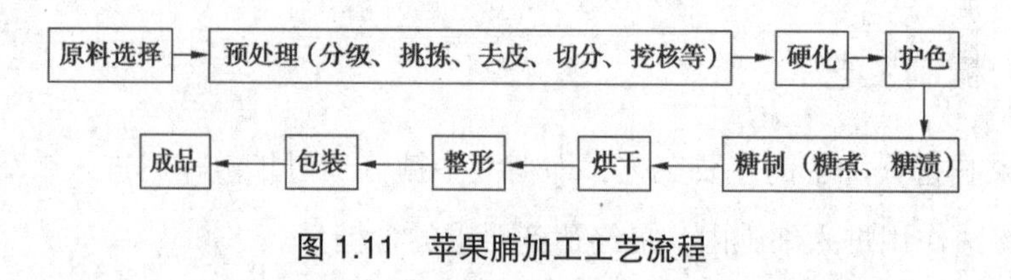

图 1.11　苹果脯加工工艺流程

4）操作要点

（1）原料选择

选用果形圆整、果心小、质地紧密和成熟度适宜的原料，避免糖制过程中的煮烂变形。

补充

根据产品的特性，正确地选择适宜的加工原料，是保证产品质量的基本条件。只有好的原料才能加工出好的产品。

（2）预处理

为了确保果脯的品质及加工条件一致，同时有利于糖液渗入果蔬原料中，需要对果蔬原料进行预处理，包括分级、挑拣、去皮、切分、挖核、清洗等处理。不同的果蔬原料需要采用不同的预处理方法。

①分级。按照原料实际情况、产品特性等要求，对果蔬原料进行分级处理。通常是按照大小分级，以达到产品大小相同、质量一致和便于加工（加工条件一致）的目的。

在生产规模不大时，可采用手工分级，并配备圆孔分级板等辅助工具；在企业生产量较大时，应采用机械分级（如皮带分级机、滚筒式分级机），可大大提高分级效率，且分级均匀一致。

范例

皮带分级机的分级部分是由若干成对的长橡皮带构成，每对橡皮带之间的间隙由始端至末端逐渐加宽，形成“V”形。果实进入输送带始端，两条输送带以同样的速度带动果实往末端移动，输送带下装有各档集料斗，小的果实先落下，大的后落下，以此分级。

②挑拣。对于待加工的原料需要进行挑拣，剔除不符合要求的苹果和异物，如霉烂、虫蛀严重、成熟度差的苹果。

在企业生产中，可以设置专用挑拣台，原料通过传送带输送，挑拣台旁的操作人员则进行挑拣工作，并用不锈钢刀进行修整，挖去损伤部分。

③去皮、切分。可以采用手工去皮，将苹果对半纵切，再用挖核器挖掉果心；也可以采用专用机械进行苹果去皮、切分等操作。

去皮、切分的苹果应及时放入浓度为 0.5% ~ 1% 的柠檬酸溶液中进行护色。

拓展

在蜜枣加工中，需要进行划缝处理。划缝的主要目的是加速糖制过程中的渗糖，也可增加成品外观纹路，使产品美观。划缝机工作原理是使枣果通过一个直径略大的通孔，而通孔的壁上设置了若干不锈钢针，从而使枣果形成纹路均匀、深浅一致的划缝。划缝以果肉厚度的一半为宜，划缝太深则糖制时易烂，太浅则糖分不易渗入。

（3）硬化

将果块放入含 0.1% 浓度的氯化钙（硬化作用）、0.2% 浓度的亚硫酸氢钠（护色作用）混合液中浸泡 4 ~ 8 h，进行硬化和护色处理，若肉质较致密则只需进行护色处理。浸泡液以能浸没原料为准，浸泡时可使用网罩或上压重物，防止上浮。在原料浸泡好后，可用笊篱捞出，用清水漂洗 2 ~ 3 次，备用。

在糖煮前进行硬化处理，目的是提高原料的硬度，增强其耐煮性。果蔬硬化原理：钙、铝等金属离子可与果蔬原料中的果胶物质生成不溶性的果胶酸盐，从而提高果蔬糖制品的硬度和耐煮性。

（4）护色

在糖煮之前，使用亚硫酸氢钠进行护色，可防止果蔬糖制品氧化变色，使果蔬糖制品保持浅黄色或金黄色，色泽明亮，同时有防腐作用。但二氧化硫残留量过大，口感会变差。

补充

根据《食品添加剂使用标准》（GB 2760—2014）规定，亚硫酸氢钠、亚硫酸钠、焦亚硫酸钠等是我国允许在蜜饯凉果中使用的漂白剂，具有强还原性，可将着色物质还原，同时对多酚氧化酶有很强的抑制作用，从而防止果蔬去皮切分后发生的酶促褐变。

护色方法主要有浸硫和熏硫两种。

①浸硫。先配制好浓度为0.2%的亚硫酸氢钠溶液，将原料置于溶液中浸泡10 ~ 30 min，取出立即在流水中充分漂洗，避免对糖制品外观和风味产生不良影响。

②熏硫。在熏硫室或熏硫箱中进行，要求熏硫室或熏硫箱既能严格密封，又可方便开启。熏硫时，将分级、切分的原料装盘送入熏硫室，分层码放。

补充

部分果蔬（樱桃、草莓等）在糖制过程中常失去原有的色泽，可进行着色处理（把色素加入糖渍液进行着色），如红薯果脯使用柠檬黄、胭脂红等。此外，作为配色用的蜜饯制品，要求具有鲜明的色泽，常需人工着色。

（5）糖制

在夹层锅内，配成与果块等重的浓度为40%的糖液，加热沸腾后倒入果块，以旺火煮沸后，保持微沸状态至糖液渗透均匀（糖煮）。趁热起锅，将果块连同糖液倒入浸渍缸中，浸渍24 h（糖渍）。再加糖，提高糖含量至50%，进行糖煮，再糖渍24 h，重复此操作，防止果实煮烂，使果块中糖分渗透均匀，且节约能源。

补充

糖煮、糖渍过程要确保高浓度糖分渗透到果脯蜜饯中，若“吃糖”不足，果脯会出现皱缩，影响产品外观和保存。

（6）烘干

按照蜜饯加工标准要求，干态果脯的水分含量一般不超过20%，因此要进行干燥处理，即烘干或晾晒。在企业生产中，烘干大多在烘房中进行。烘房内温度不宜过高，以防糖分结块或焦化。烘干中要注意通风排湿和产品调盘。

将果块捞出，沥干糖液，摆放在烘盘上，送入干燥箱，在60 ℃的温度下干燥至不粘手为度。

拓展

传统露天晾晒受自然条件影响大，卫生条件较差。现在部分企业采用透明玻璃房（结合风扇排风）进行晾晒，可有效地避免苍蝇、蚊虫、尘土等危害，同时防止雨水的影响。

（7）整形

烘干后用手捏成扁圆形，使产品美观；使用剪刀等剔除黑点、斑疤等。

（8）包装

包装的主要目的是防潮防霉，防止食品变质，为消费者的使用提供方便。一般先用塑料薄膜包装后，再用其他包装（如纸板箱包装）。

5）质量评价

根据《绿色食品　蜜饯》（NY/T 436—2018）的规定进行质量评价（果脯类）（表 1.3）。

《绿色食品蜜饯》

表 1.3　蜜饯感官要求

项目	要求
色泽	具有该品种所应有的色泽，色泽基本一致
组织形态	糖分渗透均匀，有透明感，无返砂，不流糖
滋味与气味	具有该品种应有的滋味与气味，酸甜适口，无异味
杂质	无肉眼可见杂质

高级技术

1）糖的结晶作用

在不同的温度下，不同种类的糖溶解度是不同的。如 10 ℃时蔗糖的溶解度为 65.5%，约等于糖制品要求的含糖量。因此，糖煮时糖浓度过大，糖煮后贮藏温度低于 10 ℃，则成品表面（或内部）会出现蔗糖结晶（返砂）而影响质量，如口感变粗、外观质量下降。

果脯蜜饯加工中，为防止蔗糖的返砂，常在糖制时加部分饴糖、蜂蜜或淀粉糖浆，这些物质在蔗糖结晶过程中，有抑制晶核生长、降低结晶速度和增加糖液饱和度的作用。另外，也可通过果蔬本身或额外添加的酸，利用糖煮加热，促使蔗糖转化，防止糖制品中糖的结晶。

2）糖的吸湿性和潮解

糖具有吸收周围环境中水分的特性，即糖的吸湿性。糖的吸湿性对果脯蜜饯的影响主要是吸湿后降低了糖液浓度和渗透压，容易引起糖制品变质。

糖的吸湿性与糖的种类及空气相对湿度密切相关。糖的吸湿性以果糖最大，葡萄糖和麦芽糖次之，蔗糖最小。

在生产中也常利用转化糖吸湿性强的特点，让糖制品含适量的转化糖，这样便于防止出现结晶（返砂）。但也要防止因转化糖含量过高，引起糖制品流汤、霉烂变质。含有一定数量转化糖的糖制品必须用防潮纸或玻璃纸包裹。

补充

流汤即果蔬糖制品在包装、贮藏、销售过程中吸潮、表面发黏等现象。主要是由成品中蔗糖和转化糖之间的比例不当造成的。

3）蔗糖的转化

蔗糖是非还原性双糖，经酸或转化酶（蔗糖酶）的作用，在一定温度下可水解生成等量的葡萄糖和果糖，这个转化过程称为蔗糖的转化。

转化反应在糖制品中用于提高糖液的饱和度，抑制蔗糖结晶，增大糖制品的渗透压，提高其保藏性，还能赋予糖制品较紧密的质地，提高甜度。但糖制品中蔗糖转化过度，会增强其吸湿性，使糖制品吸湿潮解而变质。

补充

糖制品中的转化糖量达到 30% ~ 40% 时，蔗糖就不会结晶。

一般水果都含有适量的酸，糖煮时能转化 30% ~ 35% 的蔗糖，并在保藏期继续转化而达到 50% 左右。对于含酸量少的原料，可添加少量柠檬酸，以使蔗糖发生转化。对于含酸量偏高的原料，则应避免糖煮时间过长，形成过多的转化糖。

蔗糖长时间处于酸性介质和高温条件下，其水解产物会生成少量 5- 羟甲基糠醛，使糖制品轻度褐变；在糖制和贮藏期间也存在着美拉德反应，是引起糖制品非酶褐变的主要原因。使用亚硫酸盐进行护色处理，有利于糖制品色泽变浅。

拓展

有的企业在果脯蜜饯加工中，直接使用蔗糖与果葡糖浆混合物，而不依靠蔗糖的转化，避免产生 5- 羟甲基糠醛，使得糖制品色泽更浅。

拓展训练

利用课外时间，开展山楂酱或桔子酱加工自主实验研究。

思考练习

①在硬化工序中，氯化钙浓度过高或浸泡时间过长会出现什么问题？

②果脯能够长期保存的原理是什么？

③结合产品外观和保藏性，如果糖制过程中吃糖不足，果脯产品存在什么问题？

任务 1.5 果蔬干制加工技术

活动情景

果蔬干制也称果蔬脱水，是在自然或人工控制条件下使果蔬中水分干燥脱除，同时保持果蔬原有风味的加工工艺。如葡萄干、红枣、枸杞、柿饼、荔枝干、龙眼干、笋干、苦瓜干等。新疆气候干燥，葡萄干的生产目前普遍采用自然干制，还有一些山区对野菜干制至今仍沿用自然干制，成本低且风味独特。

思考

在方便面的蔬菜包中，为什么采用脱水胡萝卜而不用新鲜胡萝卜？

果蔬干制品种类繁多，各具特色，具有体积小、重量轻、易于运输贮存（如新鲜红枣加工成干红枣后，可以全年提供红枣加工的原料）等优点。因此，果蔬干制品对勘测、航海、科考、航空、旅游、军需（缺少新鲜果蔬食用的地方）等方面都具有重要意义。

任务要求

理解果蔬干制加工原理，掌握果蔬干制加工工艺。

技能训练

结合视频或图片，掌握苹果干加工工艺。

1.5.1 果蔬干制原理

果蔬的含水量很高，一般为70%～90%。果蔬中的水分可分为自由水和结合水，其中，自由水占果蔬含水量的70%左右。自由水流动性大，能借助毛细管和渗透作用向外移动，所以干制时容易干燥脱除，而结合水一般不能通过干燥作用脱除。

在果蔬干制过程中，大部分自由水被脱除，而果蔬干制品中水分主要以结合水存在（如烘干的干枸杞含水量降为13%即可长时间贮藏），从而降低果蔬干制品的水分活度，提高渗透压（通过增加内容物浓度），能有效地抑制微生物活动和果蔬本身酶的活性，使果蔬干制品保质期大大延长。

1.5.2 干制过程

果蔬在干制过程中，水分的干燥蒸发主要依赖两种作用，即水分的外扩散作用和内扩散作用。当原料受热时，首先是原料表面水分的蒸发，称为外扩散。随着表面水分的蒸发，原料内部的较多水分向表面较少水分处移动，称为内扩散。干制过程所需选用的工艺条件必须使外扩散和内扩散的速度协调，否则原料表面会因过度干燥而形成硬壳（称为“结壳”现象），阻碍水分继续蒸发，甚至出现表面焦化和干裂，降低产品质量。

干制速度的快慢，对果蔬干制品的好坏起着决定性作用。一般原料切分越小（食品表面积增大，且破坏果蔬本身结构，便于脱水），装载量越小，气压越低，空气流动速度越快，干燥温度越高，相对湿度越小，则水分蒸发的速度越快，干制速度越快。

此外，新鲜枸杞表面有果蜡存在，会影响干燥过程中的水分脱除，需要进行碱水浸泡脱蜡处理（如在浓度为2%的氢氧化钠溶液中浸泡5～10 s后，立即用清水漂洗干净）再进行烘干；罗汉果微波干燥前，在顶部进行钻孔，有利于内部水分快速脱除；新鲜柿子（质地较硬的）需用削皮机去除柿子皮，再晾干加工成柿饼；使用网状烤盘，且烤盘之间不叠放，这样有利于快速脱水。

1.5.3 干制方法

干制是果蔬干制加工中最关键的工序。

1）自然干制

自然干制是指利用自然条件（如太阳辐射热、自然风等）使果蔬干燥的方法。其中原料直接受太阳晒干的，称晒干或日光干燥；原料在通风良好的场所利用自然风吹干的，称风干、阴干或晾干。

自然干制的优点：不需要复杂的设备、技术简单、易于操作、生产成本低，有的可产生特有风味。自然干制的缺点：干燥条件难以控制、干燥时间长、产品质量欠佳、部分地区或季节不能采用此法。如潮湿多雨的地区采用此法时，干制时间长、腐烂损失大、产品质量差。

2）人工干制

人工干制是指人工控制干燥条件的干燥方法。

人工干制的优点：可大大缩短干燥时间，干燥条件可控，能获得较高质量的产品，且干燥环境可控，不受季节性限制，避免雨水、蚊虫、飞鸟、沙尘（如引起硌牙）影响。人工干制的缺点：与自然干燥相比，设备及安装费用较高，操作技术比较复杂，消耗能源，成本较高；某些情况下不能产生自然干制的特有风味。

（1）热风干燥

热风干燥是采用燃料或电力加热，结合鼓风机，通过热空气对预处理好的果蔬物料进行干燥的方法，是我国使用最多的一种干燥方法。例如，一种热风烘干机（加热系统、烘床构成）是将预处理好的果蔬放在烘床的网状隔板上，通过锅炉加热空气产生热风，通过鼓风机进入烘床底部，热风再由下向上透过网状隔板与果蔬接触，其间不定时搅动果蔬，使得烘干均匀，并采用逐步降温干燥的方式，达到加热脱水的目的。

普通热风干燥所用的设备，比较简单的有烘箱和烘房；规模较大的有隧道式干制机和带式干制机。其中，隧道式干制机在果蔬干制中应用最为广泛。如图 1.12 所示，将处理过的新鲜物料放置在带托盘的小车上，间歇式推入隧道的一端，干制品从隧道的另一

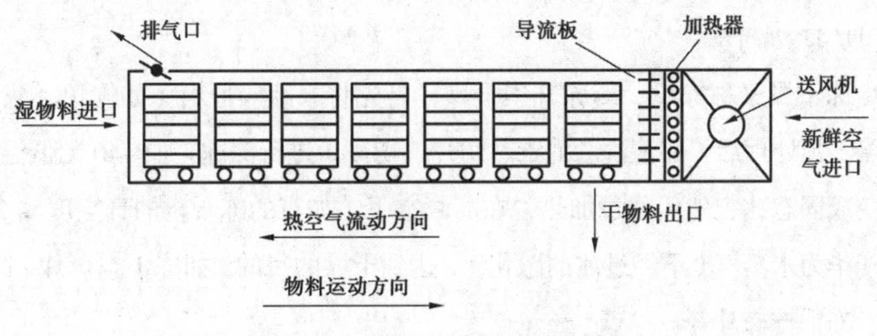

图 1.12　隧道式干制机干燥示意图

端出来，通过干的热空气的作用使物料干制。不管是处理成多大尺寸、什么形状的果蔬物料，都可采用隧道式干制机进行干燥。

（2）微波干燥

工业加热用的微波频率为915 MHz和2 450 MHz。在微波干燥中，微波产生的电磁场的极性方向会发生高频率的交替变化，而水分子（属于易极化分子）也会发生高速的反转、震荡，使得水分子之间相互碰撞、摩擦，产生大量的热量，从而达到干燥的目的。

微波干燥的优点：干燥速度快，加热时间短；热效率高、反应灵敏；热量直接产生在物料的内部，而不是从物料外表向内部传递，因而加热均匀，不会引起外焦内湿的现象；水分吸热比干物质多，因而水分易于蒸发，物料本身吸热少，能保持原有的色香味及营养物质。

拓展

有的企业将传统的热风干燥与微波干燥相结合，即先进行热风干燥，将果蔬中大部分水分脱除，最后采用微波干燥，可更好地提高果蔬干制品的质量。

（3）远红外干燥

远红外干燥是利用远红外线（远红外线辐射元件产生）被加热物体所吸收，直接转变为热能而使水分得以干燥。对于厚度薄的果蔬产品，因为物料表面及内部的分子能同时吸收远红外线，使得干燥速度快，产品质量好。

（4）真空干燥

真空干燥是指物料在未达到结冰温度的真空状态(减压)下进行水分蒸发的干燥方法。真空度越大，水的沸点越低，越易汽化逸出，物料越易干燥。

真空干燥的优点：能以较低的干燥温度来干燥热敏性的物质；适用于干燥过程中易被氧化的物料；热能利用率高；可用于最终含水量低的物料的深度干燥。

（5）真空冷冻干燥

真空冷冻干燥又称冻干、冷冻升华干燥，是先将果蔬等原料（如枸杞、葱花、成熟度高的香蕉）预处理后（如清洗、消毒、切片、切段）进行深冻（如 –40 ℃低温冻结），使其水分变成固态冰，然后通过加热，在高真空下（如有的冻干机的真空度≤ 20 Pa）直接以冰态升华为水蒸气（不经过冰的融化），达到干燥的目的。如冻干香蕉片、冻干葱花、冻干枸杞、冻干柠檬片等。

由于物料中水分干燥是在低温下进行的，挥发性物质损失少，营养物质（尤其是热敏性、易氧化成分）不会因受热而遭到破坏，表面不会硬化结壳，体积也不会过分收缩，使得果蔬能够保持原有的色、香、味、形及营养价值。其中，冻干枸杞营养成分和活性成分保留较好，体积大，没有明显皱缩，直接食用（口感酥脆，类似饼干）、煲汤、泡水都可以。

此外，真空冷冻干燥的物料呈多孔、疏松结构，未形成水不浸透性层，且含水量少，具有良好的复水性（能迅速吸水复原），便于后续处理或食用。例如，有企业用冻干技术加工苹果脆、菠萝脆、胡萝卜脆等即食食品；也有将冻干果蔬、膨化谷物和坚果混合，食用时用热水或热牛奶冲泡，即成营养丰富的果蔬粥。

拓展

有的企业对蘑菇进行冻干，开发出冻干蘑菇汤，消费者只需用热水冲泡十几秒即可食用，非常方便。

1.5.4 果蔬干制加工技术

【实验实训 1.4】苹果干加工

1）目的

掌握苹果干的加工工艺，理解果蔬干制加工的原理。

2）材料及用具

苹果、亚硫酸氢钠、食盐、不锈钢刀、削皮刀、砧板、不锈钢盆、不锈钢筛网、晒盘、烘干机、包装机等。

3）工艺流程

苹果干加工工艺流程如图 1.13 所示。

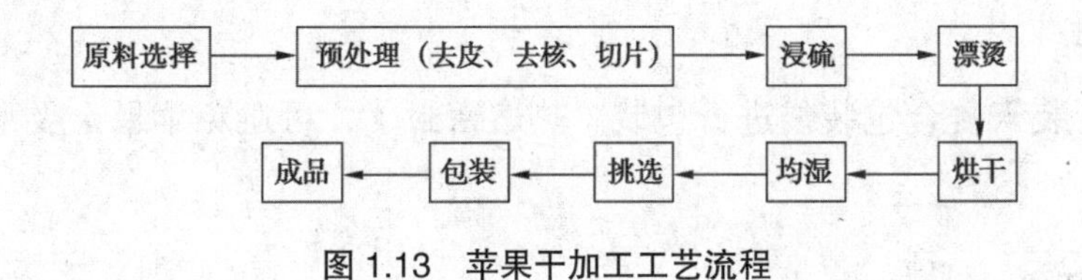

图 1.13 苹果干加工工艺流程

4）操作要点

（1）原料选择

选用果实中等大，含糖量高，肉质致密，皮薄，含单宁少，干物质含量高的原料。

（2）预处理

选出无病虫害、无坏斑、无疤眼的原料，清洗削皮，纵切果实一分为二，挖去果心，及时浸入浓度为 1% 的食盐水中。将原料切成 0.5 cm 厚的果片（半圆形），浸入含 1% 浓度的食盐、0.2% 浓度的柠檬酸水溶液。

（3）浸硫

将切好的苹果片迅速放入浓度为 0.5% 的亚硫酸氢钠溶液中浸泡 15 min，以防氧化变色。应将溶液 pH 值调到酸性范围，增强硫处理效果。

（4）漂烫

在 95 ~ 100 ℃热水中漂烫 3 min，立即用冷水进行冷却。

（5）烘干

苹果片漂烫冷却后，取出沥干，摆盘，果肉以不叠压为原则。装好后至烘干机烘干，温度为 60 ℃，使果干抓在手中紧握时不粘手而有弹性为止，含水量约为 20%。

思考

苹果片摆盘时，如果果肉叠压容易出现什么问题？

由于苹果切片后存在创伤面（不像红枣、枸杞是完整干燥的），加上烘干时间长，容易存在安全隐患，因此，加工过程中需要加强人员、工器具及热空气的卫生控制。

（6）均湿

将干燥后的苹果干堆积在一起（干燥环境中，如密封在大包装袋中），1 d 左右即可使苹果干含水量一致。

（7）挑选

筛去碎屑，拣去杂质和变色的产品，操作要迅速，防止产品受潮。

（8）包装

将苹果干装入复合包装袋进行包装（热熔密封），可避免苹果干吸水，延长产品保质期。

5）质量评价

苹果干呈淡黄色、黄白色或青白色，不允许有氧化变色片；果片呈片状，不带机械伤、病虫害、斑点，不完整片不超过 10%，碎末小块不超过 2%（均以重量计）；具有苹果风味及气味，甜酸适口，无异味。

高级技术

1）果蔬干制品的复水

干制品在食用前一般都要复水。复水就是将干制品浸在水里，经过相当时间，使其尽可能地恢复到干制前的状态。例如，企业加工的预包装脱水蔬菜（如辣椒、高丽菜、胡萝卜、蒜、葱花等）的复水方法是将干制品浸泡在足量的冷水里，浸泡十几分钟，其间搅动均匀。复水后再加热烹调和食用（也称复原菜），省去了买菜、择菜、洗菜、切菜等环节，方便快捷。

复水时，用水量及水质对产品品质影响很大。如用水量过多，会造成花青素、黄酮类色素等溶出而损失。水的 pH 值对颜色的影响很大，对花青素的影响更甚。白色蔬菜中的色素主要是黄酮类，在碱性溶液中变为黄色，所以马铃薯、花椰菜、洋葱等不宜用碱性水处理。金属盐的存在会与花青素呈现显色反应。水中若有碳酸氢钠，易使组织软化，复水后组织软烂。硬水常使豆类质地变粗硬，还能降低干制品的吸水率。

补充

复水性是指干制品复水后在质量、大小、形状、质地、颜色、风味、成分、结构以及其他可见因素恢复到原有新鲜状态的程度，常用复水率（或复水倍数）来表示。复水率是指复水后沥干质量与干制品试样质量的比值。

2）果蔬在干燥过程中的变化

（1）体积缩小，重量减轻

一般干制后体积为鲜品的 20% ~ 30%，质量为原鲜重的 10% ~ 30%。

（2）色泽的变化

果蔬在干制过程中（或在干制品贮藏中）易发生褐变，常常变成黄色、褐色或黑色。按产生原因不同，可分为酶促褐变和非酶褐变。

其中，酶促褐变是在多酚氧化酶（PPO 酶）和过氧化物酶（POD 酶）的作用下，果蔬中单宁等多酚物质被氧化成醌类及其聚合物而呈现褐色。干燥温度一般不足以钝化酶活性，因此，在干制前进行热烫或加化学抑制剂（如抗坏血酸、亚硫酸氢钠等）处理，能有效抑制酶促褐变和色素物质（如叶绿素、胡萝卜素）褪变。

拓展训练

查找苦瓜干制加工资料，开展苦瓜干加工。

思考练习

①为什么果蔬干制时，一般不宜采用过高的温度?

②如何防止果蔬干制品褐变?

③冷冻干燥和真空干燥有何共同点和不同点?

任务 1.6　果蔬汁饮料加工技术

活动情景

近几年，果蔬汁饮料发生了突飞猛进的发展，人们越来越意识到果蔬汁饮料不仅能提供水分、消暑解渴，还可以提供给人类特殊的营养物质，同时方便携带和饮用。将果蔬原料加工成果蔬汁，有利于解决果蔬集中上市、销售难的问题，尤其是品相差（如有斑点、果形差、小果）的果蔬，同时可延长产业链，提高果蔬的附加值。我国果蔬汁产业发展迅速，苹果汁产量居世界第一，美国市场 80% 的苹果汁来自我国。国内知名的果蔬汁饮料生产企业有汇源、康师傅、统一等。

果蔬汁饮料按产品外观分为三种，即澄清汁（如桑果汁饮料、苹果汁饮料、梨汁饮料）、浑浊汁（如橙汁饮料、甜玉米汁饮料、沙棘汁饮料、枸杞饮料、枇杷饮料）和浓缩汁（如百香果浓缩汁、柳橙浓缩汁、苹果浓缩汁）。

果蔬浓缩汁加工中，果蔬汁经过浓缩后，体积减小、重量减轻、可溶性固形物提高，可显著降低产品的包装、运输费用，增加产品的保藏性，延长产品的保质期。另外，浓缩果蔬汁除了加水还原成果蔬汁或果蔬汁饮料外，还可用于果酒、奶制品、甜点等的配料。

苦瓜柠檬茶的制作

任务要求

掌握橙汁饮料的生产工艺和操作要点。

技能训练

掌握橙汁饮料调配方法。

1.6.1 制汁

果蔬的制汁（制取果蔬汁）是果蔬汁饮料加工的重要工序，制汁方式是影响出汁率的重要因素，也影响果蔬汁产品品质和生产效率。目前，常用的制汁方式有压榨法和浸提法。

1）压榨法

压榨法就是利用外部的机械压力，将果蔬汁从果蔬或果蔬浆中挤出的方法。家用果蔬汁制取设备有榨汁机、原汁机、破壁机，可以满足不同需要。

大多数果蔬原料破碎后，可以采用压榨法榨汁。例如，电动式（或手摇式）甘蔗榨汁机，适合水果店、超市等服务行业压榨各种甘蔗之用，基本操作如下：先将甘蔗清洗、去皮（或不去皮）、切段，再通过甘蔗榨汁机的双滚轮压榨甘蔗段而制汁，筛网过滤，即得到鲜榨甘蔗汁。

通常用出汁率表示压榨效果：

$$出汁率（\%）= \frac{所得汁液质量}{原料质量} \times 100\%$$

企业使用的榨汁机有螺旋榨汁机（图 1.14）、液压式压榨机、带式榨汁机及离心式榨汁机等。有些果蔬榨汁过程中，需要先去除果蔬的皮、核等，然后对果肉榨汁，如荔枝榨汁前，应通过专用机器去除荔枝皮、荔枝核（苦涩物质多），再对分离出的果肉进行榨汁而得到荔枝汁，不能将荔枝连皮带核一起榨汁，否则荔枝皮、荔枝核中的苦涩物质会溶入果汁中。

拓展

有的果蔬榨汁过程中，容易发生果汁褐变问题（如枇杷），可在榨汁前对果肉采取瞬时高温处理（钝化酶）、添加褐变抑制剂或对果汁进行脱气处理等方式加以解决。

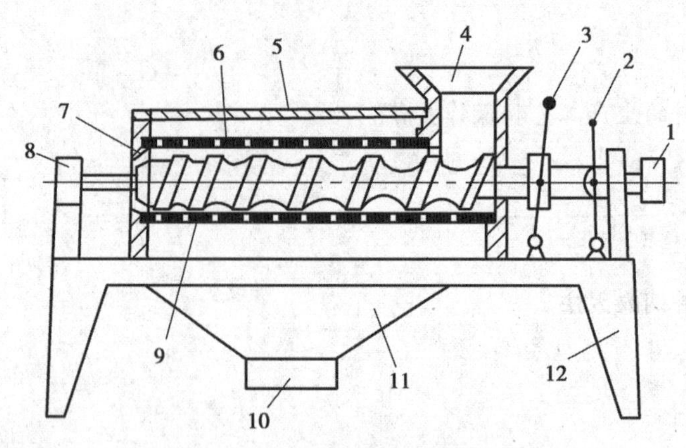

图 1.14　螺旋榨汁机

1—传动装置；2—离合手柄；3—压力调节手柄；4—料斗；5—机盖；6—圆筒筛；7—环形出渣口；8—轴承盒；9—压榨螺杆；10—出汁口；11—汁液收集斗；12—机架

2）浸提法

浸提法是将破碎的果蔬原料浸泡在水中，在浓度差的推动下，使果蔬中的可溶性物质由高浓度向低浓度方向扩散而进入水中，所得浸出液即浸出果蔬汁。

浸提法不仅适用于含汁量较少的、用压榨法难以取汁的果蔬（如山楂、红枣等），而且为了提高苹果、梨等的出汁率，有时也采用浸提法提取工艺。影响果蔬浸提的主要因素包括加水量、浸提温度、浸提时间和果实的破碎程度四个方面。

1.6.2　调配

调配也称调和、调制，是按消费者的需要对果蔬汁饮料的色、香、味等进行重新组合，即进行调色、调香、调味等。调配既可消除天然果蔬汁原有的缺点，又能增加花色品种，适应不同消费需要。由于果蔬汁等原料品质存在差异，也需要通过调配使产品品质一致。

1）调色

食品着色剂也称色素，可保持或改善食品色泽，产生美感，提高感官性状，不仅能提高食品的商品价值，还能增进食欲（表 1.4）。

表 1.4　饮料常用色素

名称	性状	使用范围
苋菜红	呈红棕色至暗红色粉末或颗粒，无臭，浓度为 0.01% 的水溶液呈玫瑰红色	在果汁饮料、碳酸饮料中的最大允许使用量为 0.05 g/kg
柠檬黄	橙黄色粉末，无臭，易溶于水，微溶于乙醇，耐光性、耐热性均好，耐氧化性较差，还原时褪色；易着色，坚牢度高	豆奶饮料中的最大允许使用量为 0.05 g/kg

续表

名称	性状	使用范围
日落黄	橙红色粉末或颗粒，易溶于水，微溶于乙醇，耐光、耐热、耐酸性较强，耐碱性尚好，但遇碱呈红褐色，还原时褪色	在果汁饮料、碳酸饮料中的最大允许使用量为 0.1 g/kg
亮蓝	具有金属光泽的紫色粉末或颗粒,溶于水呈蓝色,耐光、耐酸、耐碱性较好,多与其他色素合用	在果汁饮料、碳酸饮料中的最大允许使用量为 0.025 g/kg
靛蓝	通常为蓝色均匀粉末，浓度为 0.05% 的水溶液呈蓝色，对光热酸碱氧化物都很敏感，耐盐性及耐菌性较弱，还原时褪色，但染着力较好	在果汁饮料、碳酸饮料中的最大允许使用量为 0.025 g/kg
β-胡萝卜素	不溶于水，溶于植物油；稀溶液呈橙黄色至黄色，浓度增大时呈橙色，弱碱条件下稳定，但对光热氧均不稳定，遇金属离子会褪色	可用于橙汁饮料、乳饮料等,乳饮料中的最大使用量为 0.5 g/kg
焦糖色素	深褐色至黑色液体、糊状物、块状或粉末，有焦糖香味和苦味，能溶于水	可用于果汁饮料、碳酸饮料等，其用量可按生产需要适量使用

2）调香

食用香料是指能用于调配食用香精并使食品增香的物质，而香精是在若干种香料中添加稀释剂（如乙醇）调配而成的。

香精对饮料具有赋香、增香、补香、矫味、稳定、提高饮料商品价值等作用。专业香精公司开发出适合各种果蔬汁饮料的香精，如甜橙香精、橘子香精。果蔬汁饮料加工企业可以选购相关产品，使用前需进行调配实验确定最佳配方。

使用香精时，可以采用几种香精混合使用，以弥补单一香精香气的单调性，从而使香气（头香、体香、尾香）更协调、柔和、逼真。

3）调味

果蔬汁饮料的糖酸比是决定其风味和口感的主要因素。一般果蔬汁饮料含糖量在 8% ~ 14%，有机酸的含量为 0.1% ~ 0.5%。糖酸比的调整一般是在调配罐内进行的，糖或酸一般先用少量的水或果蔬汁溶解配制成浓溶液，过滤后在搅拌的条件下加入到需要调整的果蔬汁中，混合均匀后再重新测定糖度和酸度，若不符合产品的规定，用同样的方法再次进行调整。当然最终还是需要通过感官品尝确定适合的糖酸比。

果汁醋的加工

甜味剂按其来源可分为天然甜味剂和人工合成甜味剂。传统天然甜味剂主要有蔗糖、淀粉糖浆、葡萄糖、果糖、麦芽糖、甘草甜素、甜菊糖苷等；人工合成甜味剂有很多种，常见的有糖精钠、甜蜜素、阿斯巴甜等。

酸味剂除赋予食品酸味外，在饮料中还有防止香精、油脂等的氧化分解以及螯合金属和稳定饮料质量的作用。

例如，柠檬酸特别适用于柑橘类水果饮料，而苹果酸的酸味强度是柠檬酸的 1.2 倍，有爽快的酸味，微有苦涩味，刺激性较强，对人工甜味剂有掩蔽后味的作用，在口中的呈味时间显著长于柠檬酸。苹果酸与柠檬酸混合使用，有增强酸味、圆润口感的效果。

1.6.3 果蔬汁饮料加工技术

【实验实训 1.5】橙汁饮料加工

1) 目的

熟悉橙汁饮料的加工工艺和操作要点。

2) 材料及用具

甜橙、抗坏血酸（钠）、蔗糖、蛋白糖（50 倍相对甜度）、柠檬酸、耐酸羧甲基纤维素钠（CMC-Na）、黄原胶、琼脂、β - 胡萝卜素、浓度为 1% 的柠檬黄溶液、浓度为 1% 的日落黄溶液、甜橙香精、橘子香精、电子秤、榨汁机、胶体磨、均质机、杀菌机、封盖机、糖度计等。

拓展

蛋白糖实际上指的是阿斯巴甜，而阿斯巴甜的化学名称叫作天门冬酰苯丙氨酸甲酯，是两种氨基酸的合成物，不含有蛋白质，因此蛋白糖名称不规范。阿斯巴甜是一种安全的人工合成甜味剂。添加阿斯巴甜的食品应标明“阿斯巴甜（含苯丙氨酸）”。

3) 工艺流程

橙汁饮料加工工艺流程如图 1.15 所示。

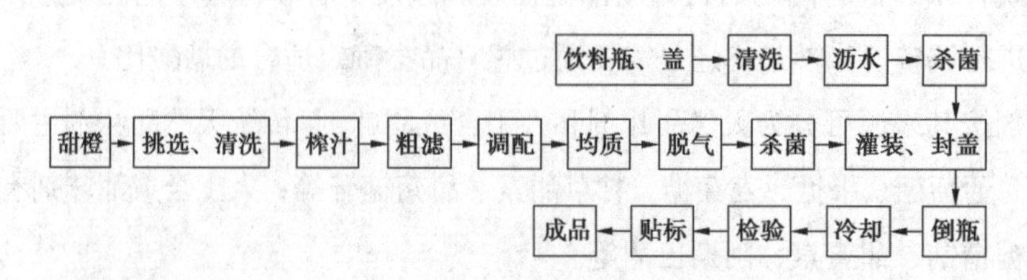

图 1.15 橙汁饮料加工工艺流程

4）操作要点

（1）原料选择

甜橙是世界广泛栽培的柑橘品种，风味好，耐贮运，除鲜食外，普遍用作果汁加工。用作果汁加工时，要求原料新鲜、成熟度高、甜酸适中、风味好、出汁率高、无腐烂病害。

为了降低成本和利用资源，通常用品相差的次果（如表皮有斑、有划伤的果，畸形果，果皮着色不均匀的果）、分级出来的小果等不适合鲜售的甜橙（但要求果肉完好、内在品质好的）进行果汁加工。

拓展

甜橙分为三类：普通甜橙，无脐，果肉橙色或黄色；脐橙，果顶开孔，内有水果瓤囊露出成脐状，果肉橙色；血橙，无脐，果肉亦红色或橙色，有血红色斑条。

（2）挑选、清洗

剔除病虫果、未熟果、碰伤、破裂和腐烂果及枝、叶、草等杂物，然后将果实送至洗涤机，浸入含洗涤剂的水中，清除果蔬原料表面的泥沙、尘土、虫卵、农药残留等。

（3）榨汁

削去甜橙的外果皮（使用旋转削皮机），然后用榨汁机榨汁，尽量减少果汁中的苦味成分，提高出汁率，出汁率达55%～60%。榨汁后测定果汁的糖、酸含量及pH值等理化指标。

有的企业采用甜橙专用榨汁设备，将甜橙对半切开，然后固定在榨汁头上，旋转拧至榨干果汁（类似手动榨汁器），这样对果皮挤压少，减少精油和苦味物质混入果汁中。

（4）粗滤

榨取的橙汁应先粗滤，去除汁中分散和悬浮的粗大果肉颗粒、果皮碎屑等杂质。粗滤常用筛滤法，用不锈钢平筛、回转筛或振动筛，筛网孔径40～100目。

拓展

橙子果实构造比苹果、番茄复杂，是榨汁较为困难的一种水果。橙子外果皮的油胞中含有以萜类为主的精油；果皮和种子中含有苦味物质，如黄酮类化合物（橙皮苷、柚皮苷等）和类柠檬苦素。

（5）调配

调配时要考虑到色、香、味等方面的因素。橙汁饮料参考配方如表1.5所示。其中，琼脂、耐酸CMC和黄原胶需提前1 ~ 2 h，用适量65 ~ 75 ℃水搅拌使其充分溶解。

表1.5　橙汁饮料参考配方

原辅料	用量/%	原辅料	用量/%	原辅料	用量/%
甜橙原汁	15	抗坏血酸	0.02	蔗糖	8 ~ 10
蛋白糖	0.02	柠檬酸	0.15 ~ 0.25	琼脂	0.06
耐酸CMC	0.08	黄原胶	0.05	甜橙香精	0.02
橘子香精	0.01	柠檬黄	0.04	日落黄	0.02

调配顺序如下：糖的溶解与过滤→加果蔬汁→调整糖酸比→加增稠剂→加色素→加香精→搅拌、均质。

加入以上配料后，用纯净水（避免金属离子、余氯使之变色）补至100%。搅拌均匀，调配好的料液pH值为3.0 ~ 3.5。

（6）均质

浑浊汁需要进行均质处理。均质的目的是使果汁中的悬浮果肉颗粒进一步破碎细化，同时促进果肉细胞壁上的果胶溶出，使果胶均匀分布于果汁中，形成均一稳定的分散体系，防止果汁分层、沉淀，使口感细腻。采用高压均质机，均质压力20 MPa左右。

（7）脱气

采用真空脱气机，真空度为0.08 ~ 0.09 MPa，脱气温度为25 ~ 30 ℃，脱气时间为10 ~ 60 s。

（8）杀菌

杀菌是饮料加工中的关键技术。杀菌的目的是将饮料中的微生物及芽孢完全杀灭，确保饮料的卫生安全。在现代饮料生产中，采用（93±2）℃保持15 ~ 30 s的瞬时杀菌工艺。

拓展

传统的热杀菌虽然能起到杀菌的作用，但是会导致果蔬汁中某些营养成分（如维生素C）的损失，破坏色泽和风味，甚至引起褐变。现在已有研究采用冷杀菌技术，如超高压杀菌等，这是今后果蔬汁饮料发展的重要方向。

（9）灌装、封盖

采用耐热塑料瓶热灌装，灌装温度为85 ℃左右。

（10）倒瓶、冷却

灌装封盖后，将瓶翻转保温，对瓶盖内侧、瓶颈内侧进行杀菌（也称倒瓶）（图 1.16）。再经过喷淋降温隧道，喷淋冷凉水（除了降温作用，也有清洗瓶颈和瓶身表面粘附的橙汁的作用），冷却 7 ~ 8 min，至 40 ℃左右。最后用吹风干燥设备将瓶子外面的水分吹干。

图 1.16　倒瓶

（11）检验、贴标

将冷却后的产品于 37 ℃恒温箱中保温一周，对其理化、微生物指标进行测定，若无变质现象，则该产品的货架期可达一年。

5）质量评价

《橙汁及橙汁饮料》

《橙汁及橙汁饮料》（GB/T 21731—2008）中规定，橙汁饮料应呈均匀液状，允许有果肉或囊胞沉淀；具有橙汁应有之色泽，允许有轻微褐变；具有橙汁应有的香气及滋味，无异味；无可见外来杂质。

高级技术

果蔬组织中溶解一定的空气，加工过程中又经过破碎、制汁、均质以及泵、管道的输送，会带入大量的空气到果蔬汁中，在生产过程中需要将这些溶解的空气脱除，称为脱气。

脱气的主要目的是除去果蔬汁中的氧气，但脱气的同时也会带来挥发性芳香物的损失，因此人们在生产中有时会添加香精来弥补这一部分损失。

1）真空脱气

真空脱气是将处理过的果蔬汁用泵打到真空罐内进行抽气的操作。真空脱气机（配有真空泵）是果蔬汁饮料生产中主要的脱气设备。

真空脱气主要用于调配后果蔬汁饮料去除所含的空气，从而抑制氧化褐变，延长果汁保质期；同时，除去悬散微粒附着的气体，防止微粒上浮，改善产品外观。

2）气体置换脱气

气体置换脱气是把惰性气体（如氮气）充入果蔬汁中而置换果蔬汁中氧气的方法。

3）抗氧化脱气

抗氧化脱气是在果蔬汁中加入少量的抗坏血酸（维生素C）等，可以除去容器顶隙中的氧气。一般每克抗坏血酸大约能除去1 mL空气中的氧气。

拓展

一般橙汁饮料配方中包含了抗坏血酸，主要是起到抗氧化、延缓果蔬汁变色的作用。当然，企业也据此宣传橙汁饮料富含维生素C，“多C多漂亮”。

思考练习

①橙汁饮料加工中，倒瓶的目的是什么？

②为什么橙汁饮料可以采用常压杀菌？

③果蔬汁饮料中添加维生素C的主要作用是什么？

④橙汁饮料加工中，脱气的目的是什么？

⑤浑浊果蔬汁加工中不进行均质处理，会出现什么问题？

⑥饮料中除防腐剂外，与抑菌作用有关的是（　　）。

A. 可溶性固形物的多少　　B. 总酸含量的多少

C. 甜味剂含量的多少　　D. 色素含量的多少

项目 2　乳制品加工技术

★项目描述

我国乳制品加工业发展趋势：加快乳制品工业结构调整，积极引导企业通过跨地区兼并、重组，淘汰落后生产能力，培育技术先进、具有国际竞争力的大型企业集团，加快淘汰规模小、技术落后的乳制品加工产能；调整优化产品结构，鼓励发展适合不同消费者需求的特色乳制品和功能性产品，积极发展脱脂乳粉、乳清粉、干酪等市场需求量大的高品质乳制品，根据市场需求开发乳蛋白、乳糖等产品，延长乳制品加工产业链。

本项目主要介绍乳制品加工技术，包括巴氏杀菌乳、酸乳、乳粉、冰淇淋等，重点讲解这些产品的加工原理、工艺流程、操作要点、实例实训。

学习目标

◎了解巴氏杀菌乳、酸乳、乳粉、冰淇淋的概念和分类。

◎理解原料乳验收与预处理、巴氏杀菌乳、酸乳、乳粉、冰淇淋的加工原理。

◎掌握巴氏杀菌乳、酸乳、乳粉、冰淇淋的加工工艺流程、操作要点及注意事项。

能力目标

◎能正确选择生乳，并进行原料乳验收与预处理。

◎能按照工艺流程的要求完成酸乳、冰淇淋的加工。

◎能进行巴氏杀菌乳、酸乳、乳粉、冰淇淋的质量评价。

教学提示

教师应提前从网上下载相关视频，结合视频辅助教学，包括原料乳验收与预处理，巴氏杀菌乳、酸乳、乳粉、冰淇淋等加工视频。可以根据实际情况，开设酸乳、冰淇淋加工等实验。

任务 2.1 原料乳验收与预处理

思政导读

结合三聚氰胺事件的案例、图片或视频，培养学生今后在食品行业工作时要有遵纪守法、违法必究的法制意识，同时具有良好的职业道德和职业素养。

活动情景

乳是哺乳动物产犊（羔）后由乳腺分泌出的一种均匀的胶体，是哺乳动物降生后最易消化吸收的食物，如牛乳、羊乳、骆驼乳、牦牛乳、水牛乳等。乳色泽呈白色或微黄色，不透明，味微甜并具备特有的香气。我国主要奶牛品种是荷斯坦奶牛，也称黑白花奶牛，饲喂良好的奶牛单产达到 9 000 kg/ 年（一年产奶期有 300 d 左右）。各种乳的基本组成如表 2.1 所示。

表 2.1 各种乳的基本组成（质量分数）

种类	水分 /%	乳固体 /%	脂肪 /%	蛋白质 /%	乳糖 /%	灰分 /%
人乳	88.23	11.77	3.16	1.48	7.11	0.19
牛乳	87.67	12.32	3.73	3.18	4.66	0.72
山羊乳	82.58	17.42	6.24	4.55	5.35	1.00

乳制品也称奶制品，是以生鲜牛乳（或羊乳）及其制品为主要原料加工制成的产品。它包括：①液体乳类，如巴氏杀菌乳、超高温灭菌乳、酸牛乳、配方乳；②乳粉类，如全脂乳粉、脱脂乳粉、婴幼儿配方乳粉等；③炼乳类，如全脂淡炼乳、全脂加糖炼乳；④乳脂肪类，如稀奶油、奶油；⑤奶酪类；⑥其他乳制品类，如乳糖、乳清粉等。

姜撞奶加工

补充

不管是哪种乳制品产品，其生产过程都涉及原料乳的验收和预处理。

任务要求

掌握如何验收原料乳，熟悉原料乳需要进行哪些预处理。

技能训练

针对某原料乳验收及预处理案例，分析其中存在的问题。

2.1.1　原料乳验收标准

目前，我国原料乳的验收标准是《食品安全国家标准　生乳》（GB 19301—2010）。

《食品安全国家标准 生乳》

1）感官要求

原料乳感官要求如表 2.2 所示。

表 2.2　原料乳感官要求

项目	指标	检验方法
色泽	呈乳白色或微黄色	取适量试样置于 50 mL 烧杯中，在自然光下观察色泽和组织状态；闻其气味，用温开水漱口，品尝滋味
滋味、气味	具有乳固有的香味，无异味	
组织状态	呈均匀一致液体，无凝块，无沉淀，无正常视力可见异物	

2）理化指标

原料乳理化指标如表 2.3 所示。

表 2.3　原料乳理化指标

项目		指标
相对密度 /（20 ℃ /4 ℃）		≥ 1.027
蛋白质 /（$g \cdot 100\ g^{-1}$）		≥ 2.8
脂肪 /（$g \cdot 100\ g^{-1}$）		≥ 3.1
非脂乳固体 /（$g \cdot 100\ g^{-1}$）		≥ 8.1
酸度 /（°T）	牛乳	12 ～ 18
	羊乳	6 ～ 13

注：非脂乳固体是指牛奶中除了脂肪和水分之外的物质总称，包括蛋白质类、糖类（主要是乳糖）、酸类、维生素类等。

3）微生物限量

原料乳微生物限量如表 2.4 所示。

表 2.4　原料乳微生物限量

项目	指标
菌落总数 /（$CFU \cdot mL^{-1}$）	$\leqslant 2 \times 10^6$

2.1.2 原料乳的组成及性质

1）乳蛋白质

乳蛋白质含量比较稳定，约为3.1%。乳蛋白质包括酪蛋白及乳清蛋白，还有少量的脂肪球膜蛋白。其中，酪蛋白是指在20 ℃调节脱脂乳的pH值至4.6时沉淀的一类蛋白质，占乳蛋白质总量的80% ~ 82%。用酸使脱脂乳中的酪蛋白沉淀后，将沉淀分离除去，剩下的液体就是乳清。乳清蛋白是指溶解于乳清中的蛋白质，占乳蛋白质总量的18% ~ 20%。

拓展

乳清是生产奶酪的副产物，以往大多废弃，随着超滤、反渗透等膜技术的发展，现可将其加工成乳清粉，用其调整牛乳中的蛋白质类，使其构成接近母乳。

乳中的酪蛋白与钙结合生成酪蛋白酸钙，再与磷酸钙结合形成酪蛋白酸钙 - 磷酸钙复合物，以微粒的形式存在于乳中，保持一种不稳定的平衡。

（1）酪蛋白的酸沉淀

乳中的乳糖在微生物作用下产生乳酸，使得乳的pH值下降到酪蛋白的等电点（pH 4.6），会使酪蛋白发生酸沉淀，引起牛乳变质。

生乳煮沸试验：取约10 mL牛乳放入试管中，置于沸水浴中加热5 min，取出观察管壁有无絮片出现或发生凝固现象。如产生絮片或凝固，表示牛乳已不新鲜，酸度大于26 °T。

拓展

某乳品厂在对所收购的原料乳进行热处理时，发现牛乳发生了凝集结块现象，导致成吨的牛乳不能加工使用，造成了重大经济损失。追溯原因，发现是原料化验员在对某供奶户的原料乳进行验收时没有按常规进行热稳定性的检验。

（2）酪蛋白的醇沉淀

新鲜牛乳为低酸性食品（pH 6.6）。牛乳贮存不当，微生物繁殖后，会使牛乳酸度升高（pH值降低），加入乙醇（脱水剂作用）后，酪蛋白更易沉淀。

生乳验收的酒精试验：将乳与酒精各2 mL等量混合，振摇后观察试管壁上是否有絮片沉淀，不出现絮片沉淀的牛乳符合表2.5的酸度标准。试验温度以20 ℃为准。

表 2.5　酒精浓度与牛乳酸度的关系

酒精浓度 /%	不出现絮片的酸度 /（°T）
68	<20
70	<19
72	<18

2）乳脂肪

乳脂肪主要以甘油三酯形式存在于乳中，含量为 3% ~ 5%。乳脂肪水解产生游离脂肪酸，对牛乳的风味起着重要作用，但过多的游离脂肪酸会产生酸败味。

乳脂肪是以脂肪球的形式分散于乳中，脂肪球外包着一层 5 ~ 10 nm 厚的脂肪球膜，保持了脂肪以球状稳定存在于乳中，而不致凝结成团。通常脂肪球直径为 0.1 ~ 10 μm，其中以 3 μm 左右者居多。而脂肪球直径越大，上浮的速度就越快，因此，大脂肪球含量多的牛乳，容易分离出稀奶油。当脂肪球的直径接近 1 μm 时，脂肪球基本不上浮。

牛乳加工中有均质操作，即通过高压均质机的高压作用（14 ~ 21 MPa）使牛乳通过狭窄缝隙，使乳中大的脂肪球破碎成小的脂肪球，并均匀一致地分散在乳中，从而保证在牛乳保质期内不出现乳脂肪聚集和上浮分层现象（图 2.1）。

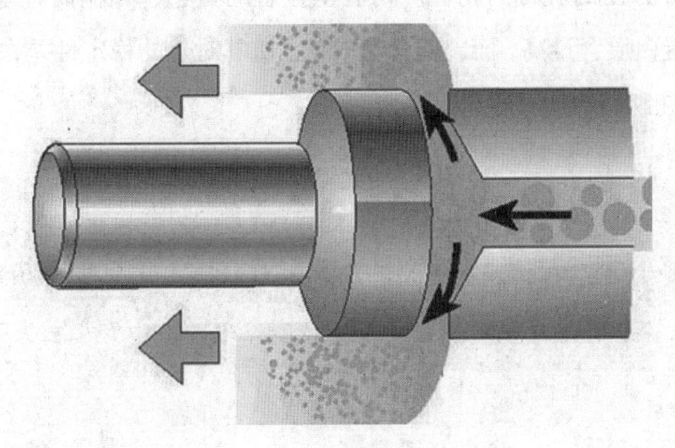

图 2.1　均质操作示意图

经过均质，脂肪球直径可控制在 1 μm 左右，浮力下降，乳可长时间保持不分层，不易形成稀奶油层（表 2.6）。同时，均质后乳脂肪球直径减小，有利于消化吸收。通过均质处理的牛奶，煮沸后再冷却，出现的奶皮也较少、较薄。

表 2.6　各种压力下均质后乳脂肪球的大小

均质压力 /MPa	0	3.5	10.5	17.6	31.6
脂肪球平均直径 / μm	3.17	2.39	1.40	0.99	0.97

牛乳均质后其所含脂酶活化，易使牛乳产生脂肪分解臭，应尽量提高温度，使脂酶的活性降低。当温度超过 80 ℃时，牛乳的黏度降低，不利于乳脂肪破碎，因此均质温度宜控制在 55 ~ 80 ℃。

3）乳糖

乳糖是哺乳动物乳中所特有的糖类，也是乳中的主要糖类，含量约为 4.7%。乳糖溶解于乳中，在水中的溶解度比蔗糖低。

在酸乳加工中，通过乳酸菌作用可将牛乳中的部分乳糖转化为乳酸，从而降低乳液的 pH 值接近酪蛋白的等电点（pH 4.6），使酪蛋白沉淀而形成凝块。

2.1.3 异常乳

天然乳基本上可分为常乳和异常乳两类。常乳是指乳牛产犊 7 d 后至干奶期之前所产的乳（300 d 左右）。常乳的成分及性质稳定，宜用作乳制品的加工原料乳。

1）生理异常乳

（1）初乳

牛产犊后 7 d 分泌的乳称为初乳。初乳呈显著的黄色，黏稠而有特殊的气味，乳固体含量高，其中蛋白质含量高，而乳糖含量较低。初乳对热的稳定性差，加热时容易凝固，因此，不宜用作乳制品的加工原料。

拓展

已有企业利用高科技开发牛初乳产品，因为初乳含有丰富的维生素 A 和维生素 D，且含有较多的免疫球蛋白，可以提高免疫力，为幼儿生长所必需。

（2）末乳

干奶期前一周左右所产的乳称为末乳（或老乳）。末乳带有苦而微咸的味道，含脂酶多，常有脂肪氧化味，且细菌数增多，因此也不适宜用作加工原料。

2）化学异常乳

（1）低成分乳

低成分乳是由于乳牛品种、饲养管理、营养配比、高温多湿及病理的影响而形成的乳固体含量过低的牛乳。主要从加强育种改良及饲养管理等方面来加以改善。例如，有的奶牛散养户为降低饲养成本，不给奶牛提供蛋白质含量高的精饲料（豆粕等），只是提供青草饲料，这样奶牛产下的牛乳往往蛋白质等乳固体含量偏低。

（2）异物混杂乳

异物混杂乳中含有随摄食饲料而经机体转移到乳中的污染物质，或含有有意识（或无意识）掺杂到乳中的物质，如混入抗生素和农药的异常乳。例如，生病的奶牛使用抗生素治疗后，其所挤的奶不能和正常奶牛挤出的奶混合，同时乳品企业对原料奶的入厂检验也有抗生素检测项目（如采用抗生素快速检测试剂进行检测）。

拓展

少数奶农及一些不法奶贩子甚至无良企业为了谋取暴利，常常在牛乳中掺假掺杂，如 2008 年的三聚氰胺事件。

3）微生物污染乳

微生物污染乳是指由于挤乳前后的污染、不及时冷却、器具的清洗杀菌不完全等原因，使生乳被微生物污染，生乳中的细菌数大幅度增加，以致不能用作加工乳制品的原料乳。例如，奶牛场员工在挤奶操作中，会把奶牛每个乳头的头三把奶弃去，除了检测奶牛是否有乳房炎外，还因为头三把奶中细菌数较高，容易使原料乳验收不达标，需要弃去。

2.1.4　原料乳预处理

1）过滤

在收购生乳时，为了防止粪屑、牧草、毛、蚊蝇等带来的污染，挤下的牛乳可用清洁的纱布进行过滤，即在收奶槽上安装一个不锈钢金属丝制的过滤网，并在网上加多层纱布进行过滤，也可在管道过滤器或管道出口装一个过滤布袋。

2）净化

为了达到更好的纯净度，除去难以用一般过滤方法除去的机械杂质和细菌细胞（极为微小），可采用离心净乳机。其工作原理就是利用乳在分离钵内受强大离心力的作用，将大部分的机械杂质和细菌细胞留在分离钵内壁上，使乳被净化。

3）冷却贮存

挤出来的原料乳必须及时进行冷却。乳的冷却与乳中细菌数的关系如表 2.7 所示。

目前，许多乳品厂及奶站都用板式热交换器（冷排系统）对乳进行冷却。

表 2.7　乳的冷却与乳中细菌数的关系　　单位：个 /mL

	刚挤出的乳	3 h	6 h	12 h	24 h
冷却乳	11 500	11 500	8 000	7 800	62 000
未冷却乳	11 500	18 500	102 000	114 000	1 300 000

通过冷却，可以抑制微生物的繁殖，同时还具有防止脂肪上浮、水分蒸发及风味物质挥发、减少吸收异味等作用。挤出来的原料乳（35 ℃左右）应迅速冷却到 2 ~ 4 ℃，并进入冷缸（带有降温、保温功能），再通过乳品厂的专用奶罐车全程冷链运输到乳品厂，入厂检验合格的乳及时注入贮奶罐（带有降温、保温功能），其间不得超过 10 ℃。乳冷却的温度与保存时间的关系如表 2.8 所示。

表 2.8　乳冷却的温度与保存时间的关系

保存时间 / h	乳冷却的温度 / ℃
6 ～ 12	10 ～ 18
12 ～ 18	6 ～ 8
24 ～ 36	4 ～ 5

4）标准化

标准化就是调整原料乳中乳脂肪与非脂乳固体的比例关系，使其比值符合产品标准要求（如脱脂乳产品标准）。脂肪标准化过程（在标准化机中连续进行）如图 2.2 所示。

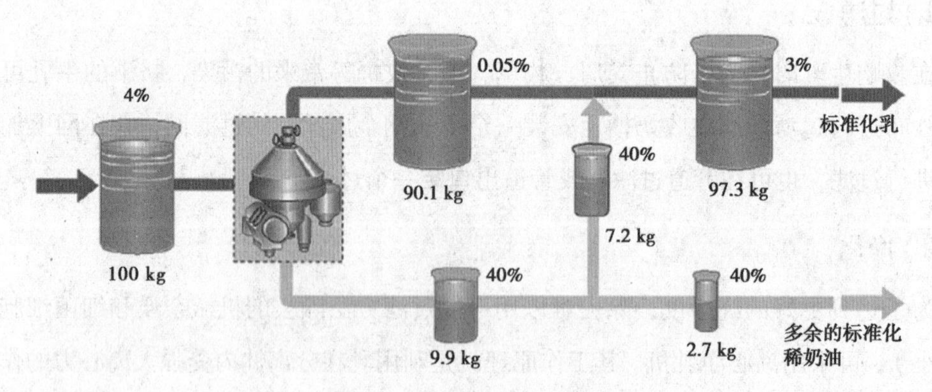

图 2.2　脂肪标准化过程图示

5）脱气

牛乳刚刚挤出后，含 5.5% ~ 7% 的气体。经过贮存、运输和收购后，一般气体含量在10%以上。这些气体会影响牛乳计量的准确度，使巴氏杀菌机中结垢增加，促使脂肪球聚合，影响牛乳标准化的准确度等，因此，在牛乳处理的不同阶段进行脱气十分必要。例如，在奶槽车上安装脱气装备，以避免泵送牛奶时影响流量计的准确度；在乳制品加工中使用真空脱气罐，以除去细小的分散气泡和溶解氧。

高级技术

人为混入的异常乳是法律所禁止的，必然受到法律的严惩。为了避免人为在乳中掺假掺杂，有的乳品企业创新挤奶模式，采用奶农分散饲养奶牛或奶羊，并到企业指定奶站集中现场挤奶，而不收购奶农在家挤的生乳，也有的乳品企业采用自建牧场模式。

思考练习

①均质的作用是什么？

②生乳中微生物来源有哪些？如何控制？

任务2.2　巴氏杀菌乳加工技术

思政导读

教师应结合巴斯德解决牛奶保存问题，引导学生将专业知识解决实际问题，激发学生的探索精神、工匠精神等。

活动情景

巴氏杀菌乳又称巴氏杀菌奶、消毒牛奶，是以新鲜生乳（如生牛乳、生羊乳）为原料，经过离心净乳、标准化、均质、杀菌和冷却，以液体状态灌装，直接供给消费者饮用的商品乳（低温奶）。

拓展

1865 年，法国科学家路易·巴斯德在解决葡萄酒异常发酵问题时，发现适度加热（低于 85 ℃）可以杀死有害微生物，同时对产品品质影响较小。之后，他又将该法用于生产安全的“消毒牛奶”。

任务要求

理解巴氏杀菌乳和超高温灭菌乳的加工原理。

技能训练

掌握巴氏杀菌乳加工技术。

2.2.1 巴氏杀菌乳的加工原理

生牛乳中存在致病菌，不能直接饮用，需要加热杀菌才能确保产品的质量安全（表 2.9）。从杀灭微生物的角度，牛乳的热处理强度是越强越好。但是，较强的热处理会对牛乳产生过度加热，从而对牛乳色泽、味道和营养成分产生不良影响。例如，牛乳味道会改变，首先是出现蒸煮味，然后产生焦味、苦味。因此，杀菌温度 - 杀菌时间组合（即杀菌工艺条件）必须考虑到微生物和产品质量两方面，以达到最佳效果。

表 2.9 牛乳中几种主要致病菌的热致死条件

致病菌	热致死条件	致病菌	热致死条件
白喉杆菌	60 ℃ 3 min	葡萄球菌	62.8 ℃ 68 min、65.6 ℃ 1.9 min
伤寒菌	60 ℃ 5 min	布氏杆菌	60 ℃ 15 min、71.1 ℃ 21 s
沙门氏菌	60 ℃ 5 min	结核杆菌	60 ℃ 20 min、71.1 ℃ 20 s
痢疾杆菌	60 ℃ 15 min	大肠菌群	60 ℃ 22 ~ 75 min

研究表明，生牛乳中存在的致病菌相对易于被破坏，采用 62 ~ 65 ℃ 30 min（或 72 ~ 75 ℃ 15 ~ 20 s）的巴氏杀菌，可充分杀灭生牛乳中存在的病原菌和大多数细菌，而又不产生加热臭，对乳的风味、营养成分破坏少。

2.2.2　巴氏杀菌乳要求

①牛乳必须是新鲜的，否则微生物过量繁殖的牛乳经过巴氏杀菌也是不安全的。

②新鲜牛乳中主要的致病菌，能够在巴氏杀菌条件下被杀灭，确保安全，而又能保证营养、品质良好，这是科学家通过实验证实的，是有科学依据的。

③巴氏杀菌处理的牛乳中，仍存在微生物，不是无菌的，需要冷藏条件下贮藏，一般可以保存 7 d 左右，方便短途运输、销售，而巴氏杀菌乳在室温下仅能保存 1 ~ 2 d。

2.2.3　巴氏杀菌乳的加工技术

1）工艺流程

巴氏杀菌乳加工工艺流程如图 2.3 所示。

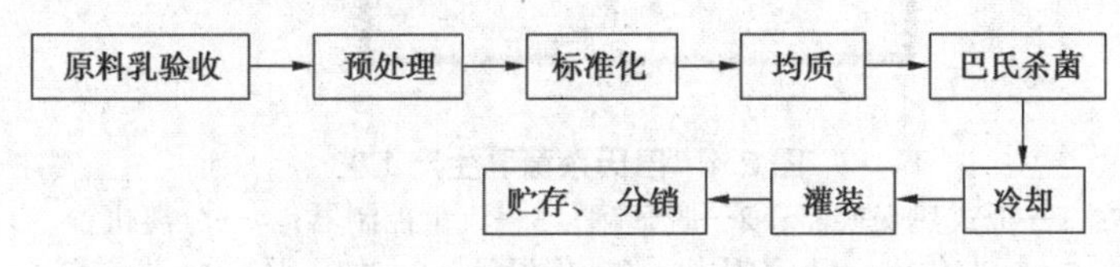

图 2.3　巴氏杀菌乳加工工艺流程

2）操作要点

（1）原料乳验收、预处理、标准化和均质

详见任务 2.1 原料乳验收与预处理。

（2）巴氏杀菌

巴氏杀菌的目的是通过加热杀灭牛乳中的所有病原菌，保证消费者身体健康，并将对牛乳的风味、营养成分的破坏作用降到最低。

目前，乳品企业普遍采用的巴氏杀菌方法是高温短时间杀菌法（HTST），其杀菌条件为 72 ~ 75 ℃ 15 ~ 20 s，可以最大限度地保持鲜乳的营养成分和风味。HTST 杀菌多采用板式杀菌器，也可采用管式杀菌器（简单而言，将一段长度的细管置于 75 ℃水浴中保温，而牛乳在细管内流动，大大增加了热交换面积，使得牛乳快速升温到 72 ~ 75 ℃，进行巴氏杀菌，之后快速降温）。巴氏杀菌乳的生产工艺如图 2.4 所示。

补充

低温长时间杀菌法（LTLT）也称保持式杀菌法，其加热杀菌条件为 62 ~ 65 ℃ 30 min，是间歇式的巴氏杀菌方法，目前已很少使用。

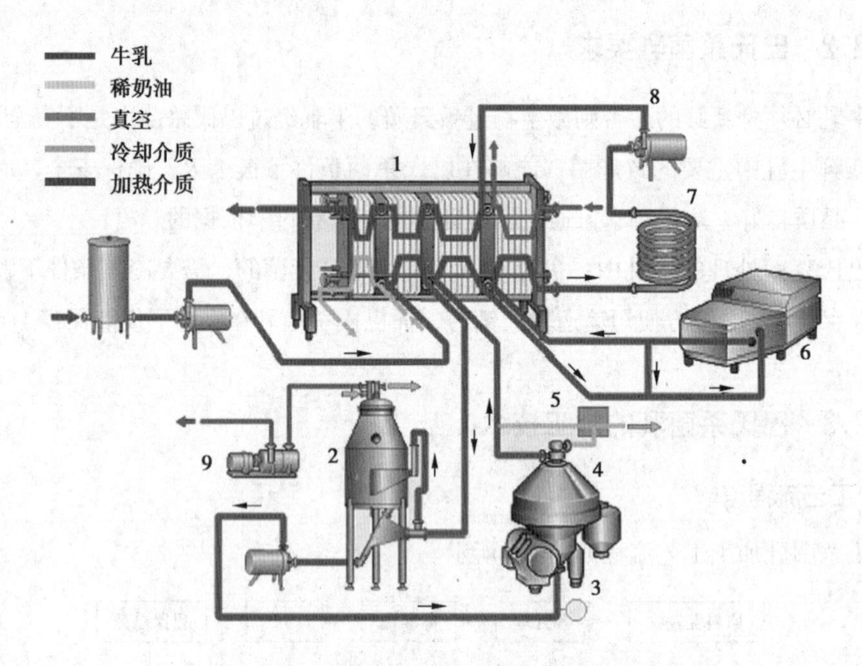

图 2.4　巴氏杀菌乳生产工艺

1—板式热交换器；2—脱气罐；3—流量控制器；4—分离机；
5—标准化机；6—均质机；7—保温管；8—加压泵；9—真空泵

与 LTLT 杀菌相比，HTST 杀菌有以下优点：处理量大；可以连续杀菌，处理过程几乎全部自动化，可采用 CIP 清洗系统进行清洗；牛乳在全封闭的装置内流动，微生物污染机会少；对牛乳品质影响小。

（3）冷却

巴氏杀菌后的牛乳应尽快冷却至 4 ℃。冷却的目的是防止巴氏杀菌乳过度受热，同时巴氏杀菌乳并非是无菌的，故在巴氏杀菌后快速冷却，以防残存细菌的繁殖。

采用板式热交换器杀菌的牛乳在板式热交换器的换热段，与刚输入的 10 ℃以下的原料乳进行热交换，再用冰水冷却到 4 ℃。

（4）灌装

灌装的目的主要是便于分送和零售，防止外界杂质混入成品中，防止微生物再污染，保存风味和防止产生异味，以及防止维生素等营养成分受损失等。

巴氏杀菌乳的包装形式主要有塑料袋、玻璃瓶、塑料瓶、屋型包装（复合塑纸盒）。作为一种较重的、可回收使用的包装材料，对乳品厂和食品零售商来说，玻璃瓶的存放和清洗是个大问题，而塑料袋和复合塑纸盒的优点是轻便且不用回收，因而在包装工业中发展很快。

（5）贮存、分销

在巴氏杀菌乳的贮存、分销过程中，要保持温度为 4 ~ 6 ℃（如经销商需要配备冷藏库和专用冷藏车），且必须保持冷链的完整性。一般巴氏杀菌乳的保质期为 7 d。

现实中，巴氏杀菌乳的冷链存在断链问题，如巴氏杀菌乳在出库环节、运输环节、超市接货环节等，直接影响到巴氏杀菌乳的质量。有的送奶工采用简易保温材料或棉被进行保温，而没有使用专用冷藏车。

高级技术

超高温灭菌乳又称 UHT 灭菌乳，是指液态物料（牛乳）在连续流动的状态下通过热交换器加热，经 135 ℃以上不少于 1 s（如 137 ℃ 4 s）的超高温瞬时灭菌，以达到商业无菌水平，然后进行无菌灌装（即在无菌状态下灌装于无菌包装容器中），直接供给消费者饮用的商品乳（常温奶）。要达到灭菌乳在包装过程中不再污染细菌，则灌装管路、包装材料及周围空气都必须灭菌。

1）超高温灭菌乳的加工原理

牛乳达到商业无菌效果的若干杀菌温度 - 杀菌时间组合：127 ℃ 0.78 min、124 ℃ 1.45 min、121 ℃ 2.78 min、118 ℃ 5.27 min、116 ℃ 10 min、110 ℃ 36 min、104 ℃ 150 min、100 ℃ 330 min。其中，在 100 ℃加热 330 min 的牛奶完全是煮熟的味道，且呈褐色；而在 127 ℃加热 0.78 min 的牛奶，虽然有些受热过多，但其性状与未加热的牛奶相比并没有多大差别。快速加热时，微生物的破坏速度比由升温导致的不期望化学反应的增加速度快得多。

超高温灭菌乳无须冷藏，常温下保质期可达 6 ~ 8 个月，特别方便运输、储存和携带，非常节能。

拓展

超高温灭菌乳（常温奶）的保质期为 6 ~ 8 个月，可实现远途销售，但也给消费者带来不新鲜的感觉。而巴氏杀菌乳（低温奶）保质期短，销售半径小，需冷链支持，具有极强的地域性，但给消费者带来新鲜的感觉，这也是巴氏杀菌乳生产企业所强调的。

糠氨酸是乳蛋白质在高温条件下与乳糖发生美拉德反应所产生的副产物。糠氨酸含量是国际上判断牛乳过度加热的常见指标，其含量越高，说明牛乳受热越多，牛乳中活性物质破坏越严重。有研究表明，生乳中糠氨酸含量应低于 7 mg/100 g，巴氏杀菌乳的糠氨酸含量应小于 12 mg/100 g，但是超高温灭菌乳的糠氨酸含量会显著上升。

2）无菌包装材料

利乐包、康美包等是市面上使用广泛的超高温灭菌乳包装。例如，利乐包材料是用纸、铝箔及聚乙烯塑料层复合而成的，一般包括以下五层：

①外层的 PE（聚乙烯）层，可保护印刷的油墨并防潮（阻湿性），且当包装叠起时保护封口表面。

②纸板，赋予包装应有的机械强度以便成型，且便于油墨印刷。

③ PE 层，使铝箔与纸板之间能紧密相连。

④铝箔，可阻气，并保护产品，防止氧化和免受光照影响。

⑤最内层的 PE 层（或其他塑料），可提供液体阻隔性（阻湿性）。由于牛奶纸盒有聚乙烯膜（PE）保护，不会析出铝箔成分。

思考练习

①夏天，小王买了一袋巴氏杀菌奶放在桌上忘了喝，等他想起时发现牛奶袋变得鼓鼓的。他认为扔了挺可惜，就拿热水泡热后喝了。2 h 后，他不仅发了烧还上吐下泻。牛奶袋为什么会变鼓?

②为什么巴氏杀菌后的牛乳要尽快冷却?

③列举乳制品（纯牛奶、酸奶）适合与哪些食品搭配，使得乳制品品种多样。例如，宁夏乳品企业发挥当地枸杞特产优势，将鲜枸杞汁与鲜牛奶按照 1 ∶ 9 的比例搭配，加工成枸杞养生奶（超高温灭菌乳），既有牛奶的醇香，也有枸杞的甜味，发挥了枸杞的保健功能，避免了直接食用枸杞汁有些发涩的问题。

任务 2.3　酸乳加工技术

活动情景

根据《发酵乳》（GB 19302—2010）定义，酸乳也称酸奶，是以生牛（羊）乳或乳粉为原料，经杀菌、接种嗜热链球菌和保加利亚乳杆菌（德氏乳杆菌保加利亚亚种）发酵制成的产品。

酸乳是一种发酵乳，其所含有的乳酸菌（嗜热链球菌、保加利亚乳杆菌等）是人体的益生菌。在活菌型酸乳保质期内，乳酸菌数（CFU/mL）≥ 1×10^6。其中，乳酸菌是指可发酵糖类以获取能量，并能生成大量乳酸的一类细菌的总称。

拓展

复原乳是用奶粉勾兑还原而成的液态牛奶。凡在酸牛乳、灭菌乳等生产加工过程中使用复原乳的，应在其产品包装主要展示面上醒目标注“复原乳”。

任务要求

掌握酸乳加工工艺，能进行酸乳工艺、配方改进研究。

技能训练

对所制的凝固型酸乳进行感官评价，确定不同发酵时间下样品口感对比，找出最佳的发酵时间。

2.3.1 酸乳的分类

按成品的组织状态分类：

1）凝固型酸乳

凝固型酸乳是指酸乳发酵在零售容器中进行，其凝块均匀一致，呈连续的半固体状态。凝固型酸奶用吸管吸食或用勺子舀食。例如，市面上流行的青海老酸奶就属于凝固型酸奶，由于凝固程度较大，常用勺子舀食。

2）搅拌型酸乳

搅拌型酸乳是指杀菌乳在工厂的发酵罐中发酵，并在包装之前冷却，打碎凝块，再灌装到零售容器，呈低黏度而均匀一致的产品。

简单而言，凝固型酸乳是先灌装后发酵，而搅拌型酸乳是先大罐发酵后灌装。与凝固型酸乳相比，搅拌型酸乳具有以下优点：在运输、销售过程中易保持原有状态；打碎凝块后，便于加入果酱或果粒等配料（经过超高温灭菌，不会加速酸奶变质），产品呈均匀的稠浆状，如红枣酸奶、大果粒酸奶（黄桃果粒酸奶、蓝莓果粒酸奶等）。

家用酸奶机加工酸奶

2.3.2 凝固型酸乳的加工原理

在经过预处理、巴氏杀菌、冷却后的乳中，接种乳酸菌发酵剂后分装在容器中，乳酸菌利用部分乳糖产生乳酸等有机酸，使乳的 pH 值降低，至酪蛋白的等电点附近，使酪蛋白沉淀凝聚，在容器中成为凝胶状态，并产生酸乳特有风味。

2.3.3 发酵剂定义及作用

1）发酵剂的定义

乳酸菌发酵剂是指为加工酸乳所调制的特定的微生物培养物，即乳酸菌培养物（采用乳酸菌菌种，进行活化培养，然后多次扩大培养而成的浓稠菌液，类似多次酸奶发酵，其乳酸菌菌数高，酸度高）。

加工酸乳之前，必须首先调制发酵剂，发酵剂的优劣与酸乳产品的品质关系密切。通常酸乳所采用的菌种是嗜热链球菌和保加利亚乳杆菌的混合物（利用菌种间共生作用），其适宜比为 1 ∶ 1。例如，使用单一发酵剂，产品口感往往较差，而两种或两种以上的发酵剂混合使用能产生良好的口感；混合发酵剂还可缩短发酵时间。如上述两种乳酸菌混合物在 40 ~ 50 ℃乳中发酵 2 ~ 3 h 即可达到所需的凝乳状态与酸度，而上述任何一种单一菌株发酵时间都在 10 h 以上。

为了提高酸乳的保健价值，还可以添加双歧杆菌、嗜酸乳杆菌、鼠李糖乳杆菌（也称 LGG 菌，具有活性强、耐胃酸的特点，能够在肠道中定殖长达两周）等。

2）发酵剂的主要作用

（1）乳酸发酵

乳酸发酵是使用发酵剂的主要目的。由于乳酸菌的发酵，使乳糖转变为乳酸，pH 值降低，乳在容器中呈现凝胶状态；形成酸味，防止杂菌污染。

（2）产生风味

在乳酸菌发酵作用下，使酸乳产生特有风味。

2.3.4 凝固型酸乳加工技术

【实验实训 2.1】凝固型酸乳加工

1）目的

掌握凝固型酸乳的加工原理和加工工艺，研究发酵时间对酸乳品质的影响。

2）材料及用具

全脂奶粉，12%；白砂糖，8%；发酵剂，4%；纯净水，76%。

本实验采用市售凝固型酸乳（如燕塘低脂风味酸乳）作为发酵剂，其含有保加利亚乳杆菌、嗜热链球菌等活菌。

拓展

有的企业采用丹尼斯克公司或汉森公司生产的直投式乳酸菌发酵剂（粉末），目前国内也开发了类似产品，可直接加入，不需扩大培养，使用方便。

电子秤、恒温培养箱、冷藏柜、温度计、搅拌器（棒）、保鲜膜、恒温水浴锅、封口机、不锈钢烧杯等。

3）工艺流程

凝固型酸乳加工工艺流程如图 2.5 所示。

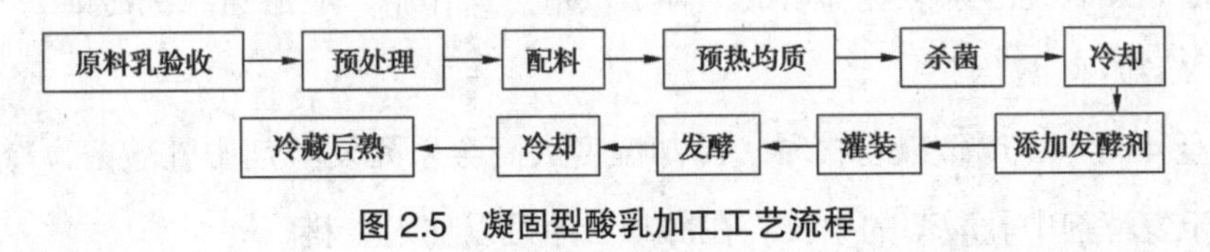

图 2.5　凝固型酸乳加工工艺流程

4）操作要点

（1）原料乳验收

原料乳在入厂时除按规定进行密度测定和酒精试验外，还应有以下几方面的要求：

①鲜乳中总乳固体≥ 11.5%，其中非脂乳固体≥ 8.5%，否则会影响发酵时蛋白质的胶凝作用。

②不得使用含有抗生素或残留有效氯等杀菌剂的鲜乳。一般乳牛注射抗生素后 4 d 内所产的乳不得使用，因为常用的乳酸菌发酵剂对抗生素和残留杀菌剂、清洗剂非常敏感。

③不得使用不卫生的原料乳，以免影响酸乳的风味和发酵剂的作用。

（2）预处理

预处理包括净乳、冷却、贮乳、标准化等，其技术要求类似巴氏杀菌乳。加工器具、酸乳空瓶要清洗干净并用沸水消毒，确保食品卫生。

（3）配料

根据每组分配的全脂奶粉量（180 g），计算其他物料的量（白砂糖、水、发酵剂）。将全脂奶粉、白砂糖、水混合，溶解，搅拌均匀。

由于最后需要用水补足到所需重量，应提前称好容器重量并做好记录。

思考

为什么需要考虑最后用水补足到所需重量？

（4）预热均质

物料预热至55 ~ 65 ℃，再送入均质机。混合料在均质机中于15 ~ 20 MPa压力下均质。均质处理可使原料充分混匀，粒子变小，有利于提高酸乳的稳定性和稠度，并使酸乳质地细腻，口感良好。

（5）杀菌

均质之后的物料在杀菌器的杀菌部和保持部加热到90 ℃，保持5 min。

杀菌的目的是杀灭混合料中的微生物，确保卫生安全；使乳中酶的活力钝化和抑菌物失活；改善酸乳的稠度；保证发酵剂正常发酵，保证产品质量。

杀菌后，加入纯净水（烧沸后的）补足重量。操作中，应避免二次污染。

（6）冷却

冷却至43 ~ 45 ℃，以备接种。冷却温度太高会杀死发酵剂中乳酸菌，冷却温度太低又不利于发酵剂中乳酸菌的生长。在冷却工序可以加入香料。

（7）添加发酵剂

添加发酵剂前，应将发酵剂进行充分搅拌，使凝乳达到完全破碎的程度，目的是使菌体从凝乳块中游离分散出来。通过计量泵将工作发酵剂连续添加到物料中，或将工作发酵剂直接添加到物料中，搅拌均匀。

适宜的发酵剂添加量是4% ~ 6%。发酵剂添加量过多，会给最终产品的组织结构带来缺陷，如酸生成过快和酸度过高时，会给芳香物质的产生造成阻碍。

注意

添加发酵剂是造成酸乳受微生物污染的主要环节之一，要特别注意。

（8）灌装

酸乳容器有玻璃瓶、塑料杯、复合塑纸盒等。其中，玻璃瓶能很好地保持酸乳的组织状态，容器没有有害的浸出物，但运输比较沉重，回收、清洗、消毒麻烦。而塑料杯和复合塑纸盒虽然不存在上述缺点，但在凝固型酸乳“保形”方面却不如玻璃瓶。

灌装前要对玻璃瓶、盖进行蒸汽灭菌。灌装和加盖可采用手工灌装、半自动灌装或全自动无菌灌装。添加发酵剂、灌装后，容器内物料是液态的。灌装工序的时间要尽量缩短，防止温度下降而导致培养时间延长。

（9）发酵

用保加利亚乳杆菌和嗜热链球菌混合发酵时，常采用41～43 ℃培养4～5 h。发酵时，应注意避免振动，否则会影响其组织状态；发酵温度应恒定，避免忽高忽低。发酵终点的时间范围较窄。终点确定过早，酸乳组织软嫩，风味差；过晚则酸度高，乳清析出过多，风味也差。

任务

固定发酵剂添加量为4%，对比不同发酵时间（如4.5 h、5 h）的酸乳口感。

（10）冷却

发酵终点一到，应立即停止向保温培养室供热，将酸乳从保温培养室转移到冷却室进行冷却，当酸乳冷却到10 ℃左右时转入冷库，在2～7 ℃进行冷藏后熟。

冷却的目的是迅速有效地抑制酸乳中乳酸菌的生长，防止产酸过度；使酸乳逐渐凝固成白玉般的组织状态；降低和稳定酸乳脂肪上浮和乳清析出；延长酸乳的保存期限；使酸乳产生一种食后清凉可口的味感。

（11）冷藏后熟

酸乳发酵凝固后，在4 ℃左右贮藏24 h再出售，这段时间叫作后熟期。冷藏后熟的目的是促进香味物质的产生，改善酸乳的硬度。

酸乳的贮藏、运输、销售需要有完整的冷链，例如酸乳运输前，冷藏车需要提前预冷到指定温度，然后才可以搬运装车。

市面上的酸乳保质期一般为7～28 d。

拓展

随着贮藏时间延长，酸乳存在后酸化问题，即乳酸菌会缓慢产酸，改变酸乳的酸甜比和质构，影响酸乳保质期。市面上已有杀菌型酸乳（伊利的安慕希、光明的莫斯利安）不含活性乳酸菌，可常温保存6个月（常温酸奶）。

《食品安全国家标准　发酵乳》

5）质量评价

根据《食品安全国家标准　发酵乳》（GB 19302—2010）的规定进行质量评价（表2.10）。

表 2.10 发酵乳感官要求

项目	要求		检验方法
	发酵乳	风味发酵乳	
色泽	色泽均匀一致，呈乳白色或微黄色	具有与添加成分相符的色泽	取适量试样置于 50 mL 烧杯中，在自然光下观察色泽和组织状态；闻其气味，用温开水漱口，品尝滋味
滋味、气味	具有发酵乳特有的滋味、气味	具有与添加成分相符的滋味和气味	
组织形态	组织细腻、均匀，允许有少量乳清析出；风味发酵乳具有添加成分特有的组织状态		

拓展训练

20 世纪初，俄国科学家伊·缅奇尼科夫在研究人类长寿问题时，到保加利亚去做调查，发现每千名死者中有 4 名是百岁以上的，这些高龄死者生前都爱喝酸奶。他断定喝酸奶是使人长寿的一个重要原因。后经研究，发现了一种能有效地抑制大肠内腐败细菌的杆菌，并将其命名为保加利亚乳杆菌。

目前，市面上销售的酸乳产品配料中使用了多种菌的混合物。例如，包装上标注 LABS 菌包含 4 种益生菌（L—保加利亚乳杆菌、A—嗜酸乳杆菌、B—双歧杆菌、S—嗜热链球菌），是充分考虑到中国人体质的需要和肠道特征，并按照中国人的口味习惯而研发的。

思考练习

①在酸乳加工中，为什么不得使用含有抗生素或残留有效氯等杀菌剂的鲜乳？

②凝固型酸乳凝固后，是否可以不冷却，为什么？

③市面上有现酿酸奶屋，工作人员现场制作凝固型酸奶，然后搭配各种新鲜果蔬等，受到消费者欢迎。作为消费者，你觉得哪些食品和凝固型酸奶搭配比较好？

④大型乳制品企业已经实现超高温灭菌乳、酸乳、乳粉等产品的现代化、自动化生产，作为食品专业同学，谈谈如何在这种企业找到自己的立足点。

任务2.4　乳粉加工技术

活动情景

乳粉也称奶粉，是以新鲜乳（奶）为原料，通过真空浓缩、喷雾干燥等方法去除乳中几乎所有的自由水，得到干燥的粉末状产品。例如，全脂乳粉、脱脂乳粉、婴幼儿配方乳粉等。

我国奶牛饲养多数在牧区和农区，距离消费市场较远，冷链系统不完善，而乳粉含水量低，保质期长，无须冷链支持，运输方便，销售半径长，更有利于调节地区间供应的不平衡。

任务要求

了解乳粉加工技术，理解真空浓缩、喷雾干燥原理。

技能训练

结合视频或图片，了解乳粉加工工艺。

2.4.1　乳粉的成分

1）乳糖

全脂乳粉约含38%的乳糖，脱脂乳粉约含50%的乳糖。乳糖通常呈非结晶玻璃状态，吸湿性很强，致使乳粉容易吸潮。乳糖会使乳粉颗粒表面产生很多细裂纹，空气容易渗入乳粉颗粒内部，脂肪也会逐渐渗出到颗粒表面，易引起乳粉氧化变质。

2）脂肪

全脂乳粉含26%～27%的脂肪，脱脂乳粉含1.0%～1.5%的脂肪。其中，全脂乳粉有3%～14%的脂肪游离凝集在乳粉颗粒的边缘，含量高时易氧化，不耐贮藏，冲调性差。

3）蛋白质

全脂乳粉约含27%的蛋白质，脱脂乳粉约含37%的蛋白质。酪蛋白的存在状态直接影响乳粉复原性的好坏。除选择新鲜原料乳外，还要把原料乳的热处理降到最低程度，以获得高溶解度的乳粉。

4）水分

全脂乳粉的水分含量一般为 2.0% ~ 3.0%，脱脂乳粉的水分含量在 4.0% 以下。水分含量过高，微生物易繁殖，因此乳粉打开包装后不应放置过久。

2.4.2 乳粉加工技术

1）工艺流程

乳粉加工工艺流程如图 2.6 所示。

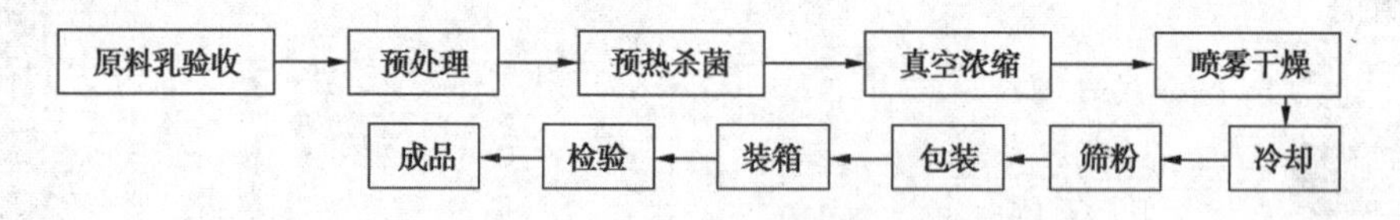

图 2.6 乳粉加工工艺流程

2）操作要点

（1）原料乳验收、预处理

详见任务 2.1 原料乳验收与预处理。

（2）预热杀菌

预热杀菌使用板式杀菌器或管式杀菌器，可采用 80 ℃ 30 s 的高温短时杀菌条件。

（3）真空浓缩

牛乳经杀菌后立即泵入真空蒸发器进行真空浓缩（避免了高温引起的蛋白质变性，改善了乳粉溶解性），除去乳中大部分水分，然后进入干燥塔中进行喷雾干燥。真空浓缩一般要求原料乳浓缩至原体积的 1/4，乳干物质达到 45% 左右。

原料乳经过真空浓缩，除去大部分水分，可提高喷雾干燥设备的生产能力，降低成本；浓缩乳经喷雾干燥后，其颗粒较粗大，具有较好的分散性、冲调性，能够迅速复水溶解；可排除乳中的空气（尤其是氧气），提高保藏性能。

（4）喷雾干燥

浓缩后的乳温一般为 47 ~ 50 ℃。浓缩乳中仍含有较多的水分，必须经喷雾干燥后才能得到乳粉。被广泛使用的喷雾干燥方法有压力喷雾干燥和离心喷雾干燥两种。

喷雾干燥原理：向干燥室中鼓入热空气（130 ~ 180 ℃，有的达 200 ℃以上），同时将浓奶借压力或高速离心力的作用，通过喷雾器（也称雾化器）喷成雾状的直径为 10 ~ 100 μm 的微细乳滴。这些微细乳滴显著地增大了表面积，与热风接触，瞬间可将乳滴中的大量水分除去，乳滴变为乳粉降落在干燥室的底部。喷雾干燥的设备流程如图 2.7 所示。

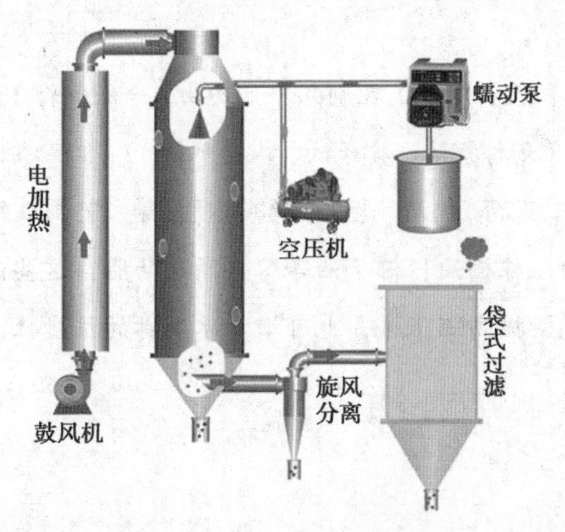

图 2.7 喷雾干燥的设备流程

补充

鼓入干燥塔的热风温度虽然很高，但由于雾化后大量微细乳滴中水分瞬间被蒸发除去，气化潜热很大，因此乳滴乃至乳粉颗粒受热温度不高，蛋白质不会因受热而明显变性，所以复水后的乳粉其风味、色泽、溶解度与鲜乳大体相似。

（5）冷却

喷雾干燥中形成的乳粉，应尽快排出干燥室外，以免受热时间过长，特别对于全脂乳粉来说，会使游离脂肪含量增加，容易引起氧化变质，影响乳粉质量。锥底的立式圆塔干燥室采用气流输粉或流化床式冷却床出粉。

（6）包装

短期内销售的产品，多采用聚乙烯塑料复合铝箔袋包装，基本上可避免光线、水分和气体的渗入。

思考练习

乳粉水分含量的高低对产品质量有何影响？

任务2.5 冰淇淋加工技术

活动情景

冰淇淋是以饮用水、乳和（或）乳制品（如奶油、全脂奶粉）、食糖等为主要原料，添加或不添加食用油脂（如棕榈油、椰子油、人造奶油）、食品添加剂（增稠剂、乳化剂、色素、香精等），经混合、灭菌、均质、老化、凝冻、硬化等工艺制成的体积膨胀的冷冻饮品。

其中，应使用奶油、棕榈油、椰子油等熔点高的油脂，这些油脂凝冻后，形成冰淇淋骨架，可包裹住空气，提高膨胀率，也可增加冰淇淋的抗融性，而超过一定温度时又可快速融化，入口即化。

任务要求

理解凝冻的加工原理，掌握冰淇淋（硬质冰淇淋）的加工工艺。

技能训练

开展软质冰淇淋加工实验。

2.5.1 冰淇淋的分类

按照软硬度，冰淇淋可分为硬质冰淇淋和软质冰淇淋。凝冻后的冰淇淋装入容器并经硬化者，称为硬质冰淇淋；而装入容器不经硬化者，称为软质冰淇淋。其中，超市冷柜中销售的雀巢、和路雪、明治、伊利、蒙牛等冰淇淋属于硬质冰淇淋；麦当劳、肯德基出售的现做现卖冰淇淋属于软质冰淇淋。

2.5.2 凝冻的加工原理

冰淇淋是一种含有大量空气的冷冻饮品。这是因为冰淇淋混合料（液态）在凝冻机的强制搅拌下进行冷冻（出料温度为 -6 ~ -2 ℃，有利于保持柔软状态，方便成型），使空气以极微小的气泡状态均匀分布于全部混合料中，一部分水（20% ~ 40%）形成细小冰晶，冰淇淋体积膨胀，这个过程称为凝冻。

补充

当冰淇淋混合料在凝冻缸内壁上形成凝冻层，装有锐利刮刀（紧贴在凝冻缸内壁）的旋转式搅拌器立即将凝冻层刮下，从而防止形成绝热层。同时，搅拌器的搅杆和刀排将空气搅打入凝冻料内，有助于防止冰淇淋质地太硬及入口太冷。

2.5.3 冰淇淋加工技术

【实验实训 2.2】硬质冰淇淋加工

1）目的

掌握硬质冰淇淋的加工工艺，掌握对冰淇淋进行感官评价的方法。

2）材料及用具

棕榈油 11%、奶油 2.5%、全脂奶粉 12.5%、白砂糖 16%、麦芽糊精 2%、葡萄糖 2%、淀粉 2%、淀粉糖浆 5%、复合乳化稳定剂（海藻酸钠 0.1%、瓜尔豆胶 0.1%、黄原胶 0.1%、明胶 0.25%、分子蒸馏单甘酯 0.18%、蔗糖酯 0.07%）、乙基麦芽酚 20 mg/kg、香兰素 40 mg/kg、炼奶香精 0.08%、饮用水 46.15%。

拓展

复合乳化稳定剂是改善冰淇淋品质的重要手段，也是冰淇淋生产的关键技术之一，如丹尼斯克公司的冰牡丹系列（CREMODAN）冰淇淋复合乳化稳定剂就被世界各地广泛应用于冰淇淋生产工艺中。这类企业为冰淇淋生产企业提供免费新产品、新配方开发服务，借此销售冰淇淋复合乳化稳定剂。

凝冻机、高压均质机、冷藏柜、夹层锅或水浴锅、高速混料缸、冷冻柜、模具。

3）工艺流程

硬质冰淇淋加工工艺流程如图 2.8 所示。

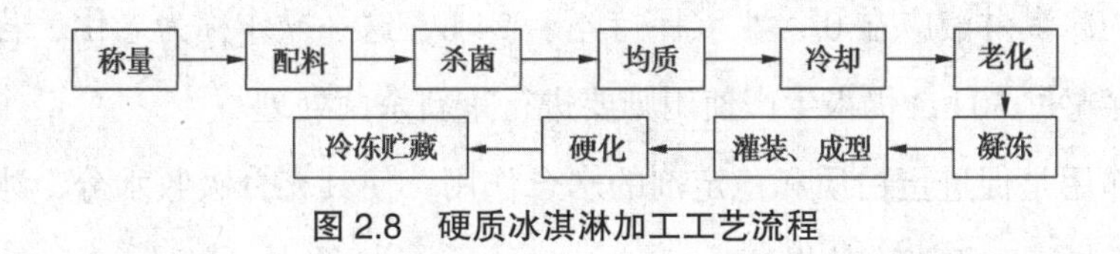

图 2.8 硬质冰淇淋加工工艺流程

4）操作要点

（1）称量

根据冰淇淋配方，称取各种原辅料。其中，棕榈油通常放置在冰箱中冷冻贮藏，使用前应放置在室温下解冻；海藻酸钠、瓜尔豆胶等与其质量 5 ～ 10 倍的白砂糖混合，再溶解于 80 ～ 90 ℃的水中。

（2）配料

混合原料的配制可在配料缸内进行，制备冰淇淋液（冰淇淋混合料）。混合溶解的温度通常为 40 ～ 50 ℃。最后用水定容至 100%。

（3）杀菌

冰淇淋液（冰淇淋混合料）的杀菌可在配料缸内进行，多采用 85 ～ 90 ℃ 5 min。杀菌时应将各种原料进行搅拌，充分混合。

在杀菌后、均质前，需进行过滤去除杂质，并且通过泵把冰淇淋液送到均质机。

拓展

有的企业直接将蒸汽通入冰淇淋混合料中，同时进行搅拌，快速升温，从而进行杀菌。但在蒸汽入口，容易发生过热现象。

（4）均质

冰淇淋液一般采用二次高压均质。具体工艺条件：以 65 ～ 75 ℃最适宜，压力以第一段 13 ～ 17 MPa、第二段 3 ～ 4 MPa。其中，考虑到乳化剂的熔点（65 ～ 70 ℃），为了保证脂肪球适当混合，均质温度必须达到熔点温度。

均质的作用是使冰淇淋液的黏度增加，凝冻时容易混入空气使容积增大，膨胀率增加；使冰淇淋组织润滑，并能防止脂肪分离；使冰淇淋成品的稳定性增加，抗融性提高。

（5）冷却

冰淇淋液均质后，通过板式热交换器冷却至 0 ～ 4 ℃，进入老化缸（具有保温功能）。

（6）老化（成熟）

冷却后的冰淇淋液应在 0 ～ 4 ℃保持 4 ～ 24 h，这一操作称为老化。若老化缸内的冰淇淋液贮存超过 30 h，仍未生产使用则要进行重新杀菌处理。

老化的作用是促进蛋白质和稳定剂的水合作用，使其充分吸收水分，冰淇淋液黏度增加，有利于凝冻时膨胀率的提高。

香精（往往不耐受高温）、着色剂在老化阶段加入，并搅拌均匀。

（7）凝冻

凝冻是冰淇淋生产的主要工序，关系到冰淇淋的组织结构、得率、适口程度（口感松软、不硬实）。凝冻要快速，以防止产生大冰晶（直径超过 3 mm 的冰晶体）而使质地粗糙，同时空气泡要微小且分布均匀，以产生稳定的凝冻泡沫。其中，糖有降低冰点、抗冻的作用，有利于形成细小冰晶，但糖用量太大，口感会过于甜腻，同时会降低冰淇淋的抗融性。

补充

凝冻温度不得低于 −6 ℃，因为温度太低会造成冰淇淋不易从凝冻机内放出。

冰淇淋的体积要比混合料大，体积增加可用膨胀率来表示。

$$\text{膨胀率（\%）}=\frac{1\text{ L 混合料的质量}-1\text{ L 成品冰淇淋的质量}}{1\text{ L 成品冰淇淋的质量}}\times 100\%$$

膨胀率以 80% ~ 100% 为宜。膨胀率过低，冰淇淋风味过浓，在口中溶解不良、组织粗硬；膨胀率过高，则冰淇淋的气泡大，易软塌，保形性差，在口中溶解快。

（8）灌装、成型

①灌装。冰淇淋可包装于杯中、蛋筒或其他容器中，可在容器中填入不同风味的冰淇淋或用坚果、果料和巧克力等装饰冰淇淋。

②成型。冰淇淋为半流体状物质，其最终成型是在成型设备上完成的。如浇模成型、挤压成型等。

（9）硬化

灌入包装容器或模具中的冰淇淋，应在 −40 ~ −25 ℃的条件下进行速冻（30 min 左右），使 90% ~ 95% 的水分形成结晶，从而保持适当硬度，此过程称为硬化（也称速冻硬化）。冰淇淋企业有螺旋冷冻机对冰淇淋进行速冻硬化，节省空间。

速冻硬化的目的是固定冰淇淋的组织状态，保持适当的硬度，便于销售和运输；有利于形成细小冰晶体，避免产生冰渣感，保证冰淇淋的质量。

（10）冷冻贮藏

硬化后的冰淇淋移于冷库中贮藏。

《冷冻饮品　冰淇淋》（GB/T 31114—2014）标准要求产品应贮存在 ≤ −18 ℃的专

用冷库内，这样更有利于冰淇淋质量的保证，防止重结晶对冰淇淋品质的影响。同时，要求产品应在冷冻条件下销售，低温陈列柜的温度应≤ -15 ℃。

补充

市面上的冰棍冰淇淋也称棒状冰淇淋，其制作方法是将凝冻机出来的冰淇淋料（-3 ~ -2 ℃，质地较软，容易灌注）填充入冰棍状模具（冰管），模具置于冰盐水（约 -30 ℃的氯化钙溶液）中进行速冻硬化成型，其间插入手持用的木棍。之后，再将模具浸泡在温水中 20 ~ 30 s 进行脱模，最后包装、冻藏。

《冷冻饮品 冰淇淋》

5）质量评价

根据《冷冻饮品　冰淇淋》（GB/T 31114—2014）规定进行质量评价（表 2.11）。

表 2.11　冰淇淋感官要求

项目	要求
色泽	主体色泽均匀，具有品种应有的色泽
形态	形态完整，大小一致，不变形，不软塌，不收缩
组织	细腻滑润，无气孔，具有该品种应有的组织特征
滋味气味	柔和乳脂香味，无异味
杂质	无正常视力可见外来杂质

高级技术

凝冻机包括间歇式和连续式两种。

1）间歇式凝冻机

间歇式凝冻机的凝冻时间为 5 ~ 20 min（与凝冻机制冷效率、冰淇淋浆料数量等有关），冰淇淋的出料温度为 -5 ~ -3 ℃。麦当劳、肯德基等使用的冰淇淋机属于间歇式凝冻机。

2）连续式凝冻机

连续式凝冻机进出料是连续的，冰淇淋的出料温度为 -6 ~ -4 ℃。冰淇淋生产企业使用的大型凝冻机属于连续式凝冻机，其空气的混入是靠空气泵自行调节的。

思考练习

①为什么冰淇淋配料杀菌温度需高于纯鲜奶的杀菌温度?

②在冰淇淋加工中，葡萄干等果料应在哪个工序加入?

③在冰淇淋加工中，香精、色素应在哪个工序加入?

④相对于 −22 ℃贮藏温度，冰淇淋贮藏温度高（如 −10 ℃）有什么问题?

⑤在冰淇淋加工中，乳化稳定剂的作用是什么?

⑥在冰淇淋加工中，老化的目的是什么?

⑦在冰淇淋加工中，速冻硬化的目的是什么?

项目3 粮食制品加工技术

★项目描述

本项目主要介绍以小麦粉、大米为主要原料加工的粮食制品，包括面包、蛋糕、月饼、膨化食品、面条、米粉等，重点讲解这些产品的加工原理、工艺流程、操作要点、实例实训。

学习目标

◎了解面包、蛋糕、月饼、膨化食品、面条、米粉的概念和分类。

◎理解面包、蛋糕、月饼、膨化食品、面条、米粉的加工原理。

◎掌握面包、蛋糕、月饼、膨化食品、面条、米粉的加工流程、操作要点及注意事项。

能力目标

◎能正确选择小麦粉、大米和其他原辅料。

◎能按照工艺流程的要求完成面包、蛋糕、月饼、膨化食品、面条、米粉的加工。

◎能进行面包、蛋糕、月饼、膨化食品、面条、米粉的质量评价。

教学提示

教师应提前从网上下载相关视频，结合视频辅助教学，包括面包、蛋糕、月饼、膨化食品、面条、米粉等加工视频。可以根据实际情况，开设面包、蛋糕、月饼、面条等加工实验。

任务3.1 面包加工技术

活动情景

面包是以高筋小麦粉（也称高筋面粉、高筋粉）为主要原料，以酵母、食盐、白砂糖、鸡蛋、油脂、果仁等为辅料，加水调制成面团，经过发酵、成型、烘烤、冷却等工序加工而成的方便食品。面包品种繁多，各具风味。

市面上很多焙烤房（或称面包房）采用前店后厂的方式，即前面是沿街店面或在超市的焙烤食品区，后面是面包、蛋糕等焙烤食品的制作场所，可以为消费者提供现做现卖的面包、蛋糕，受到消费者欢迎。

任务要求

掌握面包的基本加工工艺，学会面包感官评价方法。

技能训练

进行花式面包的加工。

3.1.1 面包分类

按照面包质感可分为软式面包和硬式面包。

1）软式面包

软式面包是指组织松软、气孔均匀的面包。例如，著名的汉堡包、热狗、三明治等。我国生产的大多数面包属于软式面包。

2）硬式面包

硬式面包是指表皮硬脆、有裂纹，内部组织柔软的面包，有嚼劲。例如，法国长棍面包、俄罗斯面包及我国哈尔滨的大列巴等。

3.1.2 面包加工原料

面包加工最基本的原料有四种，即面粉（高筋粉，尤其是选用面包专用粉，也称面包粉）、酵母、食盐和水。

思考

能否用糯米粉或玉米粉全部替代高筋粉制作面包？

1）面粉

高筋粉是面包加工最重要的原料。高筋粉的特点是面筋性蛋白质（以下简称“面筋蛋白”）含量高，组成比例适宜，有利于形成持气的黏弹性面团。

在面包加工中，首先通过面团调制，在适宜的用水量和搅拌作用下，使得高筋粉中的面筋蛋白形成面筋网络，类似形成气球的皮囊，之后创造适宜面包酵母的发酵产气条件，使得酵母适度产气，从而在面团内形成丰富的细小气孔，最后高温焙烤，面包形成膨松多孔的结构。图 3.1 为面粉与面团的结构扫描电镜图。

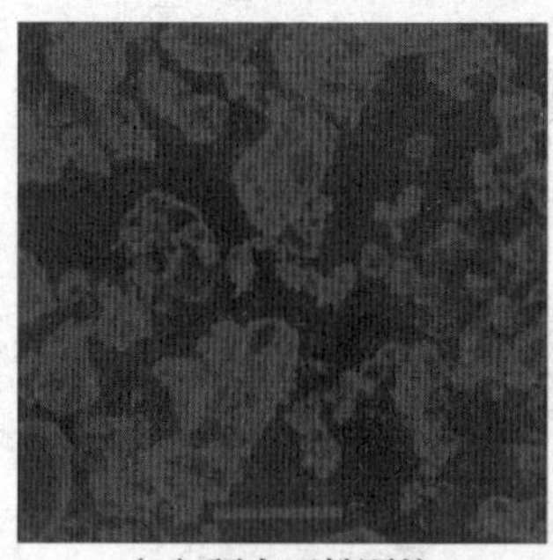

（a）硬麦面粉颗粒

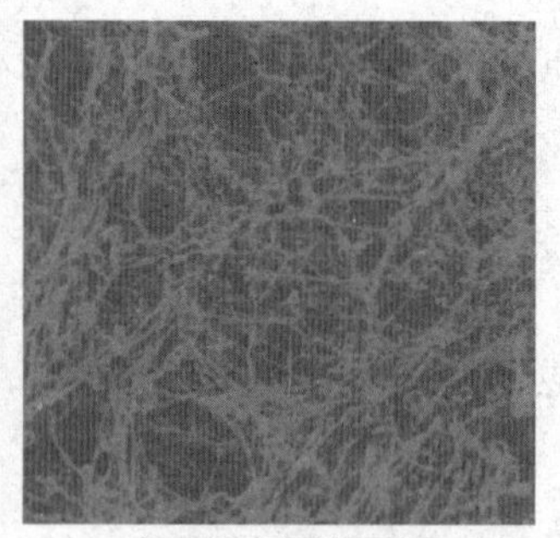

（b）和好面的面团

图 3.1　面粉与面团的结构扫描电镜图

可用专用设备将面粉制成面团，醒发后使用吹泡仪进行吹泡实验，判断面粉筋力强弱，从而确定该种面粉是否适合制作面包。

2）酵母

酵母是面包加工的基本原料之一，其主要作用如下：

①发酵产生二氧化碳，使面团膨松并在焙烤过程中膨大，面包组织疏松。

②发酵产物（如乙醇、有机酸、醛、酮、酯等）能增加面包风味。

生产上实际使用的酵母种类主要有即发活性干酵母、鲜酵母等。现在很多企业在面包加工中使用即发活性干酵母，如法国白燕、梅山、安琪面包酵母等，能耐受高糖环境，使用时与面粉等一同加入进行面团调制，不需要活化处理。

市面上很多老字号的面包生产企业仍使用鲜酵母，就是将上次面团取一块留作老面肥，全部用于下次面团加工使用，再从下次面团中取一块留作老面肥，循环使用，这样的酵母使用了几十年甚至上百年，所制面包具有特殊的发酵香气和口感。

拓展

面包生产用的酵母与酿酒酵母不同，其产酒精能力不强，而持续产气能力强。

3）食盐

食盐除具有调味作用外，还具有调节发酵速度，增加面筋筋力，强化面团组织和改善面包内部色泽的作用。一般食盐用量为面粉质量的0.6% ~ 3%。

4）水

生产面包的用水量为面粉的55% ~ 60%，是生产面包的基本原料。一般使用城市自来水，应符合食品加工的卫生要求，而且中等硬度，微酸性（pH 5 ~ 6）。

硬度过高的水会降低面筋蛋白的吸水性，增加面筋的韧性，使发酵时间延长，不利于生产，且面包口感粗糙；硬度过低的水（如纯净水）会使面包柔软而发黏，面团骨架松散，容易塌陷，体积小。水的酸碱性对面包有较大的影响。碱性过强的水能中和面团酸度，抑制酵母的生长和繁殖，抑制酶活力；酸性过强的水则会增加面团酸度，使口感劣变。

5）油脂

在面包生产中，常添加黄油，可以赋予面包特殊的风味和口感，改善面包的结构、外形和色泽。

黄油应在面团调制后期即面团形成阶段加入，否则会影响面筋形成。这是因为黄油具有良好的起酥性，在调制面团时，将黄油加入后，黄油覆盖于面粉的周围，限制面筋蛋白吸水，使已形成的面筋不能相互黏合而形成大的面筋网络，同时使淀粉与面筋不能结合，降低了面团的弹性和韧性。

3.1.3　面包加工技术

【实验实训3.1】花式面包加工

1）目的

掌握花式面包加工工艺，理解面包加工原理。

2）材料及用具

高筋粉 3 000 g；白砂糖，670 g；食盐，40 g；鸡蛋液，300 g；奶粉，150 g；黄油，300 g；面包酵母，30 g；面包改良剂，30 g；水，1 200 g（可采用 500 g 自来水加 700 g 纯净水，使水的硬度适度）。

和面机（图 3.2）、电子秤、醒发箱、烤炉、不粘涂层烤盘、塑料刮板等。

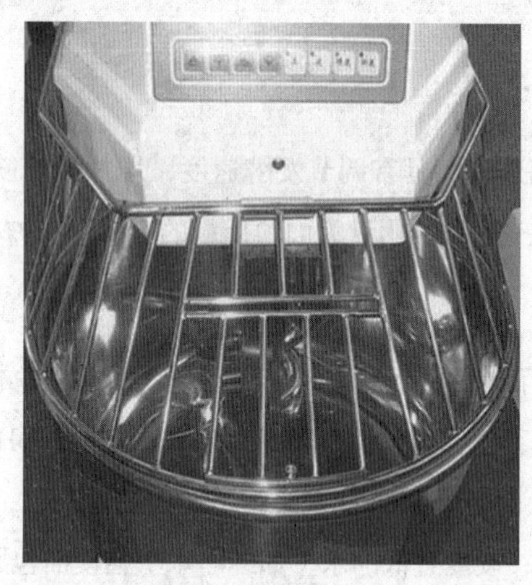

图 3.2　和面机

醒发箱的使用

需 10 个烤盘，擦净烤盘，提前准备醒发箱，并调节好温度和湿度。

3）工艺流程

花式面包加工实验

花式面包加工工艺流程如图 3.3 所示。

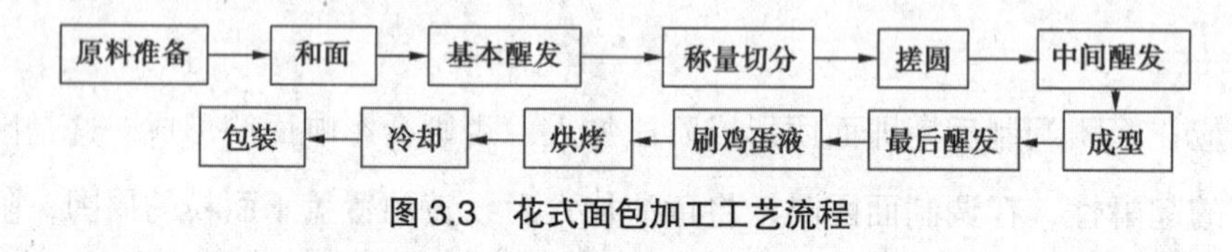

图 3.3　花式面包加工工艺流程

4）操作要点

（1）原料准备

选用高筋粉，使用前应进行过筛处理，以除去面粉团块，并可混入新鲜空气，有利于面团的形成和酵母的生长繁殖。

（2）和面

和面也称面团调制、打面团，是将经过处理的原辅料按照配方的用量依照适当的投料顺序，进行一定时间的搅拌，使酵母和其他辅料均匀地分布在面团中，同时使面粉中的蛋白质和淀粉能够充分吸水膨胀，形成网络面筋，从而得到加工性能良好的面团。

将高筋粉、面包酵母、面包改良剂、白砂糖、奶粉称量好，搅拌均匀后，倒入和面机中，加入鸡蛋液，再边搅拌边加入盐水，均先用慢挡搅拌均匀，再用快挡搅拌直至面筋基本形成（快打 4 min），最后加入黄油，用慢挡搅拌均匀后再用快挡搅拌（快打 4 min）。

面团打好后，将面团取出。

和面要求面筋和淀粉充分吸水，面团中不含有生面粉，软硬适度，不粘手，有弹性，面团表面光滑。同时，要控制好和面时间，避免过度搅打。

补充

和面时，应控制面团的温度不超过 30 ℃。在此温度下，酵母产气少，且有利于面筋网络形成。因此，在夏天可使用加冰的水，控制面团温度不超过 30 ℃。当然，水温也不能太低，否则不利于面筋网络形成。

和面效果判定：面团表面光滑、内部结构细腻；手拉可成半透明的薄膜，即拉一小块面团出来，搓圆，用双手平行上下拉扯，拉成均匀的薄膜状（图 3.4）。

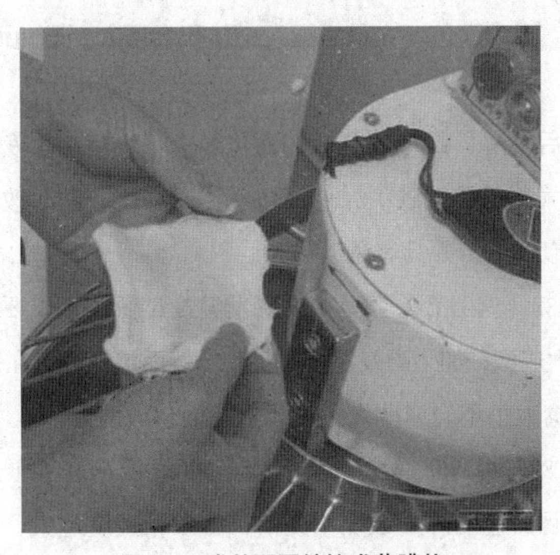

图 3.4　成熟面团被拉成薄膜状

（3）基本醒发

将面团揉好，使表皮光滑并包住面团内部，以保留发酵过程中产生的气体。控制面团温度 25 ~ 28 ℃静置 15 min，基本醒发后面团增大约 1/3。需要在外面用保鲜膜包住，以防表面水分散失。若室温偏低，可以再覆盖毛巾保温。

（4）称量切分

一般使用塑料刮板切分，电子秤称量。本实验中每个小面团为 50 g，大小要一致。

（5）搓圆

切分后需要搓圆，可将断面捏合，使面团表面有一层光滑的表皮，以保留新产生的气体，使面团膨胀。同时，光滑的表皮有利于后续手工操作中不会被黏附，烘烤出的面包光滑好看，内部组织均匀。

搓圆方法：用手掌一侧压住小面团的偏向底部的一侧，使用一定力量，按同一方向滚动面团，直至面团形状较圆，表面光滑。企业往往使用专用搓圆机。

（6）中间醒发

搓圆后，进行中间醒发（10 min），使面团充分松弛。用保鲜膜覆盖，保温保湿。

（7）成型

面团成型是将中间醒发好的面团做成一定形状的面包坯，如用擀面杖将面团擀成长形薄片（两面都要擀平），加火腿或其他馅料，再卷起来；也可将面团擀成圆形薄片，包馅后捏口，再搓成圆形，加工圆包。成型过程中，可以包馅或不包馅，但不宜包液体馅料。

成型好的面包坯，放入烤盘中，应使已成型的面包坯的结口向下。此外，面包坯应与周围留有足够空间，因为面包坯在最后醒发中体积会增大，避免面包坯相互粘连。

（8）最后醒发

最后醒发也称最后发酵，是把成型后的面包坯进行最后一次发酵。通过最后醒发，酵母重新大量繁殖产气（二氧化碳），使面包坯体积膨胀，同时改善面包的内部结构，使其膨松多孔、柔软似海绵，并具有诱人风味。

①醒发温度：以 38 ~ 40 ℃为宜。如果醒发温度过低，不仅要延长醒发时间，甚至可能使面包坯不能长大成型；如果醒发温度过高，虽然面包坯可以在短期内迅速长大成型，但容易使面团内部蜂窝大小不匀或醒发过度，造成面包酸度大。

②醒发湿度：以 80% ~ 85% 为宜。醒发箱湿度过低（过于干燥），往往会使面包皮干硬而胀不起来，且面包的外皮皱缩不光滑；醒发箱湿度过大，往往会使水蒸气在面包坯表面结露，使面包皮表面形成斑点，且烘烤后的面包色泽淡，不易产生面包所具有的金黄色。

③醒发时间：1.5 h 左右（各盘醒发时间分别记录）。

若醒发过度，面包坯入炉会因为体积继续增长越过了面筋的延伸长度而跑气，致使成品塌陷、面包表面凹凸不平；如醒发不足，则面包体积小，口感不好。面包的质量与面团发酵的关系如表 3.1 所示。

表 3.1　面包的质量与面团发酵的关系

感官质量指标		发酵不足	发酵适宜	发酵过度
外表	皮质颜色	深红色	金黄色	色淡，无光泽
	表皮	厚而硬	薄而脆	底部有沉积带
内层	瓤心颜色	略显灰暗	白而有透明感	有透明感，但气孔不均匀，有粗大气孔
	纹理	气孔膜厚、延展性差	延展性好，气孔膜薄，组织均匀	气孔膜薄，但不均匀，有的粗大
	触感	重而有紧缩感	软而平滑	软性，但有疙瘩
香气和口感		淡而无味	香味醇厚、易溶	酸味强烈，有异味

（9）刷鸡蛋液

烘烤前要刷鸡蛋液，使面包产生所需色泽。鸡蛋液配方：3 个鸡蛋液，1 个蛋黄，搅拌均匀，用不锈钢筛网过滤。将刷子洗净、烘干，再在鸡蛋液中浸泡。

将最后醒发好的面包坯拿出，用刷子蘸鸡蛋液轻轻地、均匀地刷在面包坯表面，必要时可刷两遍。注意不要让鸡蛋液流到面包坯底部。刷完鸡蛋液后，可在面包坯表面撒上黑芝麻等。

（10）烘烤

俗话说，“三分做，七分烤”。通过烘烤，使面包坯变成组织松软、易于消化并具有特殊香气的面包，同时起到杀菌作用。

烤箱预热

上火 190 ℃、下火 170 ℃ 18 min 左右，其中第 9 min 转盘一次（即 180° 转换烤盘方向，使面包受热均匀），第 15 min 再转盘一次，之后每分钟观察一次。

注意

每组要有专职看炉人员，同时要用本子记录下每盘烘烤的时间，不要出现忘记而导致面包烤焦的情况。

面包房可以采用旋转烤炉进行烘烤，而面包企业则可以采用隧道式烤炉（如长度达到 40 m），确保每个面包烘烤均匀。

（11）冷却

刚出炉的面包温度高（瓤中心温度约为 98 ℃，表皮温度则达到 150 ℃），皮脆瓤软，没有弹性，如果立即包装或切片，受到挤压，必然造成面包表皮断裂、破碎或变形。此外，由于面包温度高，易在包装内形成水滴（冷凝水），使皮和瓤吸水变软，同时给霉菌繁殖创造条件。所以面包出炉后必须经过冷却（使面包的中心温度接近室温）才能包装。

冷却的方法是自然冷却或风扇吹冷，尽量设立独立冷却间，或者螺旋冷却装置，确保环境卫生。

（12）包装

面包冷却后根据情况可适当进行简易包装，如塑料袋包装。

5）质量评价

《面包质量通则》

根据《面包质量通则》（GB/T 20981—2021）的规定（软式面包）进行质量评价（表 3.2）。

表 3.2　面包感官要求（软式面包）

项目	要求
形态	完整，饱满，具有产品应有的形态
色泽	具有产品应有的色泽
组织	细腻，有弹性，气孔较均匀
滋味与口感	具有发酵和熟制后的面包香味，松软适口，无异味
杂质	正常视力范围内无可见的外来异物

高级技术

根据溶解性质不同，面粉中的蛋白质可分为麦胶蛋白、麦谷蛋白、麦球蛋白、麦清蛋白等。在这些蛋白质中，按其能否形成面筋又可分为面筋蛋白和非面筋蛋白（表 3.3）。

表 3.3　面粉中蛋白质的种类及含量

种类	面筋蛋白		非面筋蛋白		
	麦胶蛋白	麦谷蛋白	麦球蛋白	麦清蛋白	酸溶蛋白
含量 / %	40 ～ 50	40 ～ 50	5	2.5	2.5

在面团调制中，面粉中的面筋蛋白（麦胶蛋白、麦谷蛋白）迅速吸水胀润形成坚实的面筋网络（三维网状结构），网络中含有胀润性差的淀粉粒及其他非溶解性物质，这种三维网状结构泡在水里 30 ～ 60 min，用清水将淀粉及可溶性部分洗去，剩下的有弹性橡皮似的物质，即面团中的湿面筋，具有黏性、延伸性等特性。

补充

延伸性是指湿面筋被拉长至一定长度而不断裂的性质，以长度计。

弹性是指面筋被拉伸或压缩后恢复原状的能力。

可塑性是指湿面筋被压缩或拉伸后不能恢复原来状态的能力。

韧性是指面筋被拉长时所表现出的抵抗力。

湿面筋含量的多少是划分面粉等级的一个重要指标（表3.4）。其中，面筋含量大于30%的为高筋粉（适于加工面包），其筋力强，容易在面团擀制时收缩，不易保持原有形状和大小；面筋含量在24%～30%的为中筋粉（适于加工面条、馒头等）；面筋含量小于24%的为低筋粉（适于加工饼干、糕点等），其筋力弱，所调制的面团具有较强的可塑性、较小的弹性，经模压后，能保持其形状和大小不变，使所制作的饼干酥松、花纹清晰。

表3.4　我国各种专用面粉的质量标准

项目	面包粉	发酵饼干粉	蛋糕粉	面条粉	馒头粉	饺子粉
水分/%	≤14.5	≤14.0	≤14.0	≤14.5	≤14.5	≤14.5
灰分/%	≤0.6	≤0.55	≤0.53	≤0.55	≤0.55	≤0.55
湿面筋/%	≥33	24～30	22～24	≥28	≥28	25～30

面粉加工企业除了对面粉的各项指标进行检测外，还应成立产品应用实验室，研制相应食品，进行产品感官检测，从而确定某种面粉是否适合加工相关食品。

拓展训练

面包生产中常见质量问题分析如表3.5所示。

表3.5　面包生产中常见质量问题分析

问题	原因	解决问题的方案
面包体积过小	酵母用量不足；酵母失去活力；面粉筋力不足	选用高筋粉，使用前要过筛，使之带进一定量的空气，有利于面团的成型及酵母的生长繁殖，促进面团发酵；选用保质期内的酵母，严格控制发酵温度
面包内部组织粗糙	面团太硬；搅拌不当	正确控制水温、加水量与发酵时间；正确掌握搅拌时间和搅拌速度，搅拌不足，面筋没有充足扩展，面筋网络就不会充分形成，从而降低了面团在发酵时保存气体的能力
面包表皮颜色过深、过厚	烤箱的温度过高，尤其是上火；烤箱内水气不足	减少糖的用量；烤箱内加喷水蒸气设备以增加烘烤湿度；在对表面进行加工时（刷鸡蛋液、割口等）必须格外小心，避免较大震动，避免制品内部组织及外观遭到破坏

思考练习

家用面包机加工吐司面包

①面包烘烤后，为何要冷却后再包装?

②面包加工中，应使用高筋粉还是低筋粉?

③面包在烘烤过程中会有哪些变化?

④手工制作面包的工艺步骤繁多，为了满足消费者在家里制作面包的需要，市面上有家用面包机销售，将原料按顺序加入后，面包机自动完成面团搅拌、发酵、烘烤全过程。上网查找几种面包机的性能和使用说明，讨论家用面包机的应用前景。

任务3.2 蛋糕加工技术

活动情景

蛋糕是一种以低筋粉、鸡蛋、食糖等为主要原料，经搅打充气，辅以膨松剂，通过烘烤(或汽蒸)加热而成的一种方便食品。新鲜出炉的蛋糕香味浓郁，质地柔软，富有弹性，组织细腻多孔，软似海绵。

任务要求

理解戚风蛋糕的加工原理，掌握戚风蛋糕的加工工艺。

技能训练

进行戚风蛋糕加工。

3.2.1 蛋糕加工原理

蛋糕种类繁多，本任务以戚风蛋糕为例进行介绍。

戚风蛋糕的加工特点是蛋白、蛋黄分开处理，蛋白打发更充分。戚风蛋糕的特点：面糊稀软；蛋香、油香浓郁，有回味；绵软有弹性，组织膨松、细密紧韧。

1）蛋糕的膨松

戚风蛋糕膨松充气的原料主要是蛋白（也称蛋清）。蛋白是黏稠的胶体，具有起泡性，经过机械搅拌，使空气充分混入蛋糕坯料中，气泡被均匀地包在蛋白膜内，经过烘烤加热，空气膨胀，坯料体积膨大。

2）蛋糕的熟制

在烘烤熟制中，通过炉内高温作用，水分蒸发，气泡膨胀，淀粉糊化，膨松剂受热分解释放出二氧化碳，蛋糕体积增大，蛋糕内部组织形成多孔洞的瓜瓤状结构，蛋白受热变性而凝固，使蛋糕绵软而有一定弹性。面糊外表皮层在高温烘烤下，发生美拉德反应和焦糖化反应，形成悦目的棕黄色泽和令人愉快的蛋糕香味。

3.2.2 蛋糕加工技术

【实验实训3.2】戚风蛋糕加工

1）目的

掌握戚风蛋糕的加工原理和加工工艺。

2）材料及用具

鸡蛋、低筋粉（或糕点粉）、玉米油、白砂糖、塔塔粉、食盐、泡打粉、水。鸡蛋应新鲜，蛋白黏稠的好（蛋白质含量高）。

鸡蛋1 000 g（18个鸡蛋左右）：

①蛋黄部分：低筋粉，280 g；水，180 g；玉米油，140 g；泡打粉，3 g。

②蛋白部分：白砂糖，290 g；塔塔粉，6 g；食盐，3 g。

注意

上述配方为一个组的用量，适合1个烤盘。

搅拌机（图3.5，配有搅拌缸、搅拌头）、电子秤、烤炉、烤盘、筛子、手工打蛋器、塑料刮板、蛋糕搅拌刮刀、蛋糕锯刀、烤盘纸等。

搅拌机的操作

3）工艺流程

戚风蛋糕加工工艺流程如图3.6所示。

图 3.5　搅拌机（打蛋机）

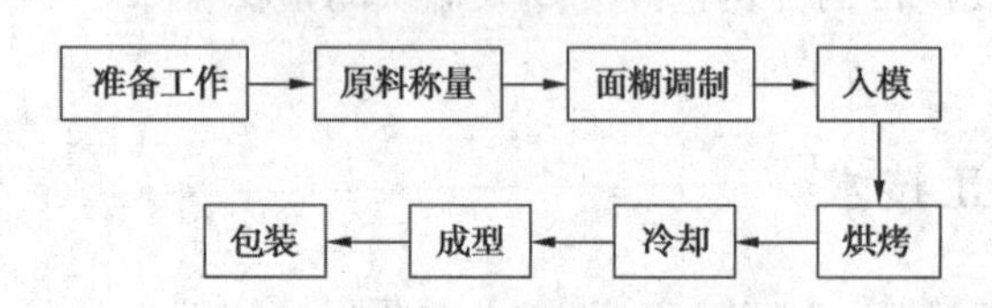

图 3.6　戚风蛋糕加工工艺流程

戚风蛋糕加工实验

4）操作要点

（1）准备工作

烤炉要先开机预热好。将烤盘洗净，放入烤炉中烘干水分。冷却后，铺好垫纸，垫纸的高度要高于烤盘的边缘部分。各种器具需要清洗干净，擦干水或烘干。

（2）原料称量

将上述原料称量，备用。

鸡蛋要新鲜，清洗、擦干水后，进行蛋白、蛋黄分离（可先将鸡蛋打开蛋壳，蛋白蛋黄收集在一个容器中，其中蛋壳上尽量少粘附蛋白；再用手捞出蛋黄，蛋黄上的系带要取下，使蛋黄尽量少粘附蛋白），分别收集在不同容器，同时避免蛋壳混入。如果发现有散黄蛋，则弃去不用，另换一个。

（3）面糊调制

①蛋黄部分。使用手工打蛋器，把水、玉米油混匀，将蛋黄分两次加入，搅拌均匀；再将混匀的低筋粉、泡打粉等过筛，加入到水、玉米油中，搅匀至无粉状物、无颗粒，面浆细腻。不宜搅拌过久，以避免面筋网络形成（起筋）。

②蛋白部分。将搅拌缸壁、搅拌头以及所有与蛋白部分接触的工具清洗干净（无油、无水）。将蛋白、塔塔粉、食盐倒在搅拌缸内，用慢速搅匀，然后分三次加入白砂糖，逐步提高搅拌速度至高速，将蛋白部分搅拌至洁白细腻、泡沫丰富。

要打至干性起泡，当蛋白部分显得较黏稠，将搅拌头提起后，形成鸡尾状（搅拌头的尖端由于泡沫的压力而弯曲、摇动，说明泡沫具有一定弹性）。

③混合。将②中蛋白部分取出 1/3，先倒入①中蛋黄部分，用蛋糕搅拌刮刀上下翻拌均匀，再将②中蛋白部分剩余材料全部倒入①中蛋黄部分，继续上下翻拌，直至看不到白色的蛋白丝。

如果混合不均匀，则烘烤后会在蛋糕中间出现白块。但混合时间不宜太长，否则蛋白部分容易受蛋黄部分的油脂影响而发生消泡。

（4）入模

将调制好的面糊倒入准备好的烤盘（已铺好垫纸）；振荡排气，并用塑料刮板刮平，入炉烘烤。

（5）烘烤

采用上火 190 ℃、下火 175 ℃烘烤 35 min 左右。其中第 20 min 转盘一次，第 30 min 再次转盘，使烘烤均匀，并观察蛋糕烘烤情况。

蛋糕是否烘烤成熟的判断依据：用不锈钢蛋糕测试针或长竹签，插入蛋糕后未粘有面糊，表示蛋糕烤熟；若粘有面糊，表示蛋糕未烤熟。同时结合蛋糕色泽、风味判断。烘烤过程中，对于蛋糕局部鼓起，可用竹签轻轻刺破。

（6）冷却

烘烤完成后，应将装有蛋糕的烤盘从烤炉中及时取出，再将蛋糕从烤盘中取出，放在网架上（使蛋糕底部水分挥发），进行冷却。

补充

鸡蛋、水等湿性物料太多，会在蛋糕底部形成一条"湿带"，甚至使部分糕体随之坍塌，制品体积缩小。

（7）成型

根据需要切分成块状。提前准备天然奶油（需加 8% 白砂糖），或植脂奶油（本身含糖，不需加糖），用搅拌机打发成半固体状态（不流动）。将蛋糕块的一侧抹上奶油，加上新鲜水果块（如芒果块、去核樱桃等）装饰，制作成水果奶油蛋糕，口感更佳。

植脂奶油打发

5）质量评价

根据《裱花蛋糕》(GB/T 31059—2014) 的规定进行质量评价（表 3.6）。

《裱花蛋糕》

表 3.6　戚风蛋糕感官要求

项目	要求
色泽	色泽均匀正常，装饰料色泽正常
形态	完整、不变形、不析水、表面无裂纹
组织	组织内部蜂窝均匀，有弹性
口感与口味	糕坯松软，有蛋香味，装饰料符合其应有的风味，无异味
杂质	无正常视力可见杂质

高级技术

1）塔塔粉的作用

塔塔粉化学名为酒石酸氢钾(酸性物质)，是加工戚风蛋糕必不可少的原材料之一。戚风蛋糕是利用搅打蛋白来起发的，蛋白偏碱性（pH 7.6），而蛋白在偏酸的环境下（pH 4.6 ~ 4.8）才能形成膨松稳定的泡沫，起发后才能添加其他配料。

没有添加塔塔粉的蛋白虽然能打发，但是加入蛋黄面糊下去则会下陷，不能成型。因此，可利用塔塔粉的这一特性来达到最佳效果。塔塔粉的添加量是全蛋的 0.6% ~ 1.5%，与蛋白部分的白砂糖一起搅匀加入。卵蛋白的起泡力如图 3.7 所示。

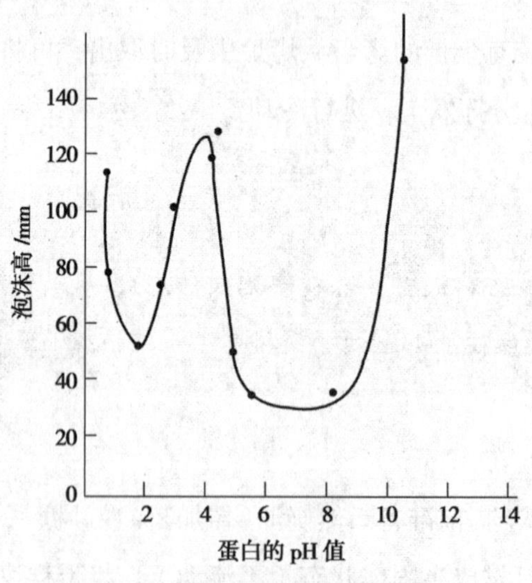

图 3.7　卵蛋白的起泡力

此外，蛋白在 17 ~ 22 ℃的情况下，其胶黏性维持在最佳状态，起泡性能最好，温度太高或太低均不利于蛋白的起泡。温度过高，蛋白变得稀薄，胶黏性减弱，无法保留打入的空气；如果温度过低，蛋白的胶黏性过强，在搅拌时不易拌入空气，会出现浆料搅打不起。

陈蛋或稀薄蛋白泡沫稳定性差，不适合蛋糕制作。

2）泡打粉的作用

泡打粉为化学膨松剂，常用的有碳酸氢钠、碳酸氢铵（俗称臭粉）、复合膨松剂。这些化学膨松剂在蛋糕、饼干等烘烤中，会释放出二氧化碳，使得蛋糕、饼干体积膨大，组织膨松。目前，大部分饼干采用复合膨松剂，在烘烤过程中，碳酸盐与酸性物质发生反应，产生二氧化碳，而且成品中没有残留碱性物质，产品质量高。

拓展训练

根据表3.7所示，分析戚风蛋糕加工过程中蛋白部分操作对结果的影响。

表3.7　戚风蛋糕加工中蛋白部分操作的影响

蛋白部分加工时间	先于蛋黄部分制备	蛋白部分放置时间过久，产生消泡
	后于蛋黄部分制备	蛋白部分放置时间短，避免消泡
白砂糖的使用	搅打过程中未加白砂糖	蛋白打发时间长，且不易打发
	搅打过程中加入白砂糖	蛋白打发时间短，容易打至干性发泡
搅打时间	在出现最大体积前停止搅打	蛋白持气状态最佳，不易消泡
	在出现最大体积后停止搅打	蛋白持气能力下降，易消泡（过分搅打会破坏蛋白胶体物质的韧性，使保持气体的能力下降）
搅打程度	蛋白尖部挺直	此时为干性发泡
	蛋白尖部弯曲	还未到达干性发泡，需继续搅打2 min

思考练习

①在戚风蛋糕加工中，蛋白搅打的目的是什么？

②在戚风蛋糕加工中，塔塔粉的作用是什么？

③品尝戚风蛋糕时，蛋糕中有细腻的白色东西（较为大块），可能是什么原因？

④在戚风蛋糕加工中，为什么蛋白部分制备前要擦干净油？

任务3.3　月饼加工技术

活动情景

月饼是使用小麦粉等谷物粉、油、糖等为主要原料制成饼皮，包裹各种馅料加工而成，主要在中秋节食用的传统节日食品。月饼是中国传统饮食文化的结晶，是中华民族最具代表性的烘焙食品。月饼最初是用来祭奉的，后来人们逐渐把中秋赏月与品尝月饼作为家人团圆幸福的象征，慢慢地月饼也就成了节日礼品。

任务要求

理解月饼加工的原理，掌握月饼加工的基本工艺。

技能训练

结合视频或图片，掌握广式月饼的加工工艺。

3.3.1　月饼分类

按地方风味特色分类，月饼可分为广式、京式、苏式及其他类（如晋式月饼、滇式月饼、潮式月饼等）。

按馅料分类，月饼可分为蓉沙类（如莲蓉馅、豆沙馅、冬瓜蓉馅、枣泥馅等）、果仁类（如广式五仁月饼，采用核桃仁、杏仁、橄榄仁、瓜子仁、芝麻仁等）、果蔬类（如凤梨馅、蓝莓馅等）、肉与肉制品类（如滇式月饼中加入宣威火腿，具有地方特色，苏式月饼中采用肉馅加工的鲜肉月饼）、水产制品类（如鲍鱼、海参、蚝肉等）、蛋黄类及其他类。

按加工工艺分类，月饼可分为热加工类（如传统的广式月饼需要通过烤炉烘烤而成）和冷加工类（如冰皮月饼）。

其中，月饼中包入蛋黄是广式月饼的一大特色，如蛋黄纯白莲蓉月饼就是代表。广式月饼的特点是选料精良、做工精细、皮薄馅靓、香甜软糯。所用咸蛋黄要呈红色，这是通过在鸭饲料中添加胡萝卜或小鱼小虾实现的，同时咸蛋黄上不能粘附蛋壳，避免硌牙。

拓展

纯莲蓉馅是指馅料中除糖、油脂之外，其他原料全部为莲子，不能掺用豆类等其他淀粉含量高的原料。企业可自制莲蓉，也可从市面上购买加工包装好的莲蓉。

3.3.2　月饼加工技术

【实验实训 3.3】广式月饼加工

1）目的

掌握广式月饼加工的工艺流程和操作要点。

2）材料及用具

皮料：广式月饼用小麦粉，1 kg；转化糖浆，0.8 kg；花生油，0.2 kg；枧水，0.02 kg。

馅料：纯莲蓉，8 kg。

食品搅拌机、烤炉、烤盘、帆布手套、电子秤、不锈钢锅、月饼模具、面筛、面盆、蛋刷、塑料袋、封口机等。

3）工艺流程

广式月饼加工工艺流程如图 3.8 所示。

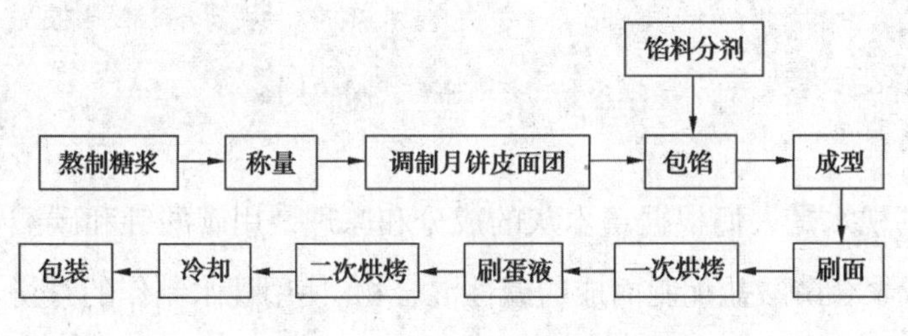

广式月饼加工实验

图 3.8　广式月饼加工工艺流程

4）操作要点

（1）熬制糖浆

应提前半个月以上把糖浆熬好，以便于糖浆的转化。将 50 kg 白砂糖放入 25 kg 水中，加热煮 5 ～ 6 min，将柠檬酸 40 g 用少量水溶解后加入糖浆中，糖浆煮沸后用文火熬约 30 min，当糖液温度为 110 ℃时，过滤后备用。

补充

转化糖浆可使月饼饼皮在一定时间内保持质地松软，并且由于它的焦糖化作用和美拉德反应，可使产品表面成金黄色。广东等一些南方厂家有用新鲜果汁（如柠檬汁、菠萝汁等）来煮制转化糖浆的做法。

（2）称量

按照配方称取所需原辅料。

（3）调制月饼皮面团

面粉过筛，置于台上，中央开膛。先将糖浆、花生油、枧水充分混合均匀，然后将面粉逐步拌入（不要用力搓揉面团，避免起筋），调制到面团软硬均匀、皮面光洁为止（可用塑料刮板，将面团来回对折）。广式月饼的饼皮是一种转化糖浆做的皮，可塑性强。

将面团分成 26 g 每份，使每个月饼饼皮质量占月饼成品的 20%。

其中，糖浆、枧水、花生油必须拌匀，否则皮熟后会起白点；要注意掌握枧水用量，多则易烤成褐色，影响外观，少则难以上色；皮料调制后，存放时间不宜过长。

拓展

枧水是广式月饼的传统辅料，它是古人用草木灰加水煮沸浸泡一日，取上清液而得到的碱性溶液，其主要成分是碳酸钾和碳酸钠。

现代使用的枧水是人们根据草木灰的成分和原理，用碳酸钾和碳酸钠为主要成分，再辅以磷酸盐或聚合磷酸盐配制而成的碱性混合物。使用枧水制作的月饼，饼皮呈深红色，鲜艳光亮，与众不同，催人食欲。

（4）馅料分剂

将馅料分成 83 g 每份，使每个月饼馅质量占月饼成品的 80%。企业往往使用月饼馅料定量自动分割机，通过挤压使大块莲蓉馅料通过小孔，分割成等重的馅料。

（5）包馅

把饼皮搓圆，压成圆形饼，然后包馅。包馅时，饼皮要压得平正，封口处要圆滑均匀，以不露馅、皮薄为好。包好后封口朝下放台上，表面撒些干粉，以防成型时粘印模。

目前，月饼生产企业普遍采用自动月饼包馅机进行包馅，其有两个料斗，一个料斗放馅料，一个料斗放饼皮，分别通过机器将饼皮挤成圆筒状，将馅料挤成圆柱状，并使圆柱状馅料进入圆筒状饼皮中，之后通过封口装置将馅料完整包裹在饼皮中。有的月饼包馅机还可以在莲蓉馅中添加咸蛋黄，再将饼皮包住莲蓉馅，完成包馅。

（6）成型

将包好的饼坯放入木制的单手月饼印模中，封口朝上，用手掌压实，不使饼皮露边或溢出模口。然后用手拿月饼印模柄轻磕四周，最后敲出月饼，摆入烤盘。应注意摆盘时，每个月饼间隔距离要相等，不要相互粘连。

企业普遍采用自动冲印成型机成型，可更换不同的图案模具，即采用带有气孔的塑料模具，对包好馅的饼坯进行成型，并气压脱模（结合空气压缩机产生的压缩空气）。成型后，可用摆盘机将成型好的饼坯摆放在烤盘中。

（7）刷面

用毛刷刷去表面干粉，喷水，可防止烘烤后月饼出现白斑点，也可避免月饼表面因过度干燥而开裂。

（8）烘烤

①一次烘烤。当炉温上火 240 ℃、下火 180 ℃时，将月饼生坯送入烘烤 5 min（上火温度不宜太低，否则容易造成饼皮烘烤后坍塌，即月饼面小底大的变形现象）。月饼坯定型，上表面微黄色时取出，冷却后，准备刷蛋液。

②刷蛋液。将鸡蛋去壳后，取蛋黄，加少量食盐，充分搅打均匀，滤网过滤，撇去气泡。将蛋黄液均匀刷在月饼上表面。应轻刷蛋液，力度不能太大，且蛋液不能过多，避免字体模糊不清；但也不能过少，否则颜色不够，刷蛋液要尽量均匀。

③二次烘烤。刷蛋后入炉继续烘烤，下调炉温至上火 200 ℃、下火 180 ℃，直到表面金黄色熟透出炉。为了使月饼烘烤均匀，很多企业采用旋转式烤炉。

（9）冷却、包装

将烤好的月饼自然冷却，进行内包装（加脱氧剂于月饼塑料托下方）和外包装。

广式莲蓉月饼做好后，应放置 2 d 以上，等其回油后（莲蓉馅料使用了大量白砂糖、油，会逐步渗出饼皮，使饼皮更加松软可口）才更好吃。

5）质量评价

根据《月饼》（GB/T 19855—2015）中广式月饼的部分感官要求进行质量评价（表3.8）。

《月饼》

表 3.8　广式月饼感官要求

项目		要求
形态		外形饱满，轮廓分明，花纹清晰，不坍塌，无跑糖及露馅现象
色泽		具有该品种应有色泽
组织	蓉沙类	饼皮厚薄均匀，馅料细腻无僵粒，无夹生
	果仁类	饼皮厚薄均匀，果仁颗粒大小适宜，拌和均匀，无夹生
	水果类	饼皮厚薄均匀，馅芯有该品种应有的色泽，拌和均匀，无夹生
	蔬菜类	饼皮厚薄均匀，馅芯有该品种应有的色泽，拌和均匀，无夹生
	肉与肉制品类	饼皮厚薄均匀，肉与肉制品大小适中，拌和均匀，无夹生
	水产制品类	饼皮厚薄均匀，水产制品大小适中，拌和均匀，无夹生
	蛋黄类	饼皮厚薄均匀，蛋黄居中，无夹生
滋味与口感		饼皮绵软，具有该品种应有的风味，无异味
杂质		正常视力无可见杂质

拓展训练

月饼常见质量问题及解决方案如表3.9所示，请对所购买或加工的月饼进行质量分析。

表 3.9　月饼常见质量问题及解决方案

问题	原因	解决问题的方案
外皮破裂、露馅现象	包馅量过大；月饼皮延展性差	控制包馅量，力求均匀一致；在饼皮加工时，严格按照配方进行配料，原辅材料要按照有关规定处理到位
月饼的光泽性差	面粉与油脂的比例控制不好；烘烤条件控制不好	严格按照配方进行配料，制皮后立即进行包馅，尽量减少间隔时间；烘烤温度控制到位，进行变温控制
底部有焦煳现象	烘烤温度控制不当；饼皮外部粘有糖分	加强设备检查与监督，防止烘烤温度过高的现象；注意加工过程的操作规范，做好操作台案的卫生控制
贮存过程中出现“出汗”现象	冷却不彻底	在装盒以前须完全冷透，否则出现“出汗”现象，影响产品的整体质量及美观

思考练习

①月饼自动冲印成型机进行月饼成型，如何进行脱模？

②广式月饼的内包装中放入的是脱氧剂还是干燥剂？为什么？

任务3.4　膨化食品加工技术

活动情景

膨化食品是以谷物、豆类、薯类为主料，采用膨化工艺制成的体积明显增大，具有一定膨化度的酥脆食品。膨化食品具有外观匀整、口感酥脆、味美可口、携带食用方便、易于消化吸收等特点，是深受消费者喜爱的休闲食品。

思考

爆米花是一种膨化食品，探讨其是如何膨化的。

任务要求

了解挤压膨化食品加工技术及应用。

技能训练

结合视频或图片，理解螺杆挤压膨化机的加工原理。

3.4.1　挤压膨化加工原理

挤压膨化是将原料（玉米、小麦、大米等）经粉碎、混合、调湿，送入螺杆挤压膨化机，物料在螺杆的挤压作用下（螺杆密封在封闭式膨化腔套筒中），产生高温、高压，物料中的水分呈过热状态，物料处于熔融状态，然后通过特殊设计的模孔挤出，高压迅速变成常压，此时物料内呈过热状态的水分便瞬间气化，类似强烈爆炸，水分子剧烈膨胀逸出，熔融状态的物料内部因失水而高温干燥、膨化定型，形成膨松多孔的结构。

思考

挤压膨化食品的原料主要是淀粉。原料在挤压过程中，经过高温高压和高剪切力的作用，淀粉糊化并产生相互交联，形成三维网状结构。当物料在挤出后，由于水分的迅速闪蒸，温度迅速下降从而定型。

在实际生产中，一般还需将挤压膨化后的食品再经过油炸或烘烤使其进一步脱水和膨松，这既可降低对螺杆挤压膨化机的要求，又能降低食品中的水分（膨化食品的水分含量≤ 7.0%），赋予食品较好的质构和香味，并起到杀菌的作用，还能降低生产成本。

3.4.2 挤压膨化食品加工技术

（1）原料

一般玉米粉、大米粉、燕麦粉、土豆粉、木薯粉等以及纯淀粉（如玉米淀粉、红薯淀粉、马铃薯淀粉等）均可。要求淀粉含量高，有利于在挤压膨化中糊化连接在一起。虽然蛋白质是挤压食品中主要的营养成分之一，但是它的量也不能过高，否则会在挤出过程中使物料黏度大，膨化率低，不利于产品的生产。

（2）混合、调湿

在拌粉机中，将各种原料与适量的水混合并搅拌均匀，水分含量达 30% 左右。

（3）挤压膨化

将混合好的原料送入单螺杆挤压膨化机，经挤压膨化后，成为半成品。螺杆转速为 200 ~ 350 r/min，温度为 120 ~ 160 ℃，最高压力为 0.8 ~ 1.0 MPa，停留时间为 10 ~ 20 s。食品经模孔后因水蒸气迅速外逸而使体积急剧膨胀，食品中水分下降为 8% ~ 10%。

（4）切割

将挤压膨化好的半成品按要求切割（结合不锈钢切刀的不同转速来实现）。有的螺杆挤压膨化机带有切割机，实现膨化、切割连续操作。通过变换模具（模孔的形状不同）和切刀转速，使得膨化食品具有不同的形状。

（5）烘烤

为便于贮存并获得较好的风味质构，需经烘烤或油炸等处理使水分进一步降低。例如，将切割好的半成品送入烤炉，设置 200 ℃烘烤 2 ~ 3 min，使水分含量降为 3% ~ 6%。

（6）调味

采用八角搅拌机，在半成品搅动状态，撒入粉末状调味香精（如番茄味、奶油味等），要求混合均匀。

（7）冷却、包装

挤压膨化食品要求外观匀整，口感酥脆。为了保证产品质量，包装要快速、及时。现多采用充入惰性气体（如氮气）包装的方法，以防止油脂氧化酸败。一般膨化食品包装中还需加入袋装干燥剂，可延缓水分变化引起的膨化食品品质劣化。

高级技术

米糠是稻米加工的废弃物，富含油脂，可以加工稻米油（也称米糠油）。以往有个技术难点，就是米糠中脂酶活力很强，短时间内会使米糠中油脂发生严重氧化酸败，后来企业采用挤压膨化技术处理米糠，通过短时间高温高压作用，钝化其中的脂酶，同时脱水干燥，使得处理后的米糠可以常温保存数月，便于稻米油的加工。

思考练习

①挤压膨化食品与其他类型的食品相比，往往具有较长的货架期，请分析其原因。

②为什么市售膨化食品往往采用充氮气包装？为什么不采用真空包装？

③挤压膨化技术广泛应用于饲料加工（由生料变熟料），与蒸煮加热饲料相比有什么优势？

任务3.5　面条加工技术

活动情景

面条是以小麦粉为主要原料，可添加其他谷物粉（如马铃薯全粉）、食用盐、谷朊粉等，经配料、混料、加水和面、熟化、压片、蒸煮（或不蒸煮）、干燥（或不干燥）、切断、包装等工序加工制成的产品。面条经过蒸、煮、炒等加热处理，即可供消费者食用。面条制作简单、食用方便、营养丰富，深受人们的喜爱。

面条加工实验

面条的种类繁多，有挂面、方便面（油炸、非油炸）、杂粮面、手擀面、生鲜面、半干面、碱水面、乌冬面、拉面、冷面等。面条可按地方特色分为上海阳春面、兰州拉面、马兰拉面、北京炸酱面、河南烩面、香港牛肉面、漳州沙爹面、陕西臊子面、山西刀削面、武汉热干面等。例如，挂面是以小麦粉添加盐、碱、水制作，经悬挂干燥后切制成一定长度的干面条。具有易储存、口感好、价格低、食用方便等特点，可按辅料细分为鸡蛋挂面、西红柿挂面、菠菜挂面等。而生鲜面是以小麦粉为主要原料、含水量30%左右的生面条，口感好，但保质期一般较短。市售的新鲜面基本都是机器制作的。

补充

本任务主要讲解方便面加工技术。

方便面也称速煮面、快速面，是以小麦面粉（面筋含量高的）为主要原料，经和面、熟化、复合压片、切条折花等工序得到生面条，经过蒸面、切断，然后用油炸或热风干燥脱水，经冷却后包装得到产品。通常由面饼、调料包及油包组成，分袋装、杯装或碗装等。

方便面具有食用方便、节约时间、加工专业化、卫生安全、品种多样等优点，是国内外颇受欢迎的一种主食方便食品。食用方便面时，只需用开水冲泡 3 ~ 5 min，加入调味料即可成为各种不同风味的面食。

任务要求

理解方便面的加工原理。

技能训练

掌握方便面加工工艺。

3.5.1 方便面分类

1）附带汤料的油炸面

面条是在蒸煮以后，用油炸方法脱去水分，并使产品定型。包装时另加一包或数包各种类型的汤料，食用时可将汤料和面条一起在沸水中冲泡或在沸水中煮熟。这种类型的方便面在市场上占绝大多数，它的包装形式通常有袋装、杯装、碗装（用泡沫型聚苯乙烯作容器）等。

2）调味油炸面

与附带汤料的油炸面不同的是面条蒸煮以后，油炸之前，喷淋液体或粉末状调味料于面块之表面，然后再油炸、包装成产品。这种面条一般在包装时不再附加汤料，食用时亦无须添加其他调味料。

3）附带汤料的干燥面

面条前期加工同油炸面，但蒸煮后不采用油炸工艺，通常是在热风干燥箱中脱水干燥，在包装时附加小包汤料。由于这种面条不含油脂，所以在粉末状汤料之外还应附加一包液状油作为调味增香料，以改善产品的风味。由于微波干燥具有加热速度快、产品膨化效果好等特点，有些方便面生产厂家采用微波干燥全部取代油炸或部分取代油炸。

4）调味软面

调味软面是按常规方法制成面条后，喷水蒸煮，趁热时加调味料及副食料，用聚酯及聚乙烯复合薄膜或延伸聚丙烯与维尼纶复合之薄膜减压密封，再经过杀菌而成。如市场上的乌冬面。这种面含水量高，软硬度同食用时一样，产品在超市的冷藏货架上陈列和销售，食用时只需连袋在沸水中加热，或取出重新在沸水中煮热后即可。

3.5.2　方便面的加工原理

1）生面条加工

生面条加工是以小麦面粉为主要原料，经和面、熟化、复合压片、切条折花等工序得到生面条，其中和面是关键步骤。

和面基本原理：在和面机中，加入适量的水和添加剂，通过和面机一定时间的适当强度搅拌，小麦面粉中的面筋蛋白逐渐吸水膨胀，相互粘结，形成一个连续的膜状基质，这些膜状基质相互交叉结合，形成立体状的并具有一定弹性、延伸性、黏性和可塑性的面筋网络结构。与此同时，小麦面粉中常温下不可溶的淀粉颗粒也吸水膨胀，并被面筋网络所包围，从而使没有可塑性的松散的小麦面粉变成可塑性、延伸性和黏弹性的湿面团。

通过和面形成面筋网络，使方便面在食用中不易折断，并产生特有弹性和口感。

2）蒸煮糊化

生面条经过隧道蒸煮机，使其淀粉发生充分糊化（淀粉 α- 化）、蛋白质发生变性。

3）快速脱水固化

通过油炸或热风干燥脱水，使得淀粉 α- 化固定，防止淀粉老化。同时油炸过程中，面条中的水分会在面条中形成大量的微小空穴，从而保证方便面具有良好的复水性，用开水冲泡 3 ~ 4 min 即可复水。通过脱水，降低方便面的含水量，抑制微生物繁殖，有利于长期保存。

3.5.3 方便面加工技术

【实验实训 3.4】油炸方便面加工

1）目的

理解方便面加工的基本原理；熟悉油炸方便面的工艺流程和操作要点。

2）材料与用具

面粉、棕榈油、鸡蛋、食盐、柠檬黄、水、复合磷酸盐、碳酸钾、瓜尔豆胶、单硬脂酸甘油酯、汤料等。其中，碳酸钾或纯碱（碳酸钠）可增强面团可塑性，改善面条色泽，改进口味，适量碱使面条蒸煮速度快，复水性好，口感爽滑；柠檬黄是食品着色剂，可使面条带嫩黄色、外观美丽；复合磷酸盐可加速淀粉糊化，增强面条粘弹性，提高面条光洁度；单硬脂酸甘油酯可降低面条的粘连性，提高持水性和分散性，改善成品外观及口味；瓜尔豆胶可增加持水力，增强粘弹性，并抗老化。

任务

查找一种油炸方便面的配方。

和面机、压面机、成形机、油炸锅、电子秤、纱布、水浴锅等。

3）工艺流程

油炸方便面加工工艺流程如图 3.9 所示。

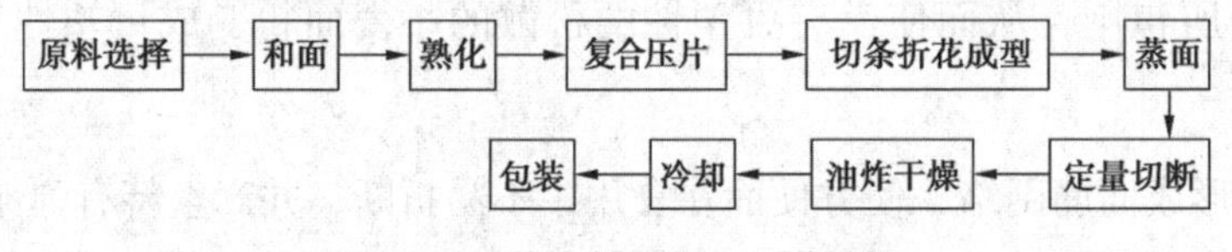

图 3.9 油炸方便面加工工艺流程

4）工艺要点

（1）原料选择

①面粉的选择

不同的方便面对面粉要求有所差异，对于附带汤料的油炸方便面一般要求湿面筋含量为 32% ~ 36%，灰分含量在 0.55% 以下，其他指标符合特级一等面粉的要求。

面粉要经过筛处理，以除去杂质，同时使面粉疏松，有利于和面时与水的接触。

②油炸用油的要求

油炸用油在油炸型方便面中是与面粉同等重要的原料，它的质量优良与否，将直接关系到产品的色泽、风味、面条含油量、贮藏稳定性等多项重要的质量指标。例如，油炸用油的凝固点高，组成油的脂肪酸中饱和脂肪酸含量高，稳定性高，但其流动性差，出油炸锅时会有一些油脂沥不下来而附在面条表面，导致含油量增加。而凝固点太低，说明油脂中的脂肪酸中不饱和脂肪酸含量高，其稳定性差，在高温油炸及产品贮运中易氧化酸败。

在生产中，一般采用凝固点为 20 ~ 36 ℃的棕榈油，也可再添加一些猪油、豆油等。

（2）和面

和面是方便面生产的首道工序，是保证产品质量的关键环节之一。

和面前的原辅料处理：

①增稠剂糊状物制备。准确称取粉状增稠剂，置于立式搅拌机桶中，混合时逐步加入冷水，以慢速搅拌，先待其混合成团块，然后在不断增加水量的条件下逐渐形成糊状浆体，再快速搅拌片刻。

②物料溶液制备。将鸡蛋、食盐、色素等倾入带搅拌浆及外壁有绝热材料的预混槽中，加入部分清水后搅拌，液料温度冬天应保持在 35 ~ 40 ℃，夏天使用部分冰块或冰水，液料可保持在 15 ~ 20 ℃。

③其他食品添加剂的处理。碱可与色素或食盐等一起投入带搅拌浆的预混器中，用清水溶解后备用。复合磷酸盐通常应单独溶解后备用。乳化剂中单甘酯等应以少量热水溶解，在立式搅拌机中充分混合成泡沫状乳浊液备用。

此外，和面过程中加水量在 33% 左右。面团加水量常因面粉吸水率、面团温度、调粉时间、其他物料和后道工序的需要等经常发生变化。

加盐量在 1.5% ~ 2%，多了会降低面团的黏性。

和面温度控制在 20 ~ 25 ℃，这一温度下有利于面筋形成。搅拌时间也要控制好，时间短了不利面筋形成，时间长了容易造成面筋断裂。

目前的和面设备有卧式和面机、立式和面机、连续和面机以及真空和面机等。例如，真空和面机是边抽真空边和面，以排出面团中的空气，有利于面筋网络的形成，同时提高方便面的白度。

（3）熟化

熟化是指调好的面团静置一段时间。一般熟化时间为 15 min，最少为 10 min。熟化设备的结构形式有卧式、立式和输送带式。

（4）复合压片

复合压片的作用：通过辊轮间距先大后小的多道辊轧，对面团施加压力，将松散的面团轧成细密的、达到限定厚度要求的薄面片；在轧片过程中，进一步促进面筋网络组织细密化和相互粘连，并最终在面片中均匀排列。

复合压片要求：面片厚薄均匀，平整光滑，无破边孔洞，色泽均匀，并有一定的韧性和强度。需要采用多道压延，逐渐将面片厚度达到要求。

（5）切条折花成型

通过专用设备对面片进行切条，并折花成型。其中切条成型的要求：面条光滑、无并条，波纹整齐、密度适当、分行相等，行行之间不连接。

（6）蒸面

蒸面就是使波纹面带在饱和湿度下适当加热，在一定的时间内使其中的淀粉糊化、蛋白质变性，面条由生变熟，并基本固定面条花纹的形状。蒸面过程中，蒸汽压力为 0.147 ~ 0.196 MPa，蒸面时间为 90 ~ 120 s。

蒸面工序要求：尽量提高产品的糊化度，油炸方便面糊化度要求大于 85%，非油炸方便面的糊化度大于 80%。

蒸面设备通常由雾化加湿器、蒸箱和风冷装置组成。影响蒸面效果的主要因素包括蒸面温度、面条含水量、蒸面时间、面条的粗细和面块的疏密程度等。

（7）定量切断

定量切断是指把从蒸面机出来的熟面带通过一对作相对旋转的切刀和托辊，按一定长度切断。在切断的同时，利用装在曲柄连杆机构上的折叠板插在切断面带的中间处，并插入折叠导辊与分排输送带之间，把蒸熟切断的面带对折起来分排输出，送往下道工序。

（8）油炸干燥

油炸干燥就是把定量切块的面块放入油炸机的链盒中，并由面盒盖形成封闭的空间，链盒连续通过高温的油槽，面块浸入高温油中，温度迅速上升，面条中存在的水分汽化逸出达到脱水的目的，此时水分降至 3% ~ 4%，并在面条中留下许多微孔。

油炸时，面块油炸的油温一般为 150 ℃，连续油炸时间为 70 s 左右。较高的油温是为了增加面条的膨化程度，提高面条的复水性能。

油炸工艺要求：油炸均匀、色泽一致、面块不焦不枯、含油少、复水性良好、其他指标符合有关质量标准。

思考

企业是如何保证油炸方便面用油质量的？

（9）冷却

油炸方便面经过油炸后有较高的温度，输送至冷却机时，温度一般还在 80 ~ 100 ℃。这些面块如果不冷却直接包装，会导致面块及汤料不耐贮存，若冷却达不到预定的标准，也会使包装内产生水汽而造成吸湿发霉，因而对产品进行冷却是必要的。

冷却后的面块温度接近室温或高于室温 5 ℃左右。冷却方法有自然冷却和强制冷却两种。如网带风扇式冷却机。

（10）包装

包装主要包括重量检测、金属探测、整理、分配、输送及汤料投放、封口、装箱等。

5）质量评价

根据《方便面》（GB/T 40772—2021）的规定进行质量评价（表 3.10）。

《方便面》

表 3.10　面饼感官要求

项目	指标
色泽	色泽均匀，无焦糊现象，正反两面可略有深浅差别
滋味和气味	滋味与气味正常，无霉味、哈喇味及其他异味
形态	外形整齐，允许正反两面略有花纹差别，复水后应无明显断条、并条现象
口感	泡面、煮面复水后，口感不夹生、不粘牙；干吃面口感应酥脆
杂质	外表及内部均无肉眼可见的异物

高级技术

目前市场上的方便面绝大部分是油炸的，其含油量达到 20% 以上，因此有人认为方便面属于高热量食品，过多食用会引起肥胖，属于垃圾食品。有的企业（如五谷道场）针对油炸方便面存在的问题，提出“非油炸，更健康”的概念，开发推广非油炸方便面。谈谈你的看法。

拓展训练

苦瓜面条加工

使用家用面条机，进行自制面条加工。

思考练习

①在油炸方便面加工中，为什么要求尽量提高产品的糊化度？不进行蒸煮糊化，而

直接通过油炸进行糊化，会存在什么问题?

②油炸脱水目的是什么?

任务3.6 米粉加工技术

活动情景

大米也称稻米，是稻谷经清理、砻谷、碾米、整理等工序制成的食物。大米营养丰富，是我国人民群众的主要口粮之一，是我国粮食安全的重中之重。大米除了被人们直接煮成米饭食用外，还可以被加工成各种大米制品，包括方便米饭、米粉（如方便米粉）、米饼、大米发糕、甜米酒、营养强化大米、营养粥等。

其中，米粉是以大米为主要原料，加水浸泡、制浆、挤压等加工工序制成的条状、丝状米制品，只要经过简单的煮沸或煸炒，加上调料，即可食用，制作简单、食用方便、味道丰富，深受人民群众的喜爱。

米粉种类繁多。按照成型工艺，米粉分为切粉、榨粉，其中切粉是米浆蒸煮成型后，切成方形的细条，如河粉、卷粉，而榨粉是通过将米浆挤压成型制得的圆形、扁形细长条，如圆粉。按照含水量，米粉分为干态米粉和湿态米粉。按照食用方式，米粉分为鲜湿米粉、干米粉、方便米粉等。

补充

本任务主要讲解方便米粉的加工技术，也介绍了方便米饭的加工技术。

方便米粉是以大米为主要原料，采用磨浆蒸片切条工艺或挤压工艺，经定量、定型烘干、包装等工序制成、免煮的条状米粉产品（可配调味料包），通常采用袋装、杯状或碗装。方便米粉的保质期长，食用方便，只需用开水冲泡几分钟，加入所配的调味料即可成为不同风味的米粉。一些地方特色的米粉，如柳州螺蛳粉、南昌米粉等，以往只能在当地现做现吃，现在都已被开发成方便米粉包装，畅销全国。

任务要求

理解方便米粉的加工原理；掌握螺杆挤压机的工作原理。

技能训练

掌握方便米粉的加工工艺；了解方便米饭的加工工艺。

3.6.1　方便米粉加工原理

方便米粉的加工利用了淀粉糊化、淀粉老化的原理，即在加工中将磨碎的大米生粉中加入适量水，通过初蒸、机械挤压、复蒸等工序，使大米淀粉充分糊化，然后迅速脱水干燥，防止淀粉老化而制成的米粉。

3.6.2　方便米粉加工技术

【实验实训 3.5】方便米粉加工

1）目的

理解方便米粉加工的基本原理；熟悉方便米粉的加工流程和操作要点。

2）材料与用具

早籼米、玉米淀粉、甘薯淀粉、单硬脂酸甘油酯。参考配方：早籼米，1 000 g；玉米淀粉，100 g；甘薯淀粉，50 g；单硬脂酸甘油酯，4 g。

调味料包：从网上购买。

洗米机、磨浆机、脱水机、混合机、螺杆挤压机、复蒸器、夹层锅、烘干机、包装机、电子秤等。

3）工艺流程

方便米粉加工工艺流程如图 3.10 所示。

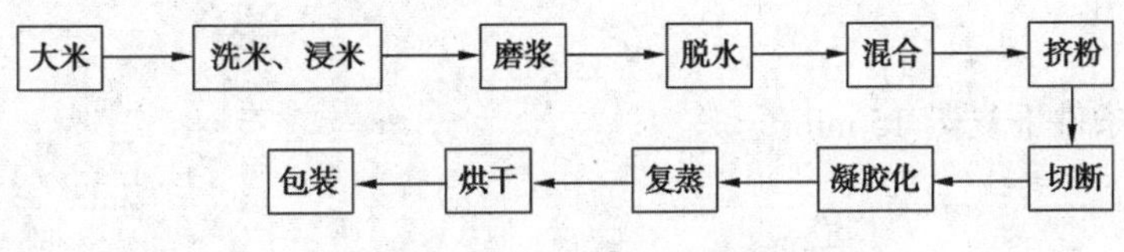

图 3.10　方便米粉加工工艺流程

4）操作要点

（1）大米原料

为了使米粉口感爽滑、有弹性，应选用直链淀粉含量比较高的早籼米，这与煮饭往往采用晚籼米是不同的；在稻谷加工成大米的过程中，会产生部分碎米，经济价值较低，而加工米粉对大米外观要求不高，可以采用碎米作为原料，提高碎米的利用途径，也降低了米粉的生产成本。

剔除大米中的泥沙、谷壳等杂质，以免影响米粉质量。

（2）洗米、浸米

挑选后的大米放入洗米机中，清洗 10 ~ 20 min，除去漂浮在水面上的泡沫、糠皮、糠粉等。

浸米时间为 6 ~ 8 h，中间结合洗米并换水一次。浸米的目的是使米粒外层吸收的水分继续向中心渗透，使米粒结构疏松，里外水分均匀。

（3）磨浆

将浸泡后的大米磨碎，形成米浆，并过 50 目筛。

（4）脱水

过筛后的米浆，加入真空脱水机内脱水，脱水后的米浆含水量为 40% 左右。

（5）混合

将配方中其他辅料加入，搅拌均匀。

（6）挤粉

在螺杆挤压机的料斗中加一定量的热水，让机体预热。将米浆从投料口加入，最初只能少量加入，以防卡机；待机器运转正常后，将米浆堆放在投料斗中，稍加水，使米浆自动下落喂料，一步成型为米粉，从机头的成型板孔中匀速排出。

（7）切断

挤出来的米粉通过风冷，按照一定长度切断。

（8）凝胶化

将切断后的米粉放入密闭的容器中，室温下放置 4 ~ 10 h。

（9）复蒸

在 100 ℃条件下复蒸 15 min。

（10）烘干

将复蒸后的米粉放入 50 ℃的烘箱中，干燥 3 ~ 5 h。

5）质量评价

根据《方便米粉（米线）》（QB/T 2652—2004）的规定进行质量评价（表3.11）。

表3.11 米粉感官要求

项目	要求
米粉块色泽	具有产品应有的、基本均匀一致的色泽，不呈现漂白色泽
滋味、气味	具有产品应有的滋味和气味，无异味
形态、口感	米粉块复水后粉条厚度、宽度基本均匀一致，表面平滑；口感滑爽、柔韧、有弹性，不粘牙，基本无硬芯
杂质	无正常视力可见杂质

高级技术

方便米饭是经水浸泡或短时间加热后便可食用的米制品。方便米饭品种繁多，有白米饭、小豆米饭、什锦米饭、咖喱炒饭、肉丝炒饭、虾仁炒饭等。

方便米饭可分为两大类，即脱水米饭和不脱水米饭（如冷冻米饭，需冷冻保存，食用前加热）。其中，脱水米饭也称速煮米饭，食用方便，不需蒸煮，仅用热水或冷水浸泡就可成米饭。脱水米饭的加工工艺很多，大体分为两种类型：一种是多孔性的脱水米饭（如膨化米饭），另一种是非多孔性的脱水米饭（如α-化脱水米饭）。评价脱水米饭的质量主要是看它的复水时间、复水性。复水时间越短越好，同时复水后的米饭要具有松软较干的口感，米粒互相分离不粘连，有典型的米饭风味，不粘牙，没有夹生现象。

方便米饭具有携带方便、保质期长、卫生、经济的特点，很适宜旅游、出差、野外作业以及部队等人员和部门，较能适应当今社会生活节奏，容易普及和大众化。但是，方便米饭一直存在复水时间长、回生等问题，导致没有像方便米粉那样得到推广。

1）脱水方便米饭加工原理

脱水方便米饭的加工是以淀粉糊化、淀粉老化现象为基础的。大米中主要成分是淀粉，在水分含量适宜的情况下，当加热到一定温度时，淀粉会发生糊化而变性；糊化后的米粒要快速脱水，以固定糊化淀粉的分子结构，防止淀粉老化的发生。

2）脱水方便米饭加工工艺

脱水方便米饭加工工艺流程如图3.11所示。

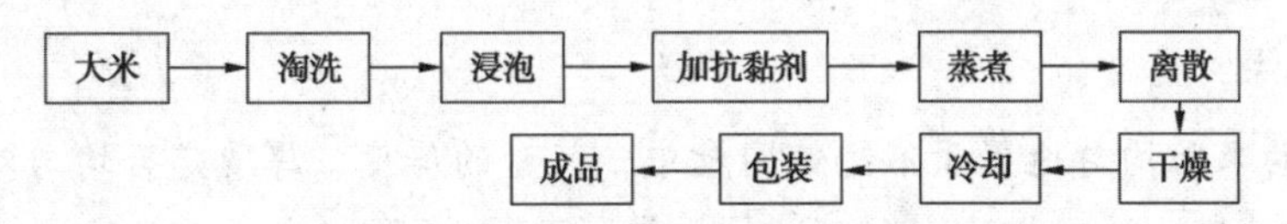

图3.11 脱水方便米饭加工工艺流程

3）操作要点

（1）大米

大米品种对脱水米饭的质量影响很大。如选用直链淀粉含量较高的籼米为原料，制成的成品复水后，质地较干、口感不佳；若用支链淀粉含量较高的糯米为原料，又因加工时黏度大，米粒易粘连成块、不易分散，从而影响成品质量。因此，脱水米饭加工常选用粳米为佳。

（2）淘洗

用淘米盆先快速冲洗两遍，再轻轻搓揉三遍，沥干。

在浸泡前要进行淘洗，这是因为一些淀粉黏附在米粒表面上会影响成品质量，而且会增加浸泡粉状物，从而增加浸泡水的黏度，堵塞微孔，使水分子难以进入米粒内部，使其吸水量减少，不利于糊化。

（3）浸泡

一般来说，大米含水为12%左右。通过浸泡，使大米中的生淀粉充分吸水，含水量增加，为淀粉糊化创造条件。如果大米吸水不足，水分低于30%，则大米蒸不透，影响米饭质量。

米水比按1∶（1.1～1.3），于常温下浸泡大米30 min以上，上下搅动。

（4）加抗黏剂

大米经蒸煮后，因表面发生糊化，米粒之间常常相互粘连甚至结块，影响米粒的均匀干燥和颗粒分散，导致成品复水性降低。因此，在蒸煮前应添加单硬脂酸甘油酯与甘油的混合物（1∶1），添加量为大米质量的1%～3%，并不时搅拌。

（5）蒸煮

蒸煮是将浸泡后的大米进行加热熟化的过程。在蒸煮过程中，大米在有充足水分的条件下加热，吸收一定量的水分，使淀粉糊化、蛋白质变性；当淀粉糊化度大于85%时，米饭即煮熟，口味和质地好，同时也易为人体消化。

（6）离散

经蒸煮的米饭，米粒表面常常相互粘连甚至结块，影响大米颗粒分散，不能使米饭均匀地干燥，必须使结团的米饭离散。

通常，将蒸煮后的米饭用冷水冷却并洗涤1～2 min，以除去溶出的淀粉，就可达到离散的目的。

（7）干燥

离散后的米粒均匀地置于不锈钢网盘中，装盘的厚度、厚薄是否均匀对于米粒的糊化度、干燥时间以及产品质量均有影响。应尽量使米粒分布均匀、厚薄一致，以保证干燥均匀。

然后置于热风干燥箱中，用 100 ℃的热风干燥，干燥时间为 45 min 左右，至成品水分降至9%以下。干燥条件对产品的质量、外观、形状以及成品的复水率会产生很大影响。若干燥温度过低，干燥时间会较长，受微生物污染的机会也较多，若温度过高，由于水分蒸发过快，造成米粒内部水分分布不均，复水后米粒有夹生感。

（8）冷却

干燥结束后，自然冷却，待干燥箱的米温降至 40 ℃以下，方可从盘中取出，卸料。

（9）包装

将已冷却的粘连在一起的脱水米饭用手搓散分开，然后用筛网将碎屑和小饭团分离，按每份 100 g 进行装袋、封口、包装，即成脱水方便米饭。一般，透明袋保质期为 6 个月，铝箔袋保质期为 6 个月以上，自热米饭需配备自热包。

拓展训练

查找螺杆挤压机的资料，画出螺杆挤压机的示意图。

思考练习

①方便米粉一般选用什么类型的大米原料？

②方便米饭一般用于什么场合？

项目4 肉制品加工技术

★项目描述

我国肉类加工业发展趋势是调整生产结构，稳步发展猪肉、牛羊肉和禽肉加工；优化肉类食品结构，提高冷鲜肉比重，加强肉制品的精深加工，促进资源的综合利用；加强对名优传统肉类食品资源的挖掘，推动传统肉类食品的工业化生产，提高产品质量。

本项目主要介绍以畜禽肉为原料加工的肉制品，包括冷鲜肉、肉类干制品、中式香肠等，重点讲解这些产品的加工原理、工艺流程、操作要点、实例实训。

学习目标

◎了解冷鲜肉、肉类干制品、中式香肠的概念和分类。

◎理解冷鲜肉、肉类干制品、中式香肠的加工原理。

◎掌握肉类干制品、中式香肠的加工工艺流程、操作要点及注意事项。

能力目标

◎能正确选择原料肉和其他辅料。

◎能按照工艺流程的要求完成冷鲜肉、肉类干制品、中式香肠的加工。

◎能进行冷鲜肉、肉类干制品、中式香肠的质量鉴定。

◎学生能通过网络、视频，自主学习食品加工技术，并能开展相关加工实验和研究。

教学提示

教师应提前从网上下载相关视频，结合视频辅助教学，包括冷鲜肉加工、肉干加工、广式腊肠加工等视频；可以根据实际情况，开设肉干加工、广式腊肠加工等实验。

任务 4.1 冷鲜肉加工技术

活动情景

猪、牛、鸡等畜禽屠宰分割后，其肉对外界微生物侵害失去抵抗能力，同时自身也会发生复杂的降解生化反应，出现僵直、解僵、成熟、腐败等阶段。

其中，肉的腐败过程始于成熟后期，其特点是腐败微生物大量繁殖，营养成分被破坏，甚至会产生对人体有害的毒素，烹调后肉的鲜味、香味明显消失。

因此，应及时降低肉的温度，其原理就是利用低温抑制微生物的繁殖、降低酶的活性和延缓肉的生化反应，以达到延长保质期的目的。

提示

本任务主要以我国消费量最大的猪肉为介绍对象。

市面上的猪肉分为热鲜肉、冷冻肉和冷鲜肉。

①热鲜肉是指刚屠宰加工的猪肉，其肌肉的温度通常在 37 ~ 40 ℃。由于热鲜肉温度高、含水量大，室温下贮存容易助长微生物的繁殖与生长，保存期短（常温下半天甚至更短），肉质较硬、肉汤浑、香味较淡。

②冷冻肉是指为了有效抑制微生物繁殖，将热鲜肉进行冷冻处理而加工成的肉。冷冻肉呈冻结状态，一般可在 −18 ℃贮存 12 个月以上，保质期大大延长。但冷冻肉经过冷冻、解冻，往往冰晶破坏了猪肉组织（解冻后出现汁液流失现象），会造成营养物质流失，肉质干硬、香味淡，也会出现解冻损失（如有的冷冻肉解冻后，重量损失达 10%）。

拓展

家里冰箱中的冷冻肉可提前一天放置在冰箱冷藏室解冻，从而抑制微生物繁殖，也可减少解冻后的汁液流失现象。

③冷鲜肉是指将热鲜肉温度降至 0 ~ 4 ℃的肉，如双汇冷鲜肉等。欧美国家几十年前即广泛食用冷鲜肉，它也是我国今后鲜肉制品商品化处理的主要发展方向。目前，我国的冷鲜肉加工企业对冷鲜肉进行精细化分割加工，同时销售方面除了在超市设立专柜

销售冷鲜肉，有的还成立冷鲜肉专卖连锁店，更好地保障冷鲜肉的品质。

任务要求

理解冷鲜肉加工原理、操作要点及注意事项。

技能训练

结合视频或图片，分组讨论冷鲜肉、热鲜肉、冷冻肉的区别。

4.1.1 冷鲜肉概念

冷鲜肉又称冷却肉或冷链肉，是指严格执行兽医检疫制度，对屠宰后的畜胴体迅速进行冷却处理，使胴体温度（后腿肉为测量点）在 24 h 内降为 0 ~ 4 ℃，并在后续加工、流通和销售过程中始终保持 0 ~ 4 ℃的生鲜肉（保存 3 ~ 7 d）。

补充

胴体是指畜禽经屠宰后，除去毛（皮）、头、蹄、尾、血液、内脏后的肉尸，俗称白条肉。它包括肌肉组织、脂肪组织、结缔组织和骨组织。红条肉是在畜禽宰杀后，去掉胴体身上的肥肉而得到的瘦肉，呈红色。

4.1.2 冷链

冷链是指冷鲜肉的生产、贮存、运输、销售环节需要一个完整的冷藏链（0 ~ 4 ℃），才能保证其优良品质。冷链是冷鲜肉生产的必备前提条件，包括生产环节：0 ~ 4 ℃预冷库、冷藏库、恒温分割包装车间；运输环节：冷藏车；销售环节：冷藏库、冷藏柜等。

拓展

在实际操作中容易出现冷链断裂，如冷藏车的温度没有达到要求；冷鲜肉出库、入库时间过长；超市冷柜温度控制不当，甚至有的超市为了省电而在晚上关闭冷柜电源。

4.1.3　冷鲜肉的特点

1）安全系数高

冷鲜肉从原料检疫、屠宰、快冷、分割到剔骨、包装、运输、贮藏、销售的全过程始终处于严格监控下，防止发生可能的污染。屠宰后，产品始终保持在 0 ~ 4 ℃的低温下，大大降低了初始菌数，抑制了病原菌的生长，其卫生品质显著提高。

拓展

冷鲜肉屠宰中，每个岗位需要准备多把刀具，要求使用后放入 85 ℃以上热水中，交替使用刀具，以避免刀具发生交叉污染。

2）营养价值高

在适宜的低温（0 ~ 4 ℃）下，使胴体有序完成僵直、解僵、成熟过程，肌肉蛋白质正常降解，肌肉完成冷却排酸，嫩度明显提高，易咀嚼，汤清，肉的香味增加，有利于人体的消化吸收。因为冷鲜肉未经冷冻、解冻，不会产生营养流失。

3）感官舒适性高

冷鲜肉在规定的保质期内色泽鲜艳，肌红蛋白不会褐变，与热鲜肉无异，且肉质更为柔软。因其在低温下逐渐成熟，使冷鲜肉的风味明显改善。同时，低温减缓了冷鲜肉中脂类的氧化速度，减少了醛、酮等小分子异味物的生产，并防止其对人体健康的不利影响。

4.1.4　冷鲜肉加工技术

1）生猪选购

以优质瘦肉型猪为好，其胴体瘦肉多、肥膘少，便于加工为冷鲜白条肉、红条肉，减少分割加工中肥膘类加工的工作量，提高产品出品率。宰前应停食 12 ~ 24 h，并保证猪的饮水（屠宰前 3 h 停止），还须将生猪冲洗干净，再进行屠宰。

拓展

猪在长途运输过程中，会产生一些应激反应，进入待宰圈后，要经过 12 ~ 24 h 的休息，有的屠宰企业还播放轻松音乐，可以缓解猪的一些应激反应。

2）生猪屠宰

严格控制屠宰过程中对猪胴体的污染，特别是猪粪、猪鬃等污染。猪放血后应设洗猪机，对胴体表面进行清洗。

从对猪进行电击致晕（有的屠宰企业采用二氧化碳致晕机）开始至胴体分解结束，整个屠宰过程应控制在 45 min 内，从放血开始到内脏取出应在 30 min 内完成，宰后胴体立即进入冷却间。

3）宰后检验

宰后检验是肉品卫生检验最重要的环节，是宰前检验的继续和补充。对胴体、脏器用直接的病理学观察和必要的实验室化验。对于检疫合格的猪肉二分体，加盖蓝色检疫印章。

4）冷却

冷却是指将刚屠宰后的胴体吊挂在冷却间内，使肉的深层温度达到 0 ~ 4 ℃的过程。一般猪半片胴体的冷却时间为 12 ~ 24 h。

猪肉冷却常采用空气冷却。冷却时，把经过冷晾的胴体沿吊轨推入冷却间，胴体间距保持 3 ~ 5 cm，以利于空气循环和散热，当胴体的肉最厚部位中心温度（用温度计的不锈钢探针插入后测量）达到 0 ~ 4 ℃时，冷却过程即可完成。

拓展

有的企业采用 −10 ℃的冷冻库进行 45 min 冷凉，再转入冷却间进行冷却处理。

在肉的冷却过程中，肌肉完成了冷却排酸，使得肉在低温、卫生条件下完成解僵成熟过程，也是肉逐渐成熟的阶段。

（1）温度

在每次进肉前，使冷却间温度预先降到 −4 ~ −2 ℃。降温处理可在肉体表面形成一层干燥膜，它不但阻止微生物的侵入和生长繁殖，也减少了肉体内部水分的进一步流失。进肉后经 12 ~ 24 h 的冷却，待肉温达到 0 ℃左右时，使冷却间温度保持在 0 ~ 1 ℃。

（2）相对湿度

湿度大，有利于降低肉的干耗，但微生物繁殖加快，而且肉表面不易形成皮膜；湿度小，微生物活动减弱，有利于肉表面干燥膜的形成，但肉的干耗大。为了处理微生物生长和肉干耗的矛盾，一般冷却前期相对湿度应在 95% 以上，之后相对湿度宜维持在

90% ~ 95%，冷却后期相对湿度维持在 90% 左右为宜。

（3）空气流速

一般采用的空气流速为 0.5 m/s，最大不超过 2 m/s，否则会显著提高肉的干耗。

5）分割

分割主要是对胴体按部位分割、去脂、剔骨（满足消费者对猪肉分部位食用的需求，如五花肉丁适合做红烧肉，而较厚的五花肉片适合做扣肉），其产品在分割车间的加工与停留时间应控制在 30 min 内，分割车间温度控制在 17 ℃以下，且每日使用的刀具要严格消毒（配置高温消毒柜），减少微生物的繁殖。

分割后产品应平摊放在晾肉架车上，晾架时要求肉无叠压。

6）包装

分割后产品在包装车间应尽快完成包装，并及时进入冷藏库贮存（0 ~ 4 ℃）。应在分割车间与包装车间中设置预冷间，即将放在晾肉架车上冷却好的分割产品（500 kg 左右）一车推入包装车间包装完毕后，再由预冷间中推出下一车进行包装，以免积压回温。

①真空包装。按每袋净重 5 kg 左右分割产品（或以自然块重），用尼龙袋或聚乙烯袋抽去空气，真空包装，真空度大于 0.095 MPa。

②托盘保鲜膜。托盘保鲜膜产品每盘净重 0.2 ~ 0.5 kg，包装材料托盘采用聚丙烯制成，盖膜选用聚乙烯自粘膜。

目前，很多品质好的冷鲜肉采用气调包装，即在塑料盒内放吸水纸，再放冷鲜肉，抽真空后充入混合气体（如有的采用 80% 氧气、20% 二氧化碳，使肉保持美观的色泽），再塑料膜热熔密封在塑料盒上，呈鼓起状态，可在 0 ~ 4 ℃冷藏条件下，高品质保存 5 d，可有效抑制细菌滋生，确保冷鲜肉安全新鲜。

7）冷藏

冷藏库温以 0 ~ 4 ℃、相对湿度 85% ~ 90% 为宜，并保持温度稳定，尤其是进出货时更应注意。产品进库后，按生产日期与发货地摆放，不同产品应有标识和记录并定时测温。

冷鲜肉出冷藏库最好直接采用门对门方式上车，装货前先做好货物装运顺序，原则是同类产品先生产的先发货，最先到达地的货物最后上车，以便卸车。

8）运输

应采用专用冷藏车。红条肉、白条肉应采用带挂钩的冷藏车。胴体挂在车厢内，挂钩与叉档均为不锈钢制作。胴体最好套有白布袋或薄膜袋，以减少污染与干耗。

进肉前，应先将车辆清洗消毒；装货前先制冷，使车内温度降至 10 ℃以下；装货时应继续制冷，整车上货最好在 60 min 结束，关好车门后迅速使车内温度降至 0 ~ 4 ℃。

9）市场销售

冷鲜肉必须在冷柜中销售，以保证产品品质。冷鲜肉运抵商店后，必须立即上柜，并将冷柜温度严格控制在 0 ~ 4 ℃，如果产品温度变化过大，易影响保质期。

一般冷鲜肉从生产到消费，在 0 ~ 4 ℃下保质期为 7 d。因此，冷鲜肉产销应以销定产，并做好各环节的计划安排。

拓展训练

目前，越来越多的农业合作社采用电商、微商平台或直播带货方式销售具有地方特色的生鲜农产品，如根据消费者需要将土猪进行宰杀、分割处理，再对土猪肉进行冷却降温、打包，然后通过低温快递物流在 2 d 内将土猪肉直达消费者家里，受到消费者欢迎。查找资料确定对土猪肉进行快递包装的方法，以满足 2 d 的低温快递物流需要（持续保持在 0 ~ 5 ℃）。

思考练习

与热鲜肉、冷冻肉相比，冷鲜肉有什么优点？

任务 4.2　肉类干制品加工技术

活动情景

肉类干制品是指将肉（一般选用猪或牛后腿上肌纤维多的瘦肉）先经熟制加工，再成型干燥制成的熟肉制品，主要包括肉干、肉松、肉脯三类。

肉类干制品的原料多样化，可以是猪、牛、羊、兔，也可以是鸡、鸭、鹅等。肉类干制品风味独特且多样化，有原味、五香味、麻辣味、咖喱味、烧烤味等。

畜禽肉经过干制后，水分含量降低，可以抑制微生物与酶的活性，产品保质期延长；

减轻肉制品的重量，缩小体积，便于运输和携带；赋予肉制品特有的质地、风味，开袋即食，是人们喜爱的休闲小吃，也是旅游景点的热销产品。

任务要求

掌握肉干加工工艺和操作要点，理解肉类干制品加工原理。

技能训练

结合视频或图片，进行肉干加工。

4.2.1　肉干概念和分类

肉干是以畜禽瘦肉为原料，经修割、预煮、切丁（或片、条）、调味、复煮、收汤、干燥制成的熟肉制品，可分为肉干（猪肉干、牛肉干等）和肉糜干（猪肉糜干等）。

4.2.2　肉干加工工艺

【实验实训 4.1】肉干加工

1）目的

掌握肉干的加工方法及操作要点。

2）材料及用具

新鲜牛后腿瘦肉。

以 100 kg 牛肉计：白砂糖，15 kg；五香粉，250 g；辣椒粉，250 g；食盐，4 kg；味精，300 g；苯甲酸钠，50 g；曲酒，1 kg；茴香粉，100 g；特级酱油，3 kg；玉果粉，100 g。

剔骨刀、切肉刀、煮锅、烘箱、烘筛、电子秤等。

3）工艺流程

肉干加工工艺流程如图 4.1 所示。

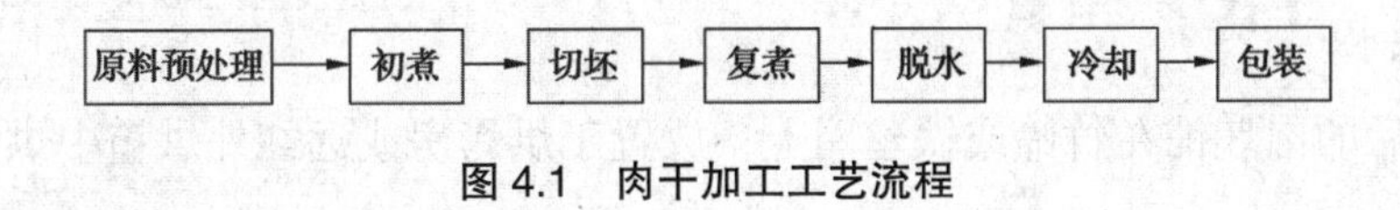

图 4.1　肉干加工工艺流程

4）操作要点

（1）原料预处理

选用新鲜、检疫合格的牛肉，肉干加工一般多用牛后腿的纯瘦肉。

首先对原料肉进行修整，即将原料肉剔去皮、骨、筋腱、脂肪及肌膜后，顺着肌纤维切成 1 kg 左右的肉块。用刀修整时，容易割伤，因此操作人员持握肉的手上应佩戴防割的专用钢丝手套（由不锈钢丝编织而成）。修整好的肉，用清水浸泡 1 h，除去血水、污物，沥干。

拓展

由于牛后腿瘦肉肌纤维比较粗，炖着吃、炒着吃都紧实耐煮，口感往往太柴、难嚼，而加工成牛肉干，可作为休闲食品，有嚼头、口感好。

如果是使用冷冻牛肉（如进口的冷冻牛肉）加工牛肉干，应提前放置在不锈钢操作台上，室温下自然解冻 24 h 即可，不要浸泡在水中解冻（会造成营养物质和风味物质流失，肉质变得松弛，影响口感），同时注意环境卫生。

（2）初煮

将清洗、沥干的肉块放在沸水中煮制，水盖过肉面。初煮时不加任何辅料，但有时为了除异味，可用 1% ~ 2% 的鲜姜。初煮时水温保持在 90 ℃以上，并及时撇去汤面污物，待肉切面呈均匀的粉红色（即牛肉煮至五到六成熟）、无血水时将肉块捞出后，汤汁过滤待用。

（3）切坯

肉块置筛上自然冷却后（夏天放于冷风库），按不同规格要求切成块、片、条、丁，例如切成 3.5 cm × 2.5 cm 薄片。切坯要求形状整齐、大小均匀一致。

（4）复煮

将切好的肉坯放在调味汤中煮制，即取肉坯重量 20% ~ 40% 的初煮汤（过滤后），将配方中不溶解的辅料装纱布袋入锅煮沸后，加入其他辅料及肉坯。用大火煮制 30 min 后，应减少火力以防焦锅，用小火煨 1 ~ 2 h，待卤汁收干即可起锅（也称收汤、收汁）。

（5）脱水

将收汁后的肉坯铺在竹筛或铁丝网上，放置于烘烤房或远红外烘箱中烘烤。在干燥初期，水分含量高，可适当提高干燥温度，随着水分减少应及时降低干燥温度。烘烤温度前期可控制在 60 ~ 70 ℃，后期可控制在 50 ℃左右，一般需要 5 ~ 6 h 即可使含水量下降到 20% 以下。在烘烤过程中，应注意定时翻动。

品质好的牛肉干，可用手拉出丝来，耐嚼，且越嚼越香，最后能化渣（没有渣感）。有些翻炒过的牛肉干，表面还有细绒毛。

（6）冷却、包装

烘烤后应冷却至室温再包装。包装材料以复合膜为好，尽量选用阻气阻湿性能好的材料。为了保证品质，有的产品进行真空包装，也有的采用非真空包装，并在包装袋内加入生石灰干燥袋再进行密封。

5）质量评价

《肉干》

根据《肉干》（GB/T 23969—2009）的规定进行质量评价（表 4.1）。

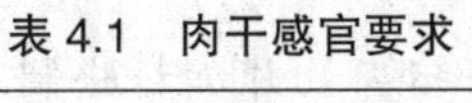
表 4.1 肉干感官要求

项目	指标
形态	呈片、条、粒状，同一品种大小基本均匀，表面可带有细小纤维或香辛料
色泽	呈棕黄色、褐色或黄褐色，色泽基本均匀
滋味与气味	具有该品种特有的香气和滋味，甜咸适中
杂质	无肉眼可见杂质

高级技术

在常压下，采用电热、红外线、炭烧等方式干制肉干，由于温度较高、时间较长，容易造成色泽变差、热敏性营养成分的破坏、挥发性芳香成分的逸散。但是肉干特有的风味也因此形成，又因成本较低，故肉干干制时常用此法。

此外，也有采用风干方式对牛肉（预处理并腌制好的）进行干制，如西藏地区的风干牦牛肉、内蒙古的风干牛肉等。相比以往的室外风干，目前企业普遍采用室内鼓风机进行牛肉风干，减少了蚊虫、灰尘的危害，也不受雨天的影响。风干后的牛肉，还需要进行高温烘烤处理，如在 160 ℃下烤熟。

思考练习

在肉干加工中，如果横着肌纤维切块会出现什么问题？

任务4.3 中式香肠加工技术

活动情景

中式香肠是以肉类（如猪肉）为主要原料，经切丁或绞成肉粒，配以辅料，经过腌制，灌入肠衣再经晾晒（或烘烤）而成的肉制品，需加热烹饪后再食用。中式香肠在南方也称腊肠，因过去刚进腊月便开始灌制而得名，如广式腊肠。

中式香肠起源于我国南北朝以前，《齐民要术》中有一篇“灌肠法”详细记载了中式香肠的制作过程及配料方法。每逢腊月，家家户户宰杀年猪，将猪头用于祭奉，将猪小肠用竹片把内脂刮净至透明，将猪肉切片加料腌制后灌到肠衣内用马莲草分段扎好，凉挂于背阴处自然风干。

任务要求

掌握中式香肠加工工艺流程和操作要点。

技能训练

进行中式香肠加工。

4.3.1 肠衣的选择

中式香肠需使用肠衣将肉馅进行灌制定型，多采用动物肠衣和胶原蛋白肠衣。

1）天然肠衣

天然肠衣也称动物肠衣，是由猪、牛、羊的小肠或大肠加工制成的。天然肠衣具有可食性、安全性、水汽透过性（有利于排出香肠内空气，减少晾晒变干的时间）、烟熏渗入性、热收缩性和对肉馅的黏着性（天然肠衣与肉馅较难剥离），还有良好的韧性和坚实性。

传统的香肠产品大多使用天然肠衣，天然肠衣在德国、日本仍然是生产高档香肠产品的首选。但天然肠衣直径不一，厚薄不均，对灌肠的规格和形状有一定的影响。

拓展

我国新疆地区有专门的天然肠衣加工企业，从羊、牛屠宰厂收集小肠和大肠，经过清洗、去油等处理，并经盐渍，便于较长时间保存。天然肠衣加工中，需要避免肠衣出现破损而产生孔洞，否则会影响天然肠衣的品质。

天然肠衣分为干肠衣和盐渍肠衣。干肠衣使用前，应先用温水浸泡使其变软，再沥干；而盐渍肠衣使用前，需要进行反复清洗，洗去内外污物，最后用温水灌洗，把水挤干。

2）人造肠衣

人造肠衣包括可食性肠衣和非可食性肠衣。可食性肠衣如胶原蛋白肠衣，非可食性肠衣如塑料肠衣、纤维素肠衣。人造肠衣具有卫生、损耗小、尺寸偏差小等优点。

（1）胶原蛋白肠衣

胶原蛋白肠衣是用牛皮中的胶原纤维蛋白作原料制成的，在性能上最接近于天然肠衣，大多是可食用的（较硬，口感不如天然肠衣），用来充填小口径香肠，如台湾烤香肠。

（2）塑料肠衣

塑料肠衣是用聚乙烯（PE）、聚酯（PET）、聚偏二氯乙烯（PVDC）等单一材料或复合材料制成，呈筒状或片状，颜色鲜艳，种类繁多，但都不能食用，易与肉馅剥离。塑料肠衣有较高的机械强度，不会在充填结扎时破裂，有较好的密封性能，防止水汽、氧气和紫外线透过，经高温高压杀菌后有较长的货架期；耐油、耐水但不能烟熏。

例如，PVDC 是一种软化温度在 160 ~ 200 ℃的热塑性聚合物，是目前公认的在阻隔性方面综合性能最好的塑料包装材料，兼具卓越的阻隔水汽、氧气、气味和香味的能力。市面上的火腿肠产品大量使用 PVDC 肠衣。火腿肠加工中，将斩拌好的肉糜通过灌肠机充填入 PVDC 人造肠衣中，经铝丝打结后，在高压杀菌锅内经 121 ℃ 30 min 杀菌，冷却干燥后贴标包装，即为成品。

4.3.2 护色机理

思考

家庭自制腊肠往往瘦肉颜色会变暗，失去鲜红色，不如企业生产的腊肠颜色鲜艳。为什么家庭自制的腊肠往往颜色会变暗？

新鲜瘦肉的红色是由肌肉组织中的肌红蛋白和血红蛋白呈现的一种感官颜色。一般肌红蛋白占70% ~ 90%，血红蛋白占10% ~ 30%，因此，肌红蛋白是表现肉颜色的主要成分。而肌红蛋白为还原型，呈暗紫色，不稳定，易被氧化变色。

为了使肉制品（如中式香肠）呈现鲜艳的红色，在加工过程中常添加硝酸钠与亚硝酸钠，它们往往是肉类腌制时混合盐的成分。硝酸钠在亚硝酸菌的作用下还原成亚硝酸盐，亚硝酸盐在酸性条件下可生成亚硝酸。亚硝酸很不稳定，即使在常温下，也可分解产生亚硝基并很快与肌红蛋白反应生成亚硝基肌红蛋白，而亚硝基肌红蛋白呈现鲜艳的亮红色，且比较稳定，使肉制品具有良好的感官性状。

《食品添加剂使用标准》（GB 2760—2014）规定，腌腊肉制品类（如咸肉、腊肉、板鸭、中式火腿、腊肠）中，硝酸钠（或硝酸钾）的最大使用量≤ 0.5 g/kg，残留量≤ 30 mg/kg（以亚硝酸钠计）；而亚硝酸钠（或亚硝酸钾）的最大使用量≤ 0.15 g/kg，残留量≤ 30 mg/kg（以亚硝酸钠计）。

4.3.3 中式香肠加工技术

【实验实训 4.2】广式腊肠加工

1）目的

掌握广式腊肠的加工工艺和操作要点。

2）材料及用具

新鲜猪肉（包括瘦肉和肉膘）、食盐、白砂糖、白酒、白酱油、亚硝酸钠、抗坏血酸等。

猪瘦肉，80 kg；猪肥肉，20 kg；食盐，1.8 kg；白砂糖，7.5 kg；50° 白酒（如山西汾酒），2 kg；白酱油，5 kg；亚硝酸钠，0.01 kg；抗坏血酸，0.01 kg。

肠衣（猪、羊干肠衣或盐渍肠衣）、绞肉机、搅拌机、灌肠机（或简易灌肠器）、电子秤、不锈钢刀、盆、盘、砧板、细针、线绳等。

补充

对于广式腊肠口感而言，瘦肉提升筋道，肥肉奠定香醇。肥肉：瘦肉质量比为3：7的广式腊肠称为三七肠；肥肉：瘦肉质量比为2：8的称为二八肠；瘦肉更多、肥肉更少的称为加瘦肠，寓意长寿。

3）工艺流程

广式腊肠加工工艺流程如图 4.2 所示。

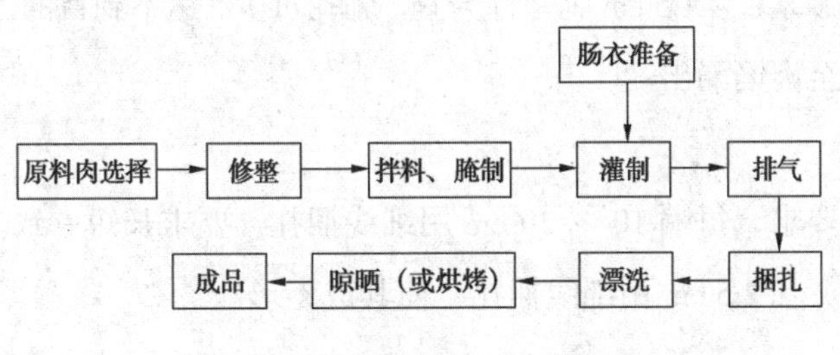

图 4.2　广式腊肠加工工艺流程

4）操作要点

（1）原料肉选择

瘦肉以新鲜的猪后腿瘦肉为好。瘦肉最好是不经过排酸成熟的肉，因为经过排酸成熟的肉黏着力和颜色较差。肥膘以背部硬膘为好，腿膘次之，尽量不用组织松软的肥肉膘。

（2）修整

原料肉经过修整，去掉骨头和皮，剔除筋腱、淋巴以及血肉、碎骨等。瘦肉切成 1.0 ~ 2.0 cm 的肉丁。肥肉切成 0.6 ~ 1.0 cm 的肉丁，并用温水清洗一次，以除去浮油及杂质，捞入筛内，沥干，这样处理可以防止烘烤时出油和变黄。肥、瘦肉要分别存放。

（3）拌料、腌制

①瘦肉丁拌料、腌制。先加入瘦肉丁和适量水（约 10%）搅拌；再加入配料中的白砂糖、食盐（一大半）、白酒，充分搅拌均匀；最后加入剩余食盐、白酱油、亚硝酸钠、抗坏血酸，均匀搅拌 1 ~ 2 min。送入 4 ~ 10 ℃的冷却间腌制 1 ~ 2 h，环境要求清洁卫生。

②瘦肉丁、肥肉丁拌料。加入清洗好的肥肉丁和瘦肉丁均匀搅拌约 1 min。拌料时不可过分翻拌，防止肉馅成糊状，应保持瘦肉丁和肥肉丁清晰分明（而西式香肠肉馅为糜状，不能分辨瘦肉、肥肉）。拌好的肉馅应迅速灌制，否则色泽变褐，影响制品外观。

（4）肠衣准备

使用天然肠衣。若选用盐渍肠衣，使用前需要进行反复清洗，洗去内外污物，最后用温水灌洗，把水挤干；将肠衣一端打一死结，待用。

肠衣用量，每 100 kg 肉馅用盐渍肠衣 1 ~ 2 kg，200 ~ 300 m。

（5）灌制

将肠衣套在灌肠机的灌嘴上，再使肉馅均匀地灌入肠衣中。灌肠应注意肠体的饱满度，填充程度不能过紧或过松，并尽量避免气泡产生。太紧会破肠，太松不易贮藏。

（6）排气

待肠衣灌满后，用钉耙（上面很多刺针）扎刺湿肠，挤走多余空气，易于干燥时肠肉水分蒸发。刺孔以每1 ~ 1.5 cm刺一针为宜。刺孔过少，达不到目的；刺孔过多或过粗，易使油脂渗出，甚至肉馅漏出。

（7）捆扎

按品种、规格要求，每隔10 ~ 20 cm用细线捆扎，要求长短一致。若生产枣肠（小粒腊肠）时，每隔2 ~ 2.5 cm用细线捆扎，使其成枣形。

（8）漂洗

将湿肠用35 ℃左右的清水漂洗一次，除去表面污物（浮油、盐汁等），然后依次分别挂在竹竿上，以便晾晒（或烘烤）。如果成品香肠外衣留有白色盐花，是由于香肠内容物（肉馅）漏出而没有漂洗干净造成的。

（9）晾晒（或烘烤）

①家庭传统制作。将悬挂好的湿肠放在日光下曝晒2 ~ 3 d，再在通风处凉挂10 ~ 15 d，即为成品。在日晒过程中，如阳光强烈，则每隔2 ~ 3 h转竿一次；阳光不强，则4 ~ 5 h转竿一次。转竿是指将串在竹竿上的香肠上下翻转，以便晒得均匀。

在日晒过程中，有胀气处应针刺排气。在晾晒过程中，香肠之间应保持一定距离，以利通风透光。

②工业生产一般采用烘烤法。烘烤温度为45 ~ 55 ℃，48 h左右，然后再晾挂到通风良好的场所风干10 ~ 15 d，即为成品。

烘烤时，注意香肠之间的距离，以防粘连。每烘烤6 h左右，应上下进行调头换尾，以使烘烤均匀。香肠色泽红白分明，鲜明光亮，没有发白现象，烘烤完成。

烘烤温度过高，脂肪易熔化，同时瘦肉也会烤熟，这不仅降低了成品率，而且色泽变暗；烘烤温度过低，难以干燥，易引起发酵变质。

（10）成品

晾晒或烘烤后的广式腊肠，含水量在25%以下，在10 ℃以下可贮藏4个月。

5）质量评价

根据《中式香肠》（GB/T 23493—2009）的规定进行质量评价（表4.2）。

《中式香肠》

表 4.2　中式香肠感官要求

项目	要求
色泽	瘦肉呈红色、枣红色，脂肪呈乳白色，外表有光泽
香气	腊香味纯正浓郁，具有中式香肠（腊肠）固有的风味
滋味	滋味鲜美，咸甜适中
形态	外形完整，均匀，表面干爽呈现收缩后的自然皱纹

高级技术

市面上销售的中式香肠等肉制品需要较长的保质期，以便产品的运输、销售和食用。因此，肉制品在加工中需要进行护色处理，才能保证产品具有良好色泽。

1）护色剂

护色剂也称发色剂，是指与肉及肉制品中呈色物质（如肌红蛋白）作用，使之在食品加工、保藏过程中不致分解、破坏，呈现良好色泽的物质（如使腊肠呈鲜艳的粉红色）。

护色剂是非色素性的化学物质。我国允许使用的有亚硝酸钠、硝酸钠、硝酸钾、亚硝酸钾。这些护色剂可以单独使用，也可以复合使用。例如，同时添加亚硝酸钠和硝酸钠。

硝酸盐、亚硝酸盐在肉制品中除了护色作用外，还具有增强肉制品风味和抑菌作用，特别是对肉毒梭状芽孢杆菌的抑菌效果更好（防腐剂作用）。

在使用护色剂的同时，通常会加入一些能促进发色的还原性物质，这些物质称为发色助剂。常用的发色助剂有 L- 抗坏血酸及其钠盐、异抗坏血酸及其钠盐等。

2）护色剂的毒性

亚硝酸钠是食品添加剂中急性毒性较强的物质之一，中毒量为 0.3 g 左右。过量的亚硝酸盐进入血液后，可使正常的血红蛋白变成高铁血红蛋白，失去携氧的功能，导致组织缺氧，表现为头晕、恶心、呕吐、全身无力、皮肤发紫，严重者会因呼吸衰竭而死亡。

思考练习

①广式腊肠是广东传统美食，将广式腊肠贮存在冰箱里，蒸饭时加入一些，方便美味的腊味饭很快就做好了。分享一下广式腊肠还应用到哪些美食中。

②你家乡的生蚝资源丰富，你能接受将蚝肉加入腊肠创新加工特色腊肠吗？

项目 5　水产品加工技术

★项目描述

我国水产品加工业发展趋势：积极发展精深加工，生产营养、方便、即食、优质的水产加工品；挖掘海洋产品资源，加大水产品和加工副产物的开发利用力度；利用现代食品加工技术，发展精深加工水产品，加快开发包括冷冻或冷藏分割、冷冻调理、鱼糜制品、罐头等即食、小包装和各类新型水产功能食品。

本项目主要介绍以鱼为原料加工的水产品，包括冷冻水产品、鱼糜制品等，重点讲解这些产品加工的原理、工艺流程、操作要点、实例实训。

学习目标

◎了解冷冻水产品、鱼糜制品的概念和分类。

◎理解冷冻水产品、鱼糜制品的加工原理。

◎掌握冷冻水产品、鱼糜制品的加工工艺流程、操作要点及注意事项。

能力目标

◎能正确选择水产品原料和其他原辅料。

◎能按照工艺流程的要求完成冷冻水产品、鱼糜制品的加工。

◎能进行冷冻水产品、鱼糜制品的质量评价。

◎学生能通过网络、视频，自主学习食品加工技术，并能开展相关加工实验和研究。

教学提示

教师应提前从网上下载相关视频，结合视频辅助教学，包括冷冻水产品、鱼糜制品等加工视频。可以根据实际情况，开设鱼丸加工等实验。

任务5.1 冷冻水产品加工技术

活动情景

鱼、虾、蟹、贝等水产品营养丰富、味道鲜美，深受人们喜爱。这些水产品在常温下极易腐败变质，采用冰藏保鲜、冷海水保鲜和微冻保鲜等低温保鲜技术，虽可使其体内酶和微生物的作用受到一定程度的抑制，但并未终止，经过一段时间后仍会发生腐败变质，故只能作短期贮藏，保鲜期一般不超过20 d。

若要更有效地抑制微生物和酶的活力，就需要再降低温度，把水产品的温度降低至 −18 ℃以下，使其体内90%以上的水分冻结成冰，成为冷冻水产品，并在 −18 ℃以下的低温贮藏，即进行所谓冷冻保藏（也称冻藏），保质期一般在6个月以上。

按照对原料的前处理方式，冷冻水产品可分为两大类：

①生鲜冷冻水产品，可分为对原料进行形态处理的初级加工品（如冻鱼、冻鱼片、去壳的虾、贝肉冷冻品等）和经过一定加工拌料（调味料、配料）的生调味品（如冻裹面包屑鱼制品、冻裹面包屑虾制品等）。

②调理冷冻水产品，指预制、烹调的水产冷冻品（如鱼丸、鱼糕、烤鳗鱼片、烤鱼卷、鱼虾肉饺等）。

冷冻水产品的最大特点是食用方便、品种丰富、卫生安全，但在产、贮、销的流通过程中必须实施全程冷链，品温保持在 −18 ℃以下才能保持其优良品质。

任务要求

理解冷冻水产品的冻藏原理，掌握冷冻水产品的加工技术和操作要点。

技能训练

学生通过查阅文献，能自行设计冻鱼片加工的工艺流程，确定工艺参数和操作要点并进行生产操作，能对产品质量进行评定。

5.1.1 冷冻水产品保藏原理

水产品的腐败变质主要是体内所含酶、体上所附着的微生物的作用，以及氧化、水解等化学反应共同作用的结果。

水被冻结成冰后，水产品体内的液体成分约有90%变成了固体。随着水分活度的降低，微生物本身也产生生理干燥，造成不良的渗透条件，使微生物无法利用周围的营养物质，也无法排出代谢产物。没有水，大多数化学反应及生物化学反应不能进行或不易进行，因此，采用冻结的方法可将水产品保鲜较长时间。

一般来说，冷冻水产品的贮藏温度越低，其品质保持越好，贮藏期也越长。以鳕鱼为例，15 ℃可贮藏 1 d，0 ℃可贮藏 15 d，–18 ℃可贮藏 4 ~ 6 个月，–30 ~ –25 ℃可贮藏 1 年。

5.1.2 冷冻水产品的生产工艺

冷冻水产品生产工艺流程如图 5.1 所示。

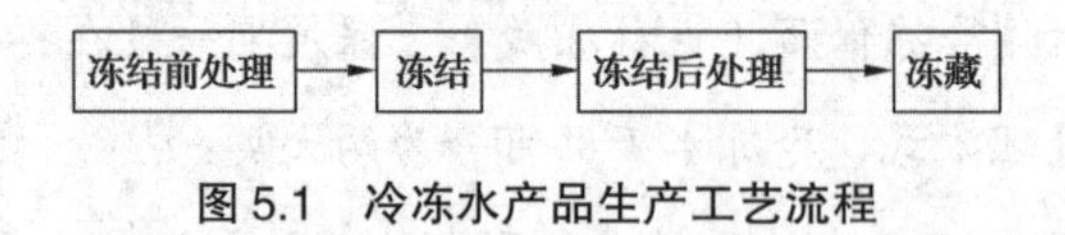

图 5.1 冷冻水产品生产工艺流程

1）冻结前处理

冻结前处理是生产冷冻水产品的主要工序。以鱼类为例，通常冷冻鱼类前处理包括原料鱼捕获后的清洗、形态处理（包括宰杀、放血、去鳞、去内脏等）、挑选分级、称量等操作。一些鱼类加工还必须去头、去尾。

2）冻结

冻结前处理后，立即进入冻结工序。进行冻结时，当产品的中心温度降至 –18 ℃以下时便可停止冻结。提高冻结速度、缩短冻结时间，有助于提高产品的冻结质量。

冻结时按原料是集合体还是单个分离形式，可分为块状冻结和单体快速冻结；按冻结作业的连续与否，又可分为连续式冻结和间歇式冻结。冷冻水产品的冻结装置种类很多，有吹（鼓）风式冻结装置、接触式平板冻结装置、不冻液（如液氮、液态二氧化碳等）喷淋冻结装置、浸渍冻结装置等。

3）冻结后处理

冻结后处理主要是指冻结后所进行的镀冰衣、包装等操作工序，必须在低温、清洁的环境下迅速进行。冻结后处理可以防止冷冻水产品在冻藏过程中商品价值下降。

例如，采用镀冰衣可使冻品外面镀上一层冰衣（如将冻罗非鱼片放入 0 ~ 4 ℃冰水浸泡 4 s，形成冰衣），以隔绝空气，防止氧化和干燥，是保持冷冻水产品品质的简便而有效的方法。如果要获得更厚的冰衣，可将镀冰衣后的罗非鱼片再冻结，然后在 0 ~ 4 ℃冰水中浸泡 4 s 进行第二次镀冰衣。

拓展

福建地区出产大黄鱼，以往冷冻企业常采用镀冰衣的方式，由于国家对所镀冰衣的质量缺乏规范，致使冰衣质量占到大黄鱼质量的 5% ~ 20%，相当于冰卖出了大黄鱼的价格，市场竞争混乱，部分消费者感觉受到了欺骗。

对于品质容易变化的冷冻水产品，可采用真空包装来延长其保质期。此外，真空包装且不带冰衣的包装方法，可以避免镀冰衣增重的问题。冷冻水产品的包装材料除满足一般食品的清洁卫生、无毒、无异味要求外，还应具有耐低温、耐冲击、耐穿刺、气密性好、透湿低等性能。

4）冻藏

为使生产出来的冷冻水产品长期保持其品质，应及时放入冷库中进行冻藏。冻藏温度对冻品品质影响极大，温度越低，温度波动越小，冻品品质越好，贮藏时间也越长。

考虑到设备的耐受性、经济性以及冻品所要求的保鲜期限，一般冷库的冻藏温度设置在 −30 ~ −18 ℃。

补充

在长期的冻藏过程中，细胞内的小冰晶体会逐渐消失，细胞外的冰晶体逐渐长大，粗大冰晶挤压细胞，造成细胞组织受到机械损伤，蛋白质变性，这种变化影响了蛋白质的水合性，影响了水产品肌肉细胞的吸水能力，解冻终了时还有一部分水残留在细胞外，使冻品不能完全恢复到原来的状态。

5.1.3　冷冻水产品加工技术

【实验实训 5.1】冻罗非鱼片加工

1）目的

熟悉冷冻水产品加工的工艺流程，掌握冻鱼片的加工技术。

2）材料及用具

活体罗非鱼、多聚磷酸盐、刀具、制冰机、臭氧水发生器、单冻机（单体快速冻结机）、磨板、塑料网筐、电子磅、金属探测器。

3）工艺流程

冻罗非鱼片加工工艺流程如图 5.2 所示。

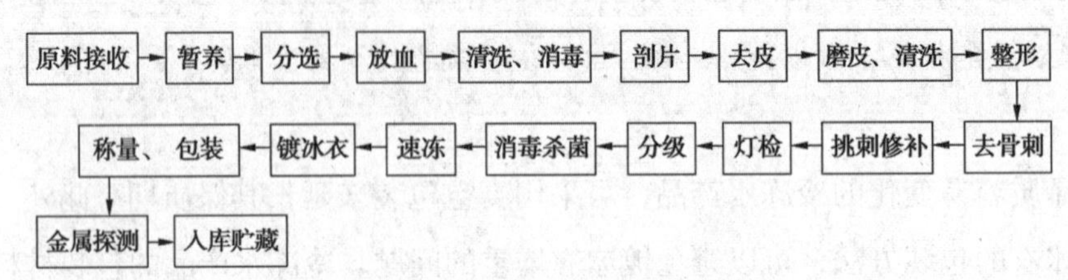

图 5.2　冻罗非鱼片加工工艺流程

4）操作要点

（1）原料接收

原料鱼应为清洁、无污染的活体罗非鱼。

（2）暂养

捕获后的罗非鱼应保活，并尽快送到加工厂进行暂养。暂养的鱼量按鱼水重量比例 1 ∶ 3 以上投放，投鱼后应及时调节水位。原料鱼在加工前应在暂养池中暂养 2 h 以上，在暂养过程应不断充氧和用循环水泵喷淋曝气。暂养池的水温应控制在 22 ℃以下，温度过高时应采取降温措施。

（3）分选

将经过暂养的鱼捞起，分拣出不宜加工的小规格鱼和已经死亡的鱼另行处理，将符合规格的鱼送往放血工序。

（4）放血

可用 5 ℃左右的冰水将鱼冻晕，再进行宰杀放血，从而减少鱼在宰杀时蹦跳和应激反应，这样提高了宰杀效率，也提高了鱼肉品质。

放血时，在操作台上用左手按紧鱼头，右手握尖刀在两边鱼鳃和鱼身之间的底腹部斜插切一刀至心脏位置，然后将鱼投入有流动水的放血槽中，并不时搅动让鱼血尽量流净，放血时间应控制在 20 ~ 40 min。

（5）清洗、消毒

放血后，用清水将鱼体冲洗干净，然后用 5 倍量的臭氧水（臭氧浓度高于 0.5 mg/L）对鱼体消毒 5 ~ 10 min，水温应控制在 15 ℃以下。

（6）剖片

采用手工剖片。双手戴上经消毒的手套，将鱼平放在案板上，一手按住鱼身，一手持刀在鱼尾部下刀紧贴鱼脊骨横向往鱼头方向切割至鱼鳃，将鱼身上的肉片切下，然后用同样的方法将另一面的鱼肉也切割下来。下刀要准确，避免切碎。

剖切下的鱼片应及时放在底部盛有碎冰的容器中，15 min之内在上面覆盖少量的碎冰，然后送往去皮工序。

（7）去皮

手工去皮时，应戴好手套，将鱼片皮面朝下，一手按住鱼片尾部，一手持刀在距离鱼片尾部1 ~ 2 cm处下刀切至鱼皮处，注意不要割破鱼皮，然后斜向切割将鱼皮从鱼片中分离出来。要掌握好刀片刃口的锋利程度，刀片太快易割断鱼皮，刀片太钝则剥皮困难。

（8）磨皮、清洗

去皮后的鱼片应及时放在底部盛有碎冰的容器中，上面覆盖少量的碎冰，然后进行磨皮。将去皮鱼片的一面放在磨板上，并一边滴放少量的水，用手轻压鱼片在磨板上回旋磨光，磨去白色或黑色的鱼皮残痕。将磨皮后的鱼片置于塑料网筐中，用低于15 ℃流水将鱼片上的血污冲洗干净。冲洗干净的鱼片应及时放在盛有碎冰的容器中，上面覆盖少量的碎冰，然后送到整形工序。

拓展

企业采用去皮机去皮，操作时用手拿住鱼片的尾部，将鱼片有皮的一面小心轻放在去皮机的刃口上，并注意鱼片的去皮方向。

（9）整形

去除鱼皮、鱼鳍、内膜、血斑、残脏等影响外观的多余部分，整形时应注意产品的出成率（即成品率）。

（10）去骨制

用刀切去鱼片前端中线处带有骨刺的肉块。

（11）挑刺修补

用手指轻摸鱼片切口处，挑出鱼片上残存的鱼刺，并对整形工序的遗漏部分进行修整。

（12）灯检

在灯检台上进行逐片灯光检查，挑拣出寄生虫，光照度应为1 500 Lx以上。

（13）分级

按鱼片重量的大小进行规格分级，在分级的同时去除不合格的鱼片。

（14）消毒杀菌

用5倍量的臭氧水（使用臭氧制水机制备臭氧水，臭氧浓度高于0.5 mg/L）对鱼片进行浸泡，消毒杀菌处理5 ~ 10 min，臭氧水温度应控制在5 ℃以下。

拓展

在分级工序之后、消毒杀菌操作工序之前，企业可根据客户的要求确定是否进行浸液漂洗，即用含有多聚磷酸盐等食品添加剂的溶液进行浸液漂洗。浸液漂洗的温度宜控制在5 ℃左右，超过5 ℃时需加冰降温，漂洗时间不宜超过10 min。

（15）速冻

采用单体快速冻结。冻结时，将罗非鱼片均匀、整齐地摆放在冻结输送带上，不宜过密或重叠。冻结前应先将冻结隧道的温度降至 -35 ℃以下，再放入鱼片，冻结过程中冻结室内温度应低于 -35 ℃，冻结时间宜控制在50 min以内，产品中心的冻结终温应低于 -18 ℃。

拓展

速冻食品内形成无数针状小冰晶，冰晶分布与原料中液态水的分布相近，不损伤细胞组织。当食品解冻时，冰晶融化的水分能迅速被细胞吸收而不产生明显的汁液流失。

（16）镀冰衣

用于镀冰衣的水应预冷至0 ~ 4 ℃，制成冰水备用。将冻罗非鱼片放入冰水中或用冰水喷淋3 ~ 5 s（时间超过5 s，冰衣反而难以挂上），使其表面包有适量而均匀透明的冰衣。

（17）称量、包装

用电子磅称重后进行内、外包装。

（18）金属探测

装箱前的冻品应用金属探测器进行金属成分探测。若探测到金属（如直径大于0.5 mm的金属块）应挑出另行处理。

（19）入库贮藏

产品经检验合格后，迅速送进冷库进行冻藏，冷库温度要控制在 -18 ℃以下。冷库温度波动应控制在3 ℃以内，产品不得与有毒、有害、有异味的物品混合存放。在进出货时，应做到先进先出。

5）质量评价

根据《冻罗非鱼片》（GB/T 21290—2018）的规定进行质量评价（表5.1）。

《冻罗非鱼片》

表5.1　冻罗非鱼片感官要求

项目		要求
冻品（解冻前）		冰衣或冰被均匀覆盖鱼片，无明显干耗和软化现象，单冻产品个体间应易于分离，真空包装产品包装袋无破损及漏气或涨气
解冻后	色泽	具有罗非鱼肉固有色泽，无干耗、变色现象
	形态	鱼片边缘整齐，允许冻鱼块边缘的鱼片肉质有稍微的松散，允许个别鱼片有缺失，缺失部分应小于鱼片的一半
	气味	气味正常，无异味
	肌肉组织	紧密有弹性
	杂质	允许略有少量的皮下膜、小血斑、小块的皮和长度小于5 mm的小鱼刺，无肉眼可见外来杂质
	寄生虫	不得检出

高级技术

水产品冷藏链（也称冷链）是以制冷技术为手段，使水产品从捕获后到消费者之间的所有环节，即从原料捕获、加工、运输、贮藏、流通、销售的整个过程中，始终保持在合适的低温条件（应建立全程温度监控的软件系统，实现全程冷链），以最大限度地保持水产品原有品质、减少损耗。任何一个环节的断链，都会造成整个冷链的失败。

根据贮藏温度不同，水产品冷藏链可分为冷却冷藏链（0 ~ 10 ℃）、冰温冷藏链（0 ℃以下至各自冻结点范围内）、冻结食品冷藏链（−25 ~ −18 ℃）及超低温冷藏链（−45 ℃以下）等。

拓展训练

解冻是使冻品融化恢复到冻前的新鲜状态，解冻的过程是冻品中的冰晶还原融解成水的过程，可看作冻结的逆过程。常用的解冻方法有空气解冻、水解冻（可分为静水解冻、流水解冻、淋水解冻和盐水解冻）、电阻加热解冻、组合解冻等。

解冻时，产品品质主要发生以下变化：

1）汁液流失

水产品（尤其是缓慢冻结的）解冻后，在冰晶融化的水溶液中含有大量的水溶性物质，如水溶性蛋白、维生素、盐类、酸类、生物碱等，这些成分就是所谓的汁液。汁液流失会引起水产品重量以及风味等方面的损失。

2）重量减少

除了汁液流失引起的重量减少外，解冻时空气的流通和水分的蒸发也会引起重量损失。

3）微生物、酶活力增强

随着温度的上升，微生物的繁殖和新陈代谢开始加速，酶的活力也开始加强，氧化反应和分解反应等速度增快，如处理不当会引起冻品的变质腐败。特别是大块冻品，当中心温度尚未达到冻结点时，外部已在高温下很长时间了，最易引发腐败。

4）冻品的复原性受到影响

解冻时，如果温度和速度等条件掌握不当，会使冻品复原性受到影响，即水分不能恢复到原来的状态，造成口感上的生硬、不鲜嫩。

思考练习

①减少冷冻水产品解冻时汁液流失的措施主要有哪些？

②在冻藏过程中，冷冻水产品的品质会出现哪些劣化？

③为什么家用冰箱中长期贮藏的鱼虾等水产品解冻时会流失很多汁液、干耗严重？

任务5.2　鱼糜制品加工技术

活动情景

鱼糜是原料鱼经采肉、漂洗、精滤、脱水等工序加工而成的糜状制品。刚加工出来的鱼糜称为新鲜鱼糜，其主要成分是肌原纤维蛋白，具有形成凝胶、能结合水和脂肪等功能特性，但新鲜鱼糜保质期短。

以鱼糜为主要原料，添加淀粉、调味料等加工成一定形状后，进行水煮、油炸、焙烤等处理而制成的具有一定弹性的水产食品，称为鱼糜制品，包括鱼丸、鱼糕、鱼豆腐、鱼面、烤鱼卷、鱼肉香肠、模拟蟹肉等。

传统的鱼糜制品主要为熟制品，保质期短，效率低，规模小，一般是在当地生产、当地销售。自从20世纪五六十年代日本水产研究人员以狭鳕鱼为原料研究开发出冷冻鱼糜加工技术以来，鱼糜制品开始工业化生产，产量也不断扩大。例如，有的沿海地区企业利用当地丰富的水产品资源，开发鱼豆腐产品（形态、口感类似豆腐干），同时借鉴市面上广为接受的豆腐干口味，开发各种口味鱼豆腐产品，开袋即食，受到消费者欢迎。

任务要求

理解冷冻鱼糜的加工原理，掌握鱼糜制品的生产工艺和质量评定。

技能训练

进行鱼糜制品（水发鱼丸）的加工。

5.2.1　冷冻鱼糜概述

新鲜鱼糜中的肌原纤维蛋白在冻藏过程中，容易发生冷冻变性而降低甚至丧失其功能特性，若将其与防止蛋白质冷冻变性的添加物（抗冻剂）混合、速冻后冻藏，即为冷冻鱼糜。冷冻鱼糜生产技术实质就是使鱼糜中蛋白质在冷藏过程中不致产生冷冻变性而影响鱼糜制品特性的生产技术。

目前所说的鱼糜，通常是指冷冻鱼糜。冷冻鱼糜一般加工成紧凑的块状，能方便和经济地运输、贮藏及处理。冷冻鱼糜按生产场所可分为海上加工与陆上加工。海上加工的冷冻鱼糜，无论在成本还是产品质量方面，均比陆上加工的要优越得多。

5.2.2　冷冻鱼糜的抗冻剂

冷冻鱼糜是以先冻结而后冻藏的方法进行长期贮藏的，但是鱼糜经过冻结和长期低温冻藏，组织中的水分形成冰晶，未被冻结的细胞液浓度得到浓缩，会使肌原纤维大部分破裂，蛋白质发生冷冻变性，失去鱼糜的特性。

能够减轻或防止鱼糜蛋白冷冻变性的物质称为抗冻剂。目前鱼糜加工业中常用的抗冻剂有蔗糖、山梨糖醇、多聚磷酸盐。冷冻鱼糜按添加物可分为无盐冷冻鱼糜和加盐冷冻鱼糜，前者在鱼肉中加入糖类和多聚磷酸盐，后者加入糖及食盐。两种方法的目的都在于提高鱼肉蛋白质的耐冻性。

5.2.3 冷冻鱼糜加工技术

【实验实训 5.2】冻淡水鱼糜加工

1）目的

熟悉冷冻鱼糜加工的工艺流程，掌握冻淡水鱼糜的加工技术。

2）材料及用具

鲜（或活）草鱼或鲢鱼、食盐、蔗糖、山梨糖醇、多聚磷酸盐、刀、采肉机、精滤机、离心机、斩拌机、平板冻结机、电子磅、金属探测器。

3）工艺流程

冻淡水鱼糜加工工艺流程如图 5.3 所示。

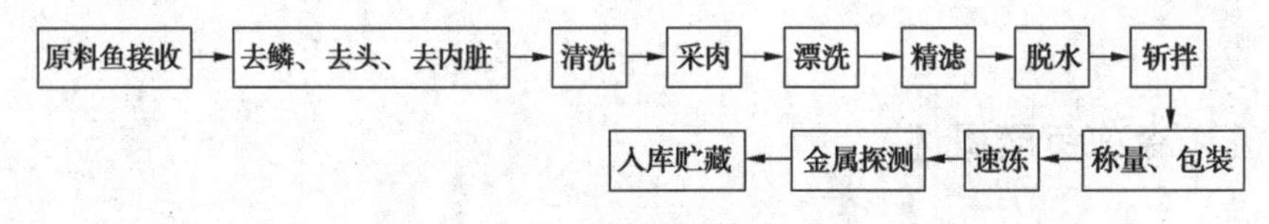

图 5.3 冻淡水鱼糜加工工艺流程

4）操作要点

（1）原料鱼接收

淡水鱼种类很多，草鱼、罗非鱼、鲫鱼、鲮鱼、鲢鱼、鳙鱼等均可作为冻淡水鱼糜的原料。要求鱼为鲜或活体，鱼体完整，色泽正常。

鱼的种类不同，其耐冻性有差异；相同的鱼类由于鲜度不同，制成的鱼糜质量也有很大的差距。生产冷冻鱼糜时，应尽可能使用处于僵硬期鲜度的原料鱼，处理前必须用冰或冰水冷却保鲜。

（2）去鳞、去头、去内脏

先将原料鱼清洗干净，然后采用机械或手工去鳞、去头、去内脏（这些操作的目的是除去不需要的部分，防止内脏的血污在采肉工序中带入）。

（3）清洗

用水冲洗腹腔内的残余内脏、污物和黑膜。清洗一般要重复 2 ~ 3 次，水温控制在 10 ℃以下。

特别要避免内脏残留物混入，因为内脏残留物中含有的高活性蛋白酶和脂酶，即使在低温贮藏过程中也不会完全丧失活性，而是继续产生作用，造成鱼糜品质下降。

（4）采肉

采肉是指将鱼体上的鱼肉分离出来，除掉骨、皮后净得鱼肉。家庭制作可采用人工采肉，就是用刀从鱼体上取下鱼肉块，人工剔除鱼刺，再用勺子或刀具刮取碎鱼肉（鱼肉蓉），操作中应避免鱼刺进入碎鱼肉中。

国内企业使用较多的是滚筒式采肉机（例如，有的滚筒式采肉机有两个滚筒，相对紧密转动，一个有网眼孔，一个没有，将鱼肉放入两个滚筒之间），采肉时，鱼肉被挤压穿过采肉机滚筒的网眼孔进入滚筒内部，而骨刺和鱼皮在滚筒表面，从而使鱼肉与骨刺和鱼皮分离。

采肉的质量决定采肉机滚筒上网眼孔径的选择和采肉的次数。采肉机滚筒上网眼孔径在 3 ~ 5 mm，可根据实际生产需要自由选择。此工序应注意处理好采肉率和产品品质的矛盾，过于追求采肉率，附于鱼皮的暗色肉、脂溶性色素等也混入鱼肉中，将会影响鱼糜的弹性和色泽，即影响产品的商品价值。

（5）漂洗

漂洗是指用水和水溶液对所采得的碎鱼肉进行洗涤。漂洗的目的：一是除去血液、尿素、色素、脂肪、水溶性蛋白、酶和一些含氮化合物，以改良鱼糜的色泽、气味及组织特性，提高制品的耐冻性能；二是浓缩肌原纤维蛋白，以提高肌原纤维蛋白的浓度，使鱼糜具有较高的凝胶形成能力。漂洗条件对鱼糜质量的影响非常大，实际生产中应根据鱼的种类、鲜度及组成等来选择合适的漂洗次数、漂洗时间、用水量及水的 pH 值、硬度、水温等。

本实验操作中，先采用清水漂洗，鱼肉与水的比例为 1 ∶ 8，慢速搅拌 5 min，再静置 3 min 使鱼肉沉淀，倒去表面漂洗液，再按上述方法加水漂洗 3 次；然后用浓度为 0.25% 的食盐水按上述方法漂洗 2 次；漂洗水温控制在 3 ~ 10 ℃。

漂洗可分为清水漂洗和碱盐水漂洗。鱼糜蛋白在 pH 值中性时稳定性最高，因此漂洗液的 pH 值依鱼的种类而定。以白肉鱼类（狭鳕、海鳗、黄鱼等）为原料加工的鱼糜，采用 pH 值中性的清水漂洗即可；以红肉鱼类（如鲐鱼、拟沙丁鱼等）为原料加工的鱼糜，由于其水溶性蛋白和脂肪含量高，一般采用碱盐水漂洗，即加入适量的碳酸氢钠调节 pH 值至中性，以促进水溶性蛋白和脂肪的溶出，提高鱼糜蛋白的低温稳定性。

（6）精滤

精滤是指靠机械的挤压，将鱼肉从筒内通过细网目中挤出，达到同鱼刺、鱼骨和细小的鱼皮等杂质分离的目的。在挤压过程中会产生大量的热，易使鱼肉蛋白质变性。脱水前，鱼肉伴有大量的水分，流动性强，易于挤压并把热量带走。因此，一般采用精滤在前、脱水在后的工艺流程。

本实验中，采用精滤机除去鱼糜中的细碎鱼皮、碎骨头等杂质，过滤网孔直径为0.5 ~ 0.8 mm。

（7）脱水

鱼糜精滤后采用离心机离心脱水，少量鱼肉可放在纱布袋里绞干脱水，在精滤、脱水过程中，鱼糜温度应保持在10 ℃以下。

（8）斩拌

将脱水后的鱼糜转入斩拌机，添加4%蔗糖、4%山梨糖醇、0.15%三聚磷酸钠、0.15%焦磷酸钠斩拌3 ~ 5 min，以便混合均匀。斩拌过程中鱼糜温度应控制在10 ℃以下。

（9）称量、包装

将混匀后的鱼糜用聚乙烯塑料袋进行定量包装，包装后的厚度为4 ~ 6 cm，包装时应尽量排除袋内的空气。

（10）速冻

使用平板冻结机将包装好的鱼糜冻结，冻结温度为 –35 ℃，使鱼糜中心温度在 –18 ℃以下。

（11）金属探测

装箱前的冻品应用金属探测器进行金属成分探测。若探测到金属应挑出另行处理。

（12）入库贮藏

产品经检验合格后迅速送进冷库冻藏，冷库温度要控制在 –18 ℃以下。冷冻鱼糜同鱼一样，贮藏温度越低且库温变化越小其品质越好。若要贮藏一年以上时，冷冻鱼糜的冻藏温度需要在 –20 ℃以下，尽量取 –25 ℃。

《冷冻鱼糜》

5）质量评价

根据《冷冻鱼糜》（GB/T 36187—2018）的规定进行质量评价（表5.2）。

表5.2　冷冻鱼糜感官要求

项目	要求
色泽	白色、类白色
形态	冻块完整，解冻后呈均匀柔滑的糜状
气味	具有鱼类特有的气味，无异味
杂质	无外来夹杂物

5.2.4　水发（煮）鱼丸加工技术

【实验实训 5.3】水发（煮）鱼丸加工

1）目的

熟悉鱼糜制品的工艺流程，掌握水发（煮）鱼丸的加工技术。

2）材料及用具

冷冻鱼糜、玉米淀粉、食盐、猪油、鸡蛋清、味精、生姜、斩拌机、制冰机、夹层锅、电子磅、塑料盆、不锈钢托盘等。

3）工艺流程

水发（煮）鱼丸加工工艺流程如图 5.4 所示。

冷冻鱼糜半解冻 → 擂溃 → 成型 → 煮制、冷却 → 称量、包装 → 成品

图 5.4　水发（煮）鱼丸加工工艺流程

4）操作要点

（1）冷冻鱼糜半解冻

将冷冻鱼糜置于室温下作半解冻处理，或将冷冻鱼糜先切小块，再用斩拌机斩拌解冻，在解冻处理过程中注意卫生并防止异物混入。

制作鱼丸也可采用新鲜鱼类作原料，海水鱼一般选用白色肉鱼类，如白姑鱼、梅童鱼、海鳗、鲨鱼和乌贼等，淡水鱼类可选用鲢鱼、鳙鱼、青鱼、草鱼等。

（2）擂溃

将半解冻的鱼糜放入斩拌机内，先空擂 5 ~ 10 min；然后盐擂，将 2.6% 的食盐加入鱼糜中斩拌 10 ~ 20 min，使鱼肉变成很黏稠的溶胶；再进行调味擂，即加入鱼肉量 10% 的玉米淀粉、0.2% 的味精、0.3% 的生姜、10% 的猪油、10% 的鸡蛋清，斩拌 3 ~ 5 min 使之充分混匀。

在擂溃过程中，分次加入适量的清水，擂溃至所需要的黏稠度。为保持鱼糜的温度在 10 ℃以下，可用碎冰或冰水替代清水。

（3）成型

用鱼丸成型机（以下简称“鱼丸机”）或手工成型。有的鱼丸机还可包馅，减轻了工人的劳动强度，减少了人手的接触，保证了食品卫生。

手工成型操作时，一手攥鱼糜从虎口处挤出鱼丸，一手用汤匙刮起成圆，投入冷水中。手工操作时动作要快。成型后的鱼丸也可直接放入 40 ℃左右的温水中保持 20 ~ 40

min，使其收缩定型。

（4）煮制、冷却

成型后的鱼丸投入沸水中加热进行熟化，使鱼丸的中心温度达到75 ℃以上，待鱼丸全部浮起时捞出（20 min左右），立即放于0 ~ 4 ℃的冰水中冷却至中心温度8 ℃以下。

（5）称量、包装

将冷却后的鱼丸称量后真空包装或装入塑料袋并立即封口。鱼丸包装好后既可及时装运销售，也可立即速冻后冻藏。

5）质量评价

《冻鱼糜制品》

根据《冻鱼糜制品》（GB/ T 41233—2022）的规定进行质量评价（表5.3）。

表5.3 冻鱼糜制品感官要求

项目	要求
外观	产品形状良好，个体大小均匀、完整，较饱满，无解冻软化、粘连
色泽	应具有该产品正常的色泽
组织	组织致密，弹性好
气味及滋味	具有该产品固有气味及滋味，无异味
杂质	无外来夹杂物

高级技术

1）擂溃

擂溃是指破坏鱼类的肌肉组织。擂溃是鱼糜制品生产中很重要的工序，一般分为空擂、盐擂和调味擂三个阶段。空擂是直接将新鲜鱼糜或半解冻的冷冻鱼糜放入斩拌机内斩拌，进一步破坏鱼肉组织。空擂几分钟后，再加入鱼肉量1% ~ 3%的食盐继续擂溃15 ~ 20 min，使鱼肉中的盐溶性蛋白充分溶出变成黏性很强的溶胶，此过程称为盐擂。然后再加入调味料和辅料等与鱼肉充分搅拌均匀，此过程称为调味擂。

擂溃的时间和温度会显著影响鱼糜制品的凝胶能力。擂溃不充分，则鱼糜中的肌原纤维蛋白溶解不充分，即鱼糜黏性不足，加热后制品的弹性就差；但是过度的擂溃，会因鱼糜温度的升高易使蛋白质变性而失去亲水能力，也会引起制品弹性下降。

在实际生产中，常根据鱼糜产生较强的黏性为准，根据原料性质及擂溃条件的不同将擂溃时间一般控制在20 ~ 30 min。为了防止擂溃过程中鱼糜蛋白质的变性，擂溃温度一般控制在 0 ~ 10 ℃，可适当加冰或间歇擂溃以降低鱼肉温度。否则，温度升高容易造成鱼糜蛋白质变性而影响最终制品的弹性。

2）蛋白质凝胶化

凝胶化现象是指肌动球蛋白受热后，其高级结构发生松散，分子间产生架桥形成三维网状结构，由于热的作用，三维网状结构中的自由水被封锁在网目不能流动，从而形成了具有弹性的凝胶状物。

在鱼肉中加入 2% ~ 3% 的食盐进行擂溃，能形成非常黏稠的肉糊。这主要是构成肌原纤维中的 F- 肌动蛋白与肌球蛋白（皆属于盐溶性蛋白）因食盐的盐溶作用而溶解，二者结合形成肌动球蛋白的缘故。一般而言，盐溶性蛋白含量越高，加工的鱼丸弹性、韧性越好。相比淡水鱼，海水鱼普遍所含盐溶性蛋白含量高，其加工的鱼丸弹性更好。这种肉糊（即肌动球蛋白溶胶）非常容易凝胶化，即使在 10 ℃以下的低温下也能缓慢进行，而在 50 ℃以上的高温下，会很快失去其塑性变为富有弹性的凝胶。

拓展

擂溃成型后的鱼糜一般在 0 ~ 40 ℃放置一定时间（可促进凝胶化的进行），再煮沸进行高温加热（迅速通过 60 ℃附近，防止凝胶劣化），这比单纯的高温加热更能增加鱼糜制品的弹性和保水性。国内把这个低温放置过程叫作凝胶化阶段或静置，同时把这种加热方式叫作二段加热。

3）凝胶劣化

凝胶劣化是指在凝胶化温度带（50 ℃以下）中已形成的凝胶结构，在 70 ℃以下的温度带中逐渐劣化、崩溃的一种现象。在 60 ℃附近最易发生，即使在 50 ℃以下，如放置时间长也同样会发生。

总之，从鱼糜到凝胶包含两种反应：一种是通过 50 ℃以下的温度带时所进行的凝胶结构形成的反应，称为凝胶化；另一种是以 60 ℃为中心的 50 ~ 70 ℃温度带所发生的凝胶结构劣化的反应，称为凝胶劣化。

思考练习

①生产鱼糜制品时添加淀粉有什么作用？

②我国企业生产的冷冻鱼糜为什么多数以杂鱼糜为主？

任务 5.3　水产罐头加工技术

活动情景

前面分别介绍了冷冻水产品、鱼糜制品的加工技术,本任务介绍水产罐头的加工技术。

任务要求

掌握水产罐头加工原理和生产工艺。

技能训练

学生通过查阅文献，能自行设计具体水产罐头的工艺流程和操作要点。

5.3.1　水产罐头分类

水产罐头是指水产原料经处理、装罐、密封、杀菌后达到商业无菌，在常温下能长期保存的食品，食用方便。

水产罐头按加工及调味方法不同，可分为以下三类：

1）油浸（熏制）类水产罐头

油浸（熏制）类水产罐头是将处理过的原料预煮（或熏制）后装罐，再加入精炼植物油等工序制成的罐头产品。例如,油浸鲭鱼罐头、油浸烟熏鳗鱼罐头、油浸金枪鱼罐头等。

例如，10 kg 以上的大金枪鱼，个头大，适合做生鱼片，价格贵，适合餐饮企业；而 10 kg 以下的小金枪鱼，个头小，价格便宜，适合食品企业加工成金枪鱼罐头。此类罐头常通过电商平台进行销售，美味实惠，受到消费者欢迎。

2）调味类水产罐头

调味类水产罐头是将处理好的原料盐渍脱水（或油炸）后装罐，加入调味料等制成的罐头产品。例如，豆豉鲮鱼罐头、红烧鲍鱼罐头（与干鲍鱼相比，方便直接食用）、茄汁鲭鱼罐头（加入番茄汁）、葱烧鲫鱼罐头等。

例如，鲮鱼是一种淡水鱼，个小、刺多，虽然蒸煮食用味道鲜美，但是处理和食用比较麻烦，而经过油炸、高温杀菌制成豆豉鲮鱼罐头后，鱼刺变得酥脆（甚至可以直接食用），解决了鲮鱼鱼刺多而不便于食用的问题。

3）清蒸类水产罐头

清蒸类水产罐头是将处理好的原料经预煮脱水（或在柠檬酸水中浸渍）后装罐，再加入食盐、味精而制成的罐头食品。例如，清蒸对虾罐头、清蒸蟹罐头、原汁贻贝罐头等。

5.3.2　豆豉鲮鱼罐头加工

【实验实训 5.4】豆豉鲮鱼罐头加工

1）目的

掌握豆豉鲮鱼罐头的加工工艺，理解豆豉鲮鱼罐头加工的原理。

2）材料及用具

鲜活鲮鱼、食盐、食用油、酱油、蔗糖、味精、丁香、桂皮、沙姜、甘草、八角茴香、分选机、不锈钢刀、不锈钢盆、电子秤、夹层锅、油炸锅、真空封罐机、高压杀菌锅等。

3）工艺流程

豆豉鲮鱼罐头加工工艺流程如图 5.5 所示。

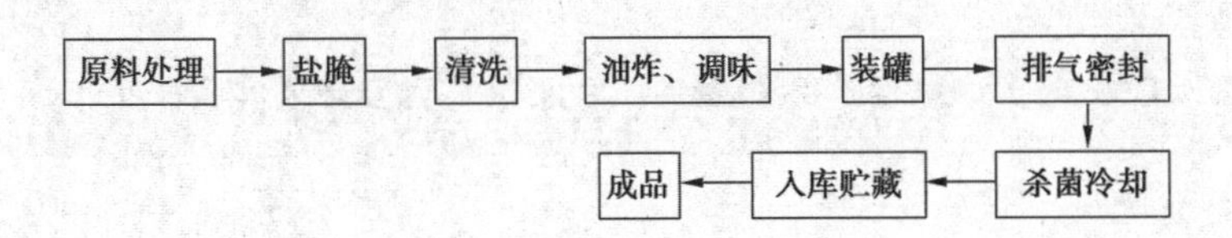

图 5.5　豆豉鲮鱼罐头加工工艺流程

4）操作要点

（1）原料处理

使用鲜鱼分选机，将鲜活鲮鱼按大小分成大、中、小三级。将鲜活鲮鱼去头、去内脏、去鳞、去鳍，用刀在鱼体两侧肉层厚处划 2 ~ 3 mm 深的线。

（2）盐腌

采用干腌法腌制，用盐量约为鱼重量的 5%，时间不宜超过 12 h，温度不宜超过 10 ℃。

（3）清洗

取出腌制好的鱼，避免鱼在盐水中长时间浸泡，用清水逐条洗净，刮净腹腔黑膜，沥干。

（4）油炸、调味

将鲮鱼投入 170 ~ 175 ℃的油中炸至鱼体呈浅茶褐色，以炸透而不过干为准，捞出沥油后，将鲮鱼放入 65 ~ 75 ℃调味汁（调味汁预先配制好）中浸泡 40 s，捞出沥干。

调味汁的配制：将79.5%香料水、7.9%酱油、12.4%蔗糖、0.2%味精溶解后过滤，总量调节至初始重量备用。其中，香料水的配制：将1.6%丁香、1.2%桂皮、1.2%沙姜、1.2%甘草、1.6%八角茴香、93.2%水放入夹层锅中，微沸熬煮约4 h，去渣，备用。

（5）装罐

将罐头容器（通常为马口铁罐，且为两片罐）清洗消毒后，按要求进行装罐。将豆豉去杂质后水洗一次，沥水后装入罐底（与后续加入的植物油接触，高温杀菌中使得豆豉的风味能更好地溶出），然后装入油炸好的鲮鱼。鱼体大小要均匀，排列整齐，最后加入精制植物油，罐头净含量为227 g的加油5 g。

罐装的鲮鱼有条装和段装两种形式，一般条装用的鲮鱼每条重0.11 ~ 0.19 kg，段装用的鲮鱼每条重0.19 kg以上。

（6）排气密封

采用热力排气，热力排气罐头中心温度达80 ℃以上，趁热密封。采用真空封罐时，真空度为0.047 ~ 0.05 MPa（成品罐头中真空度应达到0.02 MPa以上）。

封罐后，用中性或低碱性洗涤剂清洗附着在罐外的污物，再用清水冲洗干净。将洗净的罐头装入杀菌笼中，推入卧式高压杀菌锅中，准备杀菌。

拓展

市面上还出现了调味水产品软罐头，方便携带，可开袋即食。

（7）杀菌冷却

杀菌公式：

$$\frac{10\ \text{min} - 60\ \text{min} - 15\ \text{min}}{115\ ℃}$$

将杀菌后的罐头冷却至40 ℃左右，用洗涤剂清洗罐头表面，取出擦罐入库。

《鲮鱼罐头质量通则》

5）质量评价

根据《鲮鱼罐头质量通则》（GB/T 24402—2021）的规定（优级品）进行质量评价（表5.4）。

表5.4 鲮鱼罐头感官要求（优级品）

项目	要求
色泽	具有该类别鲮鱼罐头应有的色泽
滋味、气味	具有该类别鲮鱼罐头应有的滋味和气味，不得有异味

续表

项目	要求
组织形态	鱼组织质地紧密，软硬及油炸适度 条装：鱼体排列整齐，大小较均匀，允许添称小块，添称用碎鱼块不超过净含量的10% 段装：鱼体各部位搭配、块型大小较均匀，添称用碎鱼块不超过净含量的10%
杂质	无外来杂质

高级技术

水产罐头食品常会出现胖听、平酸败坏、黑变或硫臭腐败和发霉等现象。杀菌不足、罐头裂漏或杀菌前污染严重等是造成罐头食品出现腐败变质的主要原因。

①胖听是由于罐头内微生物活动或化学作用产生气体，形成正压，使一端或两端外凸的现象。

②平酸败坏是指由于平酸菌的活动，造成罐头食品外观正常，内容物变质，呈轻微或严重酸味，pH值可能下降0.1～0.3的一种现象。

③黑变或硫臭腐败现象在杀菌严重不足时才会出现，指在细菌的活动下，含硫蛋白质分解并产生硫化氢气体，与金属罐内壁铁发生反应生成黑色硫化物，沉积于罐内壁或食品上，以致食品发黑且有臭味。

思考练习

①为什么水产罐头采用100 ℃以上的高温杀菌？

②采用抗硫涂料（或抗酸涂料）处理马口铁罐，如何找出没有涂料覆盖的部位（漏铁点）？

项目 6 饮料加工技术

★项目描述

饮料也称饮品，是经过定量包装的，供直接饮用或按一定比例用水冲调或冲泡饮用的，乙醇含量（质量分数）不超过 0.5% 的制品。包括包装饮用水、果蔬汁类及其饮料、蛋白饮料、碳酸饮料、特殊用途饮料（如运动饮料、营养素饮料）、风味饮料（如茶味饮料、果味饮料）、茶（类）饮料、咖啡（类）饮料、植物饮料（如谷物饮料、草本饮料）、固体饮料等。

我国饮料工业发展趋势是积极发展具有资源优势的饮料产品；鼓励发展低热量饮料、健康营养饮料、冷藏果汁饮料、活菌型含乳饮料；规范发展特殊用途饮料和桶装饮用水，支持矿泉水企业生产规模化；大力发展茶饮料、果汁及果汁饮料、咖啡饮料、蔬菜汁饮料、植物蛋白饮料和谷物饮料。

本项目主要介绍包装饮用水、蛋白饮料、茶饮料等，重点讲解这些产品的加工原理、工艺流程、操作要点、实例实训。

学习目标

◎了解包装饮用水、蛋白饮料、茶饮料的概念和分类。

◎理解包装饮用水、蛋白饮料、茶饮料的加工原理。

◎掌握蛋白饮料、茶饮料加工的工艺流程、操作要点及注意事项。

能力目标

◎能按照工艺流程的要求完成蛋白饮料、茶饮料的加工。

教学提示

教师应提前从网上下载相关视频，结合视频辅助教学，包括包装饮用水、蛋白饮料、茶饮料等加工视频。可根据实际情况开设蛋白饮料加工等实验。

任务6.1 包装饮用水加工技术

活动情景

包装饮用水是指密封于符合食品安全标准和相关规定的包装容器中，可供直接饮用的水，包括饮用纯净水、其他饮用水等。其中，饮用纯净水是以生活饮用水为原水，通过反渗透或蒸馏等深度净化制得的，可直接饮用的水。

我国包装饮用水工业起步较晚，但随着人们生活水平的提高，消费观念不断改变，包装饮用水越来越受到消费者的欢迎，成为我国饮料行业中生产量最大的产品。

任务要求

掌握饮用纯净水的水处理技术（反渗透、离子交换、臭氧消毒等）。

技能训练

掌握饮用纯净水的水处理技术和操作要点。

6.1.1 饮用纯净水的生产用水

饮用纯净水的原水一般是城市自来水，应符合《生活饮用水卫生标准》（GB 5749—2022）的要求，同时生产企业也需要对原水进行离子交换、反渗透等处理，如水中的溶解盐会影响饮料的风味，必须除去。

6.1.2 饮用纯净水的水处理技术

1）水的过滤

原水通过粒状介质层时,其中一些悬浮物和胶体物质被截留在孔隙中或介质表面上，这种通过粒状介质层分离不溶性杂质的方法，称为过滤。

（1）池式过滤

池式过滤主要是指将过滤介质（如石英砂、活性炭）填于池中的过滤形式，适合于用水量较大且含有较多有机物杂质的原水处理。

常见的过滤介质有细砂、石英砂、活性炭等。常见的单层滤池结构（由上至下）为细砂、粗砂、砂石层、小卵石、大卵石。

滤池经过一定时间的水处理后，过滤介质吸附聚集了较多杂质，使得滤池过滤能力下降，达不到水处理的目的，此时滤池应进行清洗，以除去滤层中所吸附的杂质。清洗的方法是用水反冲（反洗）或反冲时通压缩空气，并结合用高压清水冲洗表面。

补充

果壳活性炭主要以果壳（椰子壳、核桃壳、杏核壳等）为原料，经炭化、活化、精制加工而成（比表面积大、孔隙发达），能有效吸附水中的游离氯、酚、硫、油、农药残留物和其他有机污染等。

（2）砂滤棒过滤器

当用水量较少，原水中只含少量有机物、细菌及其他杂质时，可采用砂滤棒过滤器。

砂滤棒过滤器主要是利用多孔陶瓷滤棒的作用来进行水处理（图 6.1、图 6.2）。砂滤棒过滤器外壳是用铝合金铸成锅形的密封容器，分上下两层，中间以隔板隔开，隔板下为待滤水（进水），隔板上为砂滤水（出水），容器内安装一根至数十根砂滤棒。

图 6.1　砂滤棒过滤器

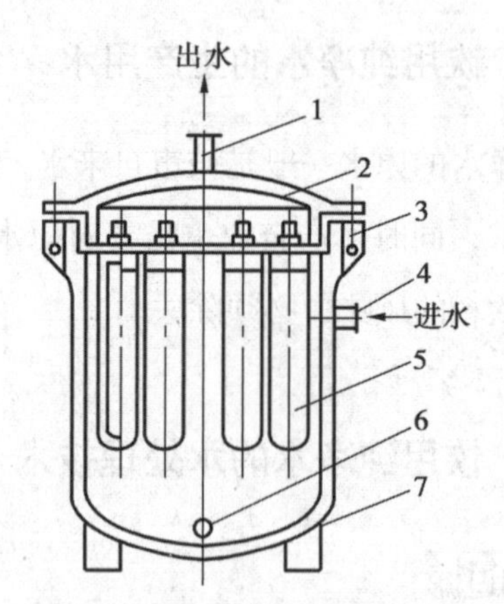

图 6.2　砂滤棒过滤器工作示意图
1—净水出口；2—上盖；3—隔板；4—原水进口；
5—砂滤棒；6—排污口；7—器身

水处理时，水在外压下通过砂滤棒的微孔（滤孔直径为 0.002 ~ 0.004 mm），水中存在的少量细微杂质及微生物被微孔吸附截留在砂滤棒上，经过滤的水基本达到无菌。

2）水的软化

（1）离子交换法

离子交换法是利用离子交换树脂交换离子的能力，按水处理的要求将原水中不需要的离子通过交换而暂时占有，使水得到软化的水处理方法。

补充

离子交换树脂是一种由有机分子单体聚合而成的，具有三维网状结构的多孔海绵状不溶性高分子化合物，通常是球形颗粒物。它分为阳离子交换树脂和阴离子交换树脂。

离子交换树脂软化水的原理：树脂吸水膨胀后，离子交换树脂能够与水中的离子进行交换，当水通过一个阳离子树脂交换柱时，水中溶解的阳离子被阳离子树脂吸附（释放 H^+ 离子），之后水再通过一个阴离子树脂交换柱，水中溶解的阴离子被阴离子交换树脂吸附（释放 OH^- 离子），离子交换树脂中的 H^+ 离子和 OH^- 离子进入水中，从而达到水质软化的目的。

离子交换法软化水的过程也是脱盐过程，即将水中的钙、镁等阳离子脱除，同时将碳酸盐、硫酸盐等阴离子脱除，从而脱除氯化钙、氯化镁、硫酸钙等盐类物质。

$RSO_3\text{-}H+Na^+ \rightarrow RSO_3\text{-}Na+H^+$（水中阳离子与阳离子树脂上的 H^+ 离子进行交换）

$R{=}N\text{-}OH+Cl^- \rightarrow R{=}N\text{-}Cl+OH^-$（水中阴离子与阴离子树脂上的 OH^- 离子进行交换）

补充

对于酸度高的果汁（橙汁、沙棘汁、山楂汁等），可采用阴离子交换树脂进行脱酸（降酸）处理，改善果汁的口感。需要实验筛选出适合的树脂种类和脱酸条件。

（2）反渗透法

反渗透（Reverse Osmosis，RO）是从20世纪50年代发展起来的新型膜分离技术，最早应用于海水淡化。这是因为很多沿海城市、岛屿缺乏淡水资源，而海水含盐量高，不宜直接饮用，需要以海水为原料，通过蒸馏法或反渗透法制备饮用水，而反渗透法相比蒸馏法更加节省能源。反渗透技术的成功应用，主要靠反渗透膜（一种半透膜）。

补充

反渗透膜的孔径很小（纳米级），只能让溶液中的溶剂单独通过而不让溶质通过，即水分子可以通过反渗透膜，同时有效截留所有溶解盐分及分子量大于 100 的有机物。

反渗透法原理（图 6.3）：当用半透膜（如反渗透膜）隔开两种不同浓度的溶液时，稀溶液中的溶剂（如水）就会透过半透膜进入浓溶液（如海水）一侧，这种现象称为渗透。由于渗透作用，溶液的两侧在平衡后会形成液面的高度差，由这种高度差所产生的压力称为渗透压。

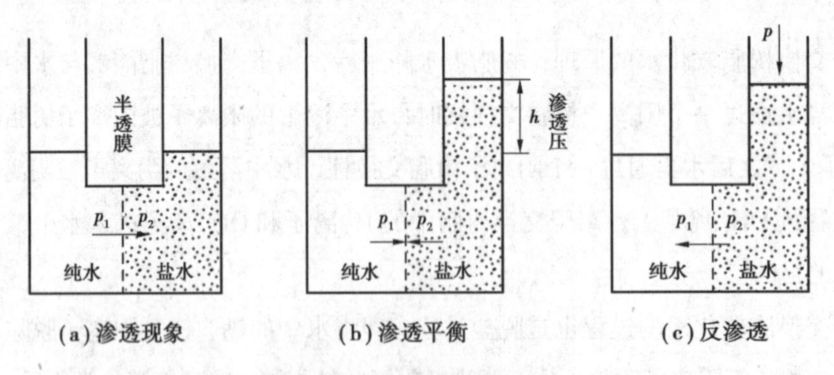

图 6.3　渗透与反渗透原理

如果在浓溶液（如海水）一侧施加一个大于渗透压的压力时，溶剂（如水）就会由浓溶液一侧通过半透膜进入稀溶液中，这种现象称为反渗透。反渗透作用的结果是使浓溶液变得更浓，稀溶液变得更稀，最终达到脱盐目的。不同种类膜的透水量和脱盐性能如表 6.1 所示。

表 6.1　不同种类膜的透水量和脱盐性能

膜种类	测试条件	透水量 / [$m^3 \cdot (m^2 \cdot d)^{-1}$]	脱盐率 / %
醋酸丁酸纤维素膜	海水（10.13 MPa）	0.48	99.4
醋酸甲基丙烯酸纤维素膜	3.5%NaCl（10.13 MPa）	0.33	99.7
醋酸丙酸纤维素膜	3.5%NaCl（10.13 MPa）	0.48	99.5
芳香聚酰胺膜	3.5%NaCl（10.13 MPa）	0.64	99.5
磺化聚苯醚膜	苦咸水（7.60 MPa）	1.15	98

为了生产高质量的饮料（果蔬汁饮料、豆奶饮料等），企业往往使用纯净水生产机组（简称纯水机组）制备饮料生产用纯净水（以自来水为生产原水）。其工作原理如下：自来

水经预处理后，经过滤芯式保安过滤器（一般孔径小于 10 μm，防止预处理中未能完全去除或新产生的悬浮颗粒进入反渗透系统，保护高压泵和反渗透膜）后进入反渗透机组；进水被高压泵升压达到反渗透所需要的工作压力，然后输送入装有反渗透膜组件的压力容器内；水被反渗透膜分离，在压力容器内形成两股水流，其一是近于无盐的纯净水，其二是盐分和其他杂质都受到浓缩的浓水（含有杂质的废水）。浓水的一部分减压回流至高压泵进水口，另一部分由调节水阀进行调节，经流量计测量后排放到地沟。经检验最终得到的纯净水的电导率≤ 10 μS/cm（25 ℃）。

补充

电导率是电阻率的倒数，衡量物质导电能力的大小。水的电导率是衡量水质的一个重要指标，它能反映出水中存在的电解质的程度，通常表示水的纯净度。

目前，家庭或社区纯净水机（直饮机）是以自来水为原水，在反渗透法制备纯净水的过程中，会产生大量的浓水，如制备 1 kg 纯净水的同时会排出 2 ~ 3 kg 浓水。而这些浓水往往被直接排放到下水道，造成浪费，是值得关注的问题。应采取措施，将这些浓水回收用作其他用途。

3）水的消毒

在水的前期处理过程中，大部分微生物随同悬浮物、胶体等被除去，但仍有部分微生物存在于水中，为确保食品安全，还应对水进行消毒。

《生活饮用水卫生标准》

生活饮用水通常采用水中加入氯气进行消毒的方法。一般认为氯气的消毒作用主要在于氯气溶解于水时生成的次氯酸。根据《生活饮用水卫生标准》（GB 5749—2022）的规定，管网末梢水中游离氯（Cl^-）≥ 0.05 mg/L。这些余氯可以保持水在加氯后有持久的杀菌能力，防止水中残存和外界侵入的微生物生长繁殖，尤其是生活饮用水需要经过漫长的管道输送到居民家中，且高层建筑需要用到水箱储存再增压后输送到居民家中，这些环节都容易引起微生物繁殖而产生安全隐患。但余氯含量高，会使得水质口感降低，产生氯臭（类似漂白粉味道）。

《食品安全国家标准 包装饮用水》

而根据《食品安全国家标准　包装饮用水》（GB 19298—2014）的规定，在饮用纯净水生产中，为了防止余氯产生氯臭，要求余氯（游离氯）≤ 0.05 mg/L 。因此，在饮用纯净水加工中，一般不使用氯消毒，而是使用活性炭吸附等方法除去余氯。

（1）紫外线消毒

经紫外线照射后，微生物的蛋白质和核酸吸收紫外线光谱能量，使微生物细胞内核酸的结构发生裂变和蛋白质变性，最终导致微生物的死亡。

补充

目前，紫外线消毒装置多由可发射波长为 253.7 nm 的紫外线的低压汞灯和紫外线透过率为 90% 以上、污染系数小、耐高温的石英套管等组成。

（2）臭氧消毒

臭氧是氧的一种变体，性质很不稳定，虽比氧气易溶于水，但溶解度仍较小，在水中易分解成氧气和氧原子。氧原子很活泼，具有很强的氧化能力，能使水中的细菌及其他微生物的酶等发生氧化反应。由于臭氧的不稳定性，通常随时制取并当场使用。在大多数情况下，均利用干燥的空气或氧气进行高压放电来制备臭氧。

我国现已广泛将臭氧消毒用于饮用纯净水、饮用矿泉水的消毒杀菌。此外，家庭购买的消毒柜往往也有一层是采用臭氧消毒，适合给塑料或木制碗筷等消毒（这类物品不适合消毒柜的 170 ℃高温消毒）。

臭氧是很强的杀菌剂，杀菌后水中的残余臭氧能在 24 h 内保持水的杀菌状态。与氯消毒不同，残余臭氧经一段时间后会自行转变成普通的氧（即持续性不如余氯），不必用活性炭去除。另外，臭氧还可同时去除水色、某些气味等。

高级技术

离子树脂交换柱使用一段时间后，柱子从上到下会产生黑圈现象，表现为柱子的交换能力下降，处理后的水电导率升高，当黑圈充满整个交换柱时，水质已达不到要求，必须对离子树脂交换柱进行再生。

再生是对离子树脂交换柱的还原，其原理是水处理的逆反应。通常，阳离子交换树脂用树脂重量 2 ~ 3 倍的浓度为 5% ~ 7% 的盐酸溶液浸泡 8 ~ 10 h，然后用去离子水洗至 pH 3.0 ~ 4.0，使树脂重新转变为 H^+ 型。而阴离子交换树脂用 2 ~ 3 倍的浓度为 5% ~ 8% 的氢氧化钠溶液浸泡 8 ~ 10 h，然后用去离子水洗至 pH 8.0 ~ 9.0，使树脂重新转变为 OH^- 型。

拓展训练

在自来水、纯净水的检测中，可以用TDS笔测定其TDS值，以快速、初步地确定水质情况。

TDS值也称溶解性总固体、溶解性固体总量，单位为mg/L，它表示1 L水中溶有多少毫克溶解性固体（1 mg/L=1 ppm）。我国生活饮用水的TDS值≤1 000 mg/L。TDS值测量原理是测量水的电导率。TDS值越高，表示水的电导率越大，也说明水中含有的溶解物越多。

TDS笔的使用方法：打开TDS笔探针盖，按下ON/OFF按钮，待液晶屏显示后，将TDS笔插入被测水中，待数值稳定后，按下HOLD按钮，拿出TDS笔读取数值方可。测试完毕后，用干纸将TDS笔探针擦拭干净。例如，TDS笔显示"100"，代表溶于水中的物质含量正离子或负离子总数为100 ppm（公差为±5 ppm），数字越高，表示水中的物质越多。一般而言，反渗透处理的水其TDS值在30 ppm以下。

思考练习

①为什么要对饮用水进行处理？

②为什么电导率是检测纯净水纯度的主要指标？

③为什么饮用纯净水臭氧灭菌后要立即灌装？

④除了在海岛上发挥作用，反渗透膜法海水淡化设备（纯净水机）还可以在远洋船舶上使用。例如，在远洋渔船上搭载小型的海水淡化设备，解决了淡水不够的问题。谈谈日常生活工作中，哪些场合在使用反渗透膜法纯净水机。

任务6.2　蛋白饮料加工技术

活动情景

蛋白饮料是以乳或乳制品，或其他动物来源的可食用蛋白，或含有一定蛋白质的植物果实、种子或种仁等为原料，添加或不添加其他食品原辅料和（或）食品添加剂，经加工或发酵制成的液体饮料。市场上销售的维维豆奶、豆本豆豆奶就属于蛋白饮料。

蛋白饮料分为含乳饮料、植物蛋白饮料和复合蛋白饮料三大类。其中：

含乳饮料包括配制型含乳饮料、发酵型含乳饮料、乳酸菌饮料等。例如，配制型含乳饮料是以乳或乳制品为原料，加入水，以及食糖和（或）甜味剂、酸味剂、果汁、茶、咖啡、植物提取液等的一种或几种调制而成的饮料。配制型含乳饮料中的乳蛋白质含量应大于1.0 g/100 g。市场上的营养快线属于配制型含乳饮料。

植物蛋白饮料是用有一定蛋白质含量的植物果实、种子或核果类、坚果类果仁等为原料,经加工制得的浆液中加水或其他食品配料制成的饮料。成品蛋白质含量不低于0.5%。可分为豆乳类饮料、椰子乳（汁）饮料、杏仁乳（露）饮料、其他植物蛋白饮料。

复合蛋白饮料是以乳或乳制品和不同的植物蛋白为主要原料，经加工或发酵制成的饮料。有的企业倡导这类饮料为双蛋白（动物蛋白、植物蛋白），营养价值高。

任务要求

掌握豆乳饮料加工工艺。

技能训练

开展豆乳饮料的加工；学会正确使用乳化剂和增稠剂。

6.2.1　蛋白饮料体系

蛋白饮料是一种富含脂肪的蛋白质胶体，是一个复杂的热力学不稳定体系。它既有蛋白质形成的胶体溶液，又有乳化脂肪形成的乳浊液，还有蔗糖等形成的真溶液。因此，蛋白饮料的关键质量问题是在蛋白饮料生产、流通等过程中常常出现絮凝、分层、沉淀等问题。

影响蛋白饮料稳定性的因素很多，主要有蛋白质浓度、粒子大小、pH值、电解质、温度等。例如，大豆蛋白的等电点为4.5左右，核桃蛋白的等电点为5.0左右。为了保证植物蛋白饮料的稳定性，应使溶液的pH值远离该植物蛋白的等电点。在实际生产中，常用碳酸氢钠、磷酸盐等碱性调节剂和柠檬酸、苹果酸等酸性调节剂来调节溶液的pH值。

6.2.2　增稠剂的使用

增稠剂是指通过提高食品黏稠度，以提高食品体系稳定性的食品添加剂。其中天然增稠剂如淀粉、果胶、琼脂、明胶、酪蛋白、黄原胶、环状糊精、瓜尔豆胶、海藻酸钠等。合成增稠剂主要有羧甲基纤维素钠、藻酸丙二醇酯、变性淀粉等。

增稠剂溶解较慢，且不宜用热水直接溶解。可将白糖与耐酸羧甲基纤维素钠等先干混后，再加水搅拌均匀，有利于避免耐酸羧甲基纤维素钠相互黏附结团，给后处理造成困难。

6.2.3　乳化剂的使用

乳化剂是指能改善乳化体中各种构成相之间的表面张力，形成均匀乳化体的物质。乳化剂由亲水和疏水（亲油）部分组成，由于具有亲水和亲油的“两亲”特性，能降低油与水的表面张力，能使油与水“互溶”。

用于蛋白饮料的乳化剂包括单硬脂酸甘油酯（也称单甘酯）、蔗糖脂肪酸酯（也称蔗糖酯）、三聚甘油单硬脂酸酯、山梨醇酐单硬脂酸酯、酪蛋白酸钠等。

理想的乳化剂对水相和油相都应具有较强的亲和力，但一种乳化剂很难达到这种理想状态，因此实际生产中往往使用复合乳化剂，如单硬脂酸甘油酯与蔗糖脂肪酸酯按照1∶1的比例使用，有增效作用，可以获得满意的效果。另外，将乳化剂和增稠剂等配合使用，往往也能提高乳化剂的稳定作用。

6.2.4　豆腥味的产生与防止

豆乳饮料中加工不当，容易产生豆腥味，影响产品质量。

1）豆腥味产生原因

大豆富含油脂，而大豆中的脂肪氧化酶可以将大豆油脂中的不饱和脂肪酸（油酸、亚油酸、亚麻酸等）的氧化，形成氢过氧化物及其多种氧化降解产物，其中正已醛、正已醇是造成豆腥味的主要成分。

2）豆腥味防止方法

由于豆腥味的产生是一种酶促反应，主要通过钝化酶的活性、除氧气、除去反应底物等方法避免豆腥味的产生，也可以通过香料掩盖等方法减轻豆腥味。通过单一方法去除豆腥味相当困难。在豆乳加工中，钝化脂肪氧化酶的活性是最重要的，再结合脱臭法和掩盖法，可以使产品的豆腥味基本消除。

（1）加热法

脂肪氧化酶的失活温度为80 ~ 85 ℃，故用加热方式可使脂肪氧化酶丧失活性。例如，大豆用 95 ～ 100 ℃水热烫 1 ～ 2 min 后才浸泡磨浆，且使磨浆水温不低于 82 ℃。但这种加热方法容易使大豆的部分蛋白质受热变性而降低蛋白质的溶解性。

（2）调节 pH 值

脂肪氧化酶的最适 pH 值为 6.5，在碱性条件下活性降低，至 pH 9.0 时失活。在大豆浸泡时用碱液浸泡，有助于抑制脂肪氧化酶活性，并有利于大豆组织结构的软化，使蛋白质的提取率提高。

（3）真空脱臭法

真空脱臭法是除去豆乳中豆腥味的一个有效方法，通过将加热的豆奶喷入真空罐中，蒸发掉部分水分，同时也带出挥发性的腥味物质。

（4）豆腥味掩盖法

在生产中常向豆乳中添加咖啡、可可、香料等物质，以掩盖豆乳的豆腥味。

6.2.5 植物蛋白饮料加工技术

【实验实训 6.1】豆乳饮料加工

1）目的

熟悉豆乳饮料的加工工艺；理解豆腥味的产生及去腥方法。

2）实训设备、原辅料

大豆、全脂奶粉、小苏打、白砂糖、单甘酯、蔗糖酯、海藻酸钠、饮料瓶、瓶盖。

磨浆机、胶体磨、高压均质机、高压杀菌锅、真空脱气机、离心沉淀机、电子秤、温度计、不锈钢桶、不锈钢锅、量筒、汤匙、烧杯等。

3）工艺流程

豆乳饮料加工工艺流程如图 6.4 所示。

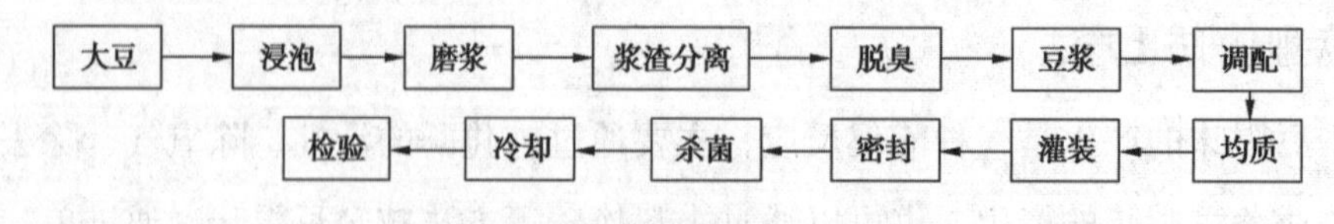

图 6.4 豆乳饮料加工工艺流程

4）操作要点

（1）浸泡

通常将大豆浸泡于 3 倍水中。浸泡温度和浸泡时间是决定大豆浸泡程度的关键因素，两者相互影响，相互制约。夏季浸泡 8 ～ 10 h；冬季则需浸泡 16 ～ 20 h。大豆吸水量 1 ～ 1.2

倍，即大豆增重至 2.0 ~ 2.2 倍。

（2）磨浆

浸泡好的大豆洗净、沥干后，加热水或加 0.1% 小苏打溶液（大于 90 ℃）磨浆。豆与溶液比为 1 ∶（8 ~ 10），磨浆时料温始终不得低于 82 ℃。

应采用分多次磨浆，对豆渣需要多次磨浆，使大豆中蛋白质等成分充分溶出。

（3）浆渣分离

磨浆的同时进行浆渣分离（有些磨浆机具有自动分离浆渣的功能）。热浆黏度低，采用离心沉淀机，趁热分离（2 000 r/min，5 min），或用 8 层纱布过滤。分离时注意控制豆渣含水量在 85% 以下，以免豆浆中蛋白质等固形物回收率降低。

（4）脱臭

利用高压蒸汽将豆浆加热至沸腾，然后将热的豆浆迅速倒入真空冷却室，抽真空，豆乳温度骤然降低，部分水分急剧蒸发，豆乳中的异味物质随水蒸气迅速排出。

真空冷却室真空度一般为 0.026 ~ 0.039 MPa，真空度过高，容易产生泡沫。一般经真空脱臭后的豆乳温度可降至 75 ~ 80 ℃。

（5）调配

配方：豆浆基料 40%，白砂糖 6%，全脂奶粉 5%，蔗糖酯 0.1%，羧甲基纤维素钠 0.1%，用水补至 100%。加料顺序：先加白砂糖，再加奶粉和稳定剂。

（6）均质

均质温度 75 ~ 80 ℃，压力 20 ~ 25 MPa，使颗粒直径变小而使饮料稳定。

（7）杀菌

豆乳饮料杀菌中，除杀灭致病菌和大多数腐败菌之外，还必须使抗营养因子失活。

杀菌条件为 121 ℃ 15 min。

5）质量评价

根据《植物蛋白饮料　豆奶和豆奶饮料》（GB/T 30885—2014）的规定进行质量评价（表 6.2）。

《植物蛋白饮料　豆奶和豆奶饮料》

表 6.2　豆奶饮料感官要求

项目	要求
色泽	乳白色、微黄色，或具有与原料或添加成分相符的色泽
滋味和气味	具有豆奶应有的滋味和气味，或具有与添加成分相符的滋味和气味；无异味
组织状态	组织均匀，无凝块，允许有少量蛋白质沉淀和脂肪上浮，无正常视力可见外来杂质

高级技术

植物蛋白饮料的水分含量一般在 85% 以上，大部分饮料 pH 值在 7 左右，属于低酸性食品，非常适合细菌的生长繁殖。因此，为了蛋白饮料能长期保藏，必须采用高温杀菌法，如果杀菌不足，有细菌残留，在适当温度下，就可能引起饮料腐败变质。

拓展训练

在实际生产中，为了防止钙离子、镁离子和其他多价金属离子电解质对植物蛋白饮料稳定性的影响，常添加柠檬酸盐和磷酸盐，与饮料中游离的钙离子和镁离子结合，降低其有效浓度。

微粒的粒径与植物蛋白饮料的稳定性并非呈简单的正比关系，在工艺上采用某一特定均质条件时，对饮料的稳定性效果最好。

设定调制后的豆乳饮料在 70 ℃左右，13 ~ 23 MPa 下均质。分别进行一次（19.6 MPa）和两次均质（压力分别为 14.7 MPa 和 4.9 MPa），比较效果。

思考练习

①大豆中存在哪些抗营养因子？

②豆乳饮料 pH 值大于 4.5，还是小于 4.5 呢？为何要采取高压杀菌？

③脂肪氧化酶的最适 pH 值为 6.5，在碱性条件下活性降低，至 pH 9.0 时失活，在大豆浸泡时选用碱液浸泡。为何豆乳加工不采用加酸的方法抑制脂肪氧化酶活力？

任务 6.3　茶饮料加工技术

活动情景

茶饮料是以茶叶的水提取液或其浓缩液、茶粉等为原料，经加工制成的饮料。茶饮料中含有一定量的天然茶多酚、咖啡碱等物质，既具有茶叶的独特风味，又兼具营养、保健功效，是一类天然、安全、清凉解渴的多功能饮料。

任务要求

能够分析茶饮料混浊沉淀的原因。

技能训练

加工调味茶饮料。

6.3.1　茶饮料分类

根据《茶饮料》（GB/T 21733—2008）的分类标准，茶饮料可以分为以下类别：

1）茶汤

茶汤是以茶叶的水提取液或其浓缩液、茶粉等为原料，经加工制成的，保持原茶汁应有风味的液体饮料，可添加少量的食糖和（或）甜味剂。包括红茶饮料、绿茶饮料、乌龙茶饮料、花茶饮料、其他茶饮料等。

2）茶浓缩液

茶浓缩液是采用物理方法从茶叶的水提取液中除去一定比例的水分经加工制成，加水复原后具有原茶汁应有风味的液态制品。茶浓缩液使用方便，既可以作为基料用于配制茶饮料，也可以进一步干燥，加工速溶茶饮料。为了提高茶汤品质，茶汁的浓缩最好采用反渗透法。

3）调味茶饮料

调味茶饮料包括果汁茶饮料和果味茶饮料、奶茶饮料和奶味茶饮料、碳酸茶饮料、其他调味茶饮料。例如，奶茶饮料和奶味茶饮料是以茶叶的水提取液或其浓缩液、茶粉等为原料，加入乳或乳制品、食糖和（或）甜味剂、食用奶味香精等中的一种或几种调制而成的液体饮料。

4）复（混）合茶饮料

复（混）合茶饮料是以茶叶和植（谷）物的水提取液或其浓缩液、干燥粉为原料加工制成的，具有茶与植（谷）物混合风味的液体饮料。

6.3.2　浸提

茶饮料加工中，采用热水浸提方法，将茶叶中的营养物质和味感物质（如茶多酚、氨基酸、咖啡碱等）溶解于热水中，制成风味良好的茶汁。

茶汁中各种氨基酸类物质（如天冬氨酸、谷氨酸、精氨酸和茶氨酸等），具有使茶汁呈现鲜爽味，缓解茶的苦涩味的作用；茶汁中的多酚类物质（如儿茶酚、茶黄素等）和生物碱（主要是咖啡因），具有使茶汁呈现苦涩味、收敛味和刺激性的作用。

1）茶叶破碎程度

一般来说，茶叶颗粒越小，浸提率越高。将茶叶破碎，这样用热水浸提茶叶时，茶叶与溶剂的接触面积会大大增加，茶叶中可溶物的扩散过程加速，浸提率提高。但是茶叶破碎过细，吸水后容易结块，溶剂的渗透性降低，反而会降低扩散速度，并容易使提取液混浊，给过滤和澄清工序增加困难。因此，破碎程度一般控制在 0.4 mm 左右。

2）浸提比例

一般茶水比为 1∶100，即茶叶浓度为 1% 时最适合消费者的口味。在实际生产中，考虑到动力和能量消耗，一般按照 1∶(8 ~ 20) 的比例生产浓缩茶，在配制茶饮料时再稀释。

3）浸提用水

浸提茶叶用水一般采用去离子水或蒸馏水。因为水中含有钙离子、镁离子、铁离子等时，会影响茶汤的滋味和色泽，甚至发生混浊和沉淀，如铁离子与茶多酚发生反应，产生变色。

6.3.3 澄清

茶的浸提液放冷后，会出现乳酪状的混浊物，严重影响了茶饮料的感官质量，这种现象称为“冷后混”。这种混浊的乳状物称为茶乳酪或茶乳。

茶乳产生的主要原因是在一定条件（如低温）下茶多酚与咖啡碱形成了缔合物。为了获得明亮澄清的茶汤，需要对茶乳进行转溶处理，即去除茶多酚与咖啡碱的缔合物，处理方法有很多种，原理同果蔬汁澄清。

1）吸附法

可采用硅藻土、活性炭等吸附剂来吸附茶汁中参与沉淀的物质，从而得到澄清的茶汁。该法使茶汁中的有效可溶成分减少从而味道变淡，且在后期贮存中可能再次产生沉淀。

2）碱性转溶法

转溶就是在茶汁中加入一定的碱性物质（如氢氧化钠），使茶多酚与咖啡碱之间的氢键断裂，并同茶多酚及其氧化物生成稳定的水溶性更强的盐，避免茶多酚及其氧化物再次同咖啡碱络合，从而溶于冷水中。该方法效果比较明显，但由于前期需加热处理，最后需加酸调整 pH 值，对茶饮料的风味色泽有较大影响。

3）浓度抑制法

茶乳主要是由咖啡碱、茶多酚（如儿茶酚）等物质构成的。除去茶汁中一定量的咖啡碱、茶多酚，可减少茶乳的形成。因此，可在茶汁中加入聚酰胺、聚乙烯吡咯烷酮、阿拉伯胶、海藻酸钠、丙二醇、三聚磷酸钠、维生素 C 等物质，这些物质可与茶汁中的部分茶多酚或咖啡碱形成沉淀，静置后用滤纸或硅藻土过滤，即可得到澄清的茶汁。

该法可有效解决茶饮料沉淀问题，而且避免了在后期冷藏时形成茶乳沉淀，但损失了一部分有效可溶物。

4）沉淀法

在茶汁中加入酸碱调节剂（如碳酸氢钠）、明胶、乙醇、钙离子等物质，可促使茶乳沉淀迅速产生，然后通过离心去除。

5）酶促降解法

在茶汁中加入单宁酶可切断儿茶酚中没食子酸的酯键，从而释放出没食子酸，没食子酸阴离子可与咖啡碱结合，形成相对分子质量较小的水溶性物质。对于没食子酸阳离子则应在通氧、搅拌条件下，加入碱中和以避免茶汁颜色变深。

6）氧化法

茶汁中的沉淀经氧化剂（如过氧化氢、臭氧、氧气等）的处理，可转化为可溶性成分，再次溶解于茶汤之中。该法可获得澄清的茶汁，提高茶汁中有效成分的含量，节约原料。

6.3.4　茶饮料加工技术

【实验实训 6.2】奶茶饮料加工

1）目的

掌握奶茶饮料的加工工艺；能正确使用各种添加剂。

2）材料及用具

绿茶茶叶、奶粉、白砂糖、L- 抗坏血酸、电磁炉、夹层锅、温度计、玻璃瓶等。

3）参考配方

每组生产饮料 1 000 mL，茶叶 10 g、糖含量 6% ~ 8%、乳粉 1% ~ 3%、L- 抗坏血酸 0.03%。

4）工艺流程

奶茶饮料加工工艺流程如图 6.5 所示。

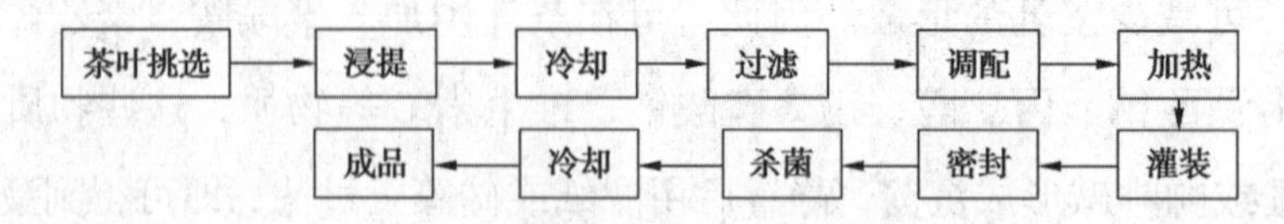

图 6.5　奶茶饮料加工工艺流程

5）操作要点

（1）茶叶挑选

选择茶叶时需要注意，不同种类和产地对茶叶影响较大。茶饮料的主要成分是茶叶浸出汁，因此茶叶品种和品质的好坏，直接影响茶饮料的质量。

（2）浸提

浸提用去离子水，茶水比为 1 ： 100，90 ℃浸提 5 min。浸提过程中进行搅拌，让茶叶有效物质大量浸出。用去离子水萃取茶叶前，最好先加热煮沸，除去水中的游离氧，以防止游离氧引起茶叶中的成分发生氧化。

（3）过滤

在调配前，茶汁采用两次过滤法过滤，去除茶渣，冷却即为原液。第一次为粗滤，主要是将浸出的茶汁和茶渣分离，第二次过滤主要是去除茶汁中的细小微粒，也可以采用离心分离机分离。

（4）调配

调配也称调和，是将茶浸提液或浓茶汁稀释到适当的浓度，再加入其他一些配料（奶粉和糖等），制成色香味符合要求的茶饮料产品。由于茶汤容易氧化褐变，因此需要加入一定的抗氧化剂，常用的抗氧化剂有抗坏血酸及其钠盐。如果茶饮料酸度太大，就需要调整 pH 值，一般用碳酸氢钠调节至 pH 值在 5 ~ 7 之间。

值得注意的是，不得使用茶多酚、咖啡因（也称咖啡碱）作为原料调配茶饮料。

（5）灌装

调配后的茶汤通过热交换器加热到 90 ~ 95 ℃，趁热装入瓶内。

（6）杀菌

茶汤灌装后，封盖，放进杀菌锅内进行高压灭菌，120 ℃杀菌 7 min。

6）质量标准

根据《茶饮料》（GB/T 21733—2008）的感官要求进行质量评价。

《茶饮料》

茶饮料应具有该产品应有的色泽、香气和滋味，允许有茶成分导致的浑浊或沉淀，无正常视力可见的外来杂质。

高级技术

在 pH、氧气、金属离子等因素的影响下，茶汁会发生褐变，即茶汁中的叶绿素、黄酮类物质、儿茶素等物质发生一定理化变化，颜色变深。控制方法主要有以下几点：

1）改变茶汁的 pH 值

儿茶素是一种无色物质，但在氧化或强酸、强碱条件下可转化为茶褐素，影响茶汁的色泽。因此，可在经 pH 值调整的茶汁中加入缓冲剂（如磷酸盐）以维持茶汁 pH 值的稳定。

2）添加抗氧化剂

实际生产中，通常将维生素 C 作为抗氧化剂添加到茶汁中，用来防止氧气等使茶汁氧化变色。一般添加量为 400 ~ 600 mg/kg。

3）冷浸提

在较低温度下对茶叶进行浸提，可避免高温浸提时茶汁色泽会加深的缺陷。此外，低温浸提时可加入果胶酶或纤维素酶等物质，可以提高浸提的效率和保护色泽。

思考练习

为什么茶饮料不采用巴氏杀菌法？

项目 7　蛋制品加工技术

★项目描述

本项目主要介绍蛋与蛋制品，包括鲜蛋、皮蛋、咸蛋等，重点讲解这些蛋制品加工的原理、工艺流程、操作要点、实例实训。

学习目标

◎了解鲜蛋的组成、蛋制品的分类。

◎理解皮蛋、咸蛋的加工原理。

◎掌握皮蛋、咸蛋的加工工艺流程、操作要点及注意事项。

能力目标

◎能正确选择蛋制品加工所需原辅料。

◎能按照工艺流程的要求完成皮蛋、咸蛋的加工。

◎能进行鲜蛋、皮蛋、咸蛋的质量评价。

教学提示

教师应提前网上下载相关视频，结合视频辅助教学，包括皮蛋、咸蛋加工视频。可以根据实际情况，开设皮蛋、咸蛋的加工实验。

任务 7.1 蛋与蛋制品概述

活动情景

蛋品是人类已知的营养最完美的天然食品之一，被誉为“理想的滋补食品”，其营养丰富均衡，且易被人体消化吸收。传统蛋品包括鸡蛋、鸭蛋、鹅蛋、鹌鹑蛋等，新型的蛋品包括孔雀蛋、鸵鸟蛋、火鸡蛋等。我国是世界上蛋品生产最多的国家。

任务要求

掌握蛋制品分类；了解鲜蛋的组成。

技能训练

能正确挑拣鸡蛋。

7.1.1 鲜蛋的化学成分

不同鲜蛋的化学成分（可食部分）如表 7.1 所示。

表 7.1 不同鲜蛋的化学成分（可食部分）

禽蛋种类	含量 / %				
	水分	蛋白质	脂肪	糖类	矿物质
鸡蛋	74.0	12.7	11.0	1.3	1.0
鸭蛋	70.3	12.6	13.0	3.1	1.0
鹅蛋	69.3	11.1	15.6	2.8	1.2
鹌鹑蛋	73.0	12.8	11.1	2.1	1.0

鸡蛋、鸭蛋的蛋白化学组成如表 7.2 所示。

表 7.2 蛋白化学组成

蛋的种类	含量 / %					
	水分	蛋白质	无氮浸出物	葡萄糖	脂肪	矿物质
鸡蛋	87.3 ~ 88.6	10.8 ~ 11.6	0.80	0.10 ~ 0.50	极少	0.6 ~ 0.8
鸭蛋	87.0	11.5	10.7	—	0.03	0.8

鸡蛋、鸭蛋的蛋黄化学组成如表 7.3 所示。

表 7.3　蛋黄化学组成

蛋的种类	含量 / %						
	水分	脂肪	蛋白质	卵磷脂	脑磷脂	矿物质	葡萄糖及色素
鸡蛋	47.2 ~ 51.8	21.3 ~ 22.8	15.6 ~ 15.8	8.4 ~ 10.7	3.3	0.4 ~ 1.3	0.55
鸭蛋	45.8	32.6	16.8	—	2.7	1.2	—

《食品安全国家标准 蛋与蛋制品》

7.1.2　鲜蛋的质量评价

根据《食品安全国家标准　蛋与蛋制品》（GB 2749—2015）的规定（鲜蛋）进行质量评价（表 7.4）。

表 7.4　鲜蛋感官要求

项目	要求	检验方法
色泽	灯光透视时整个蛋呈微红色；去壳后蛋黄呈橘黄色至橙色，蛋白澄清、透明，无其他异常颜色	取带壳鲜蛋在灯光下透视观察，去壳后置于白色瓷盘中，在自然光下观察色泽和状态、闻其气味
气味	蛋液具有固有的蛋腥味，无异味	
状态	蛋壳清洁完整，无裂纹，无霉斑，灯光透视时蛋内无黑点及异物；去壳后蛋黄凸起完整并带有韧劲，蛋白稀稠分明，无正常视力可见外来异物	

7.1.3　蛋制品的分类

蛋制品是以鲜蛋为主要原料加工制成的产品，主要类别包括：

1）腌制蛋

腌制蛋是指鲜蛋经过盐、碱、糟等方法制成的一类不改变蛋形的蛋制品，如咸蛋、皮蛋、糟蛋等。这些传统蛋制品不仅延长了蛋品的贮存期，而且改善了蛋品的风味、组织状态，大大丰富了蛋品加工的种类，受到国内外消费者的喜欢。

2）熟蛋制品

熟蛋制品是指鲜蛋经过不同高温的处理，添加适量的调味料供消费者直接使用到的一种方便食品。熟蛋制品的种类很多，如茶叶蛋、卤蛋、五香鹌鹑蛋罐头、鸡蛋干等。

例如，在卤蛋食用时，蛋黄口感不佳，不受消费者喜欢。有企业据此研究开发出鸡蛋干，是通过将鸡蛋打散混匀，经过高温高压蒸煮处理，形成类似豆腐干的结构，然后进行卤制、包装、杀菌，加工成美味的即食食品，方便消费者食用。

3）干燥蛋制品

干燥蛋制品是指将蛋液（主要是鸡蛋的蛋液）除去水分或剩下水分很低的一类蛋制品，如全蛋粉、蛋清粉等。由于干燥蛋制品具有水分含量少，贮藏期长，运输方便，成分均匀，便于开发许多新的方便食品等优点，在食品行业应用越来越多。

4）湿蛋制品

湿蛋制品是指鲜蛋经过清洗、消毒、去壳后，将蛋白与蛋黄分离或不分离，搅拌过滤后经杀菌或添加防腐剂（有些还经浓缩）后制成的一类蛋制品，如液蛋、冰蛋等。湿蛋制品在使用时省去了打蛋及处理蛋壳的操作，在发达国家的食品工业（糕点、饮料、饼干等产品）及家庭中受到广泛的欢迎。

5）蛋黄酱

蛋黄酱是西餐中常用的调味品，为半固体状态。它是由植物油、鸡蛋、盐、糖、香辛料、醋、乳化增稠剂等调制而成的酸性高脂肪乳状液。

拓展训练

根据《蛋与蛋制品》（GB 2749—2015）的规定（鲜蛋），对超市或网店购买的两种鲜蛋进行感官质量评价。

思考练习

鲜鸡蛋放入蛋托，是大头朝上，还是小头朝上？

任务 7.2　皮蛋加工技术

活动情景

皮蛋是指鲜蛋经过碱等方法制成的一类不改变蛋形的蛋制品。

皮蛋也称彩蛋，这是因为常见的皮蛋蛋黄色泽有墨绿、草绿、茶色、暗绿、橙红等，再加上外层蛋白的红褐色或黑褐色，五彩缤纷。根据加工工艺及产品的特点，皮蛋可分为溏心皮蛋和硬心皮蛋。溏心皮蛋的蛋黄中心有形似饴糖状的酱色软心，一般采用浸泡法；硬心皮蛋的蛋黄全部凝固而且稍硬，一般采用生包法，即用新鲜辅料包在蛋壳上。

任务要求

掌握无铅皮蛋的加工工艺。

技能训练

能制作无铅皮蛋，并对产品进行感官评价。

7.2.1　皮蛋加工原理

1）蛋白与蛋黄的凝固原理

纯碱（碳酸钠）与熟石灰（氢氧化钙）生成氢氧化钠，或直接加入氢氧化钠，可由蛋壳渗入蛋白内并逐步向蛋黄渗入，使蛋白变性而凝聚成凝胶状，并有弹性。

同时溶液中的钠离子（食盐）、石灰中的钙离子、植物灰中的钾离子、茶叶中的单宁物质等，都会促使蛋内的蛋白凝固和沉淀，蛋黄凝固和收缩。

以往皮蛋加工中需要加入氧化铅，可以促进蛋白、蛋黄的凝固和成熟。但是氧化铅对人体危害大，已经被我国禁用于皮蛋加工中。

2）皮蛋的呈色

（1）蛋白呈褐色或茶色

蛋白中的糖类，一部分与蛋白质结合，另一部分处于游离的状态，如葡萄糖、甘露糖和半乳糖，它们的醛基和氨基酸的氨基会发生美拉德反应，生成褐色或茶色物质。

（2）蛋黄呈草绿或墨绿色

蛋黄中含硫较高的蛋白质（卵黄磷蛋白、卵黄球蛋白），在强碱的作用下，分解产生活性的巯基和二硫基，与蛋黄中的色素和蛋内所含的铅、铁等金属离子相结合，使蛋黄变成草绿色、墨绿色或黑褐色。此外，红茶末中的色素也有着色作用。

（3）松枝花纹的形成

经过一段时间成熟的皮蛋，剥开皮，在蛋白和蛋黄的表层有朵朵松枝针状的结晶花纹和彩环，称为“松花”。有研究表明，这是由纤维状氢氧化镁的水合晶体形成的。

3）皮蛋的风味

皮蛋具有一种鲜香、咸辣、清凉爽口的独特风味和滋味。这是因为：蛋白质在碱及蛋白酶的作用下，分解成肽、氨基酸，再经氧化产生酮酸，酮酸具有辛辣味；产生的氨基酸中有较多的谷氨酸，具有鲜味；蛋黄中的蛋白质分解产生少量的氨和硫化氢，有一种淡淡的臭味；添加的食盐渗入蛋内产生咸味；茶叶成分使皮蛋具有香味。

7.2.2　皮蛋加工的辅料

1）纯碱

纯碱即碳酸钠，是皮蛋加工的主要辅料，其主要作用是与熟石灰生成氢氧化钠和碳酸钙，直接影响到皮蛋的质量和成熟期。应使用食用级纯碱，要求色白、粉细，碳粉钠含量在 95% 以上。

2）生石灰

生石灰即氧化钙，主要与纯碱反应生成氢氧化钠。其要求是白色、体轻、块大、无杂质，有效氧化钙的含量不低于 75%。

3）食盐

食盐主要起防腐、调味作用，还可抑制微生物活动，利于蛋的凝固、离壳等。加工皮蛋要求使用氯化钠含量在 96% 以上的海盐或精盐。

4）红茶末

红茶末的主要作用是增加蛋白色泽，此外有提高风味、促进蛋白质凝固的作用，如红茶末可以增加皮蛋的茶香味，产生回味，同时减少碱用量，减轻碱味。要求红茶末品质新鲜，不得使用发霉变质或有异味的茶叶。

5）硫酸锌

硫酸锌为无色斜方结晶，是氧化铅的替代品。用锌盐取代铅盐，还可缩短皮蛋成熟期的时间。

6）烧碱

烧碱即氢氧化钠，可代替纯碱和生石灰加工皮蛋。要求白色，纯净，呈块状或片状。具有强烈的腐蚀性，配料操作时要防止烧灼皮肤和衣服。

值得注意的是，直接使用氢氧化钠，可以加快渗透速度，节约制作时间，降低成本，但是腐败率较高。利用纯碱与生石灰制作皮蛋，虽然制作周期较长，但是由于氢氧化钠渗透速度较慢，容易控制，腐败率较低，品质更高。

7）其他

如草木灰（为碱性物质，主要成分为碳酸钾、碳酸钠）、水、黄土、谷糠或锯末等，保存时间更长。这些原料必须要求清洁、干燥（如晒干）、无杂质，不能受潮或被污染。

7.2.3　皮蛋加工技术

【实验实训 7.1】无铅皮蛋加工

1）目的

掌握无铅皮蛋的加工工艺及操作要点。

2）材料用具

鲜鸭蛋、电子秤、酸式滴定管、滴定架、三角烧瓶、量筒、电炉、缸、桶、勺子、盆、木棒、橡胶手套、标签纸、记号笔等。

3）配方

以 100 kg 鸭蛋计，开水 100 kg、纯碱 7.2 kg、生石灰 28 kg、硫酸锌 0.5 ~ 0.75 kg、食盐 4.0 kg、红茶末 3.0 kg、松柏枝 0.5 kg、柴灰 2.0 kg、黄土 1.0 kg。

4）操作步骤

（1）原料的选择

选择新鲜、正常的鸭蛋，要求无腐败、无破损。

（2）料液的配制

先将碱、盐放入缸内，将煮好的茶汁倒入缸内，搅匀；再分批投入生石灰，搅匀；待料液温度降至 50 ℃左右时，将硫酸锌溶于水后倒入缸内；捞出不溶解的石灰块并补加等量石灰，冷却至 20 ℃后备用。

（3）料液的氢氧化钠浓度的测定

料液的氢氧化钠浓度要求达到 4% 左右，需要进行测定。若浓度过高应加水稀释，若浓度过低应加烧碱提高料液的氢氧化钠浓度。

（4）装缸、灌料

将检验合格的原料蛋进行装缸，应轻拿轻放，避免破损；要将蛋放平稳，不搭空，装蛋至离缸口 15 ~ 20 cm。装缸后，将冷凉至 20 ℃的料液充分搅拌，徐徐地灌入缸内，直至鸭蛋全部被料液淹没，用竹篾盖盖好，以防灌入料液后鲜蛋浮上液面，然后将缸口密封。

（5）浸泡期管理

灌料后要保持室温在 16 ~ 28 ℃，最适温度为 20 ~ 25 ℃。时间为 25 ~ 40 d，在浸泡期间要进行多次检查、记录料液的氢氧化钠浓度的变化，及时剔除破损、腐败蛋。

（6）出缸与品质检验

经检查已经成熟的皮蛋要立即出缸，拣出破、次、劣蛋，洗去蛋壳上的黏附物，将水沥净晾干。此时，成熟皮蛋为半成品，有待后续进一步加工。

判断皮蛋是否为破、次、劣蛋的方法：

①观：观察皮蛋的完整程度，剔除裂纹蛋。

②颠：用手颠，将皮蛋抛起 15 ~ 20 cm 高，连抛数次，好蛋在落回到手心时有轻微震动的弹性感觉，若无弹性感为次劣蛋。

③摇：用手指捏住皮蛋的两端，在耳边摇动，若听不出什么声音的为好皮蛋；若听到蛋内有如水流的撞击声的为水响蛋；若听到只有一端发出响声的为烂头蛋。

④弹：将皮蛋放于左手掌上，用右手食指轻弹皮蛋，可以试出皮蛋的内部有无弹性，可听其发出的声音，判别皮蛋的质量。

⑤尝：抽取数枚皮蛋剥壳检验，先观察其外形、色泽、硬度、松花的情况，再嗅其气味，尝其滋味。

（7）涂泥包糠

涂泥包糠的作用：促进后熟；防止外界二氧化碳进入蛋内，降低蛋内氢氧化钠的浓度而引起皮蛋腐败，从而延长皮蛋的贮存期。

用出缸后的残料加 30% ~ 40% 细黄泥（经干燥、粉碎、过筛）调成浓厚糨糊状，包泥。包泥方法：双手戴好手套，左手抓稻壳，右手用刮泥刀取 40 ~ 50 g 黄泥放在左手的稻壳上，用泥刀压平，然后放皮蛋与黄泥土，再双手团团搓几下，使皮蛋全部被泥糠包埋。包好的皮蛋放在缸里或塑料袋内密封贮存。

（8）成品

涂泥包糠后的皮蛋经过贮存 20 ~ 30 d，达到最佳食用期。此时的皮蛋蛋清明显、弹性较大，呈茶褐色并有松枝花纹；蛋黄外围呈黑绿色或蓝黑色，中心则呈橘红色，这样的松花蛋切开后，蛋的断面色泽多样化，具有色、香、味、形俱佳的特点。

对皮蛋进行检验、分级，剔除破、次劣皮蛋，再进行包装。可以采用塑料盒或纸盒包装，现在市场上还有竹篮包装，乡土气息浓郁。

《绿色食品 蛋及蛋制品》

5）质量标准

根据《绿色食品　蛋及蛋制品》（NY/T 754—2021）的规定（皮蛋）进行质量评价（表7.5）。

表 7.5　皮蛋感官要求

要求	检验方法
蛋壳完整，无霉变，敲摇时无水响声，剖检时蛋体完整；蛋白呈青褐、棕褐或棕黄色，呈半透明状，有弹性，一般有松花花纹。蛋黄呈深浅不同的墨绿色或黄色，溏心或硬心。具有皮蛋应有的滋味和气味，无异味	取适量试样置于白色瓷盘中，在自然光下观察色泽、状态和杂质，尝其滋味，闻其气味

高级技术

1）皮蛋凝固过程

（1）化清阶段

蛋清蛋白（主要是卵白蛋白）从黏稠变成稀的透明水样溶液，蛋黄有轻度凝固，其中含碱量为 4.4 ~ 5.7 mg/g（以氢氧化钠计）。该阶段卵白蛋白等在碱性条件下发生强碱变性作用达到完全，坚实的刚性蛋白质分子变为结构松散的柔性分子，束缚水变成了自由水。

（2）凝固阶段

卵白蛋白从稀的透明水样溶液凝固成具有弹性的透明胶体，蛋黄进一步凝固，含碱量达到 6.1 ~ 6.8 mg/g，是凝固过程中含碱量最高的阶段。

（3）转色阶段

此阶段的蛋白呈深黄色透明胶体状，这时蛋白质分子在氢氧化钠作用下发生降解，一级结构受到破坏，形成非蛋白质性物质，同时发生了美拉德反应。这些反应的结果使蛋白、蛋黄均开始产生颜色，蛋白胶体的弹性开始下降。

（4）成熟阶段

这个阶段蛋白全部转变为褐色的半透明凝胶体，仍具有一定的弹性，并出现大量排列成松枝状的晶体簇，蛋黄凝固层变为墨绿色或多种色层，中心呈溏心状。全蛋已具备皮蛋的特殊风味，可以作为产品出售。此时蛋内含碱量为 3.5 mg/g。

（5）贮存阶段

这个阶段发生在产品的货架期。此时蛋的化学反应仍在不断地进行，其含碱量不断下降，游离脂肪酸和氨基酸含量不断增加。

2）影响皮蛋质量的因素

（1）原料蛋的新鲜度

要求鲜蛋内容物正常、鲜度高、蛋壳结实、无污染。

（2）配料比

皮蛋加工中的各种辅料都有各自的作用，要严格掌握，合理配比，特别是纯碱的配料是否合理。在皮蛋加工中，要严格掌握碱的使用量，并根据温度掌握好时间。

如果料液的含碱量不足，则成熟时间长，容易引起蛋还没有成熟就变质。如果碱量过多、时间过长，会使已凝固的蛋白变为液体，俗称“碱伤”。

溏心皮蛋包蛋用的料泥含碱量掌握在25 mg/g左右（以氢氧化钠计）；而硬心皮蛋包蛋用的料泥含碱量掌握在60 ~ 80 mg/g。

（3）温度

加工皮蛋的适宜温度（室温和料温）控制在15 ~ 25 ℃为宜。室温和料温不合适，轻者影响皮蛋的质量，重者皮蛋制作会不成功。

当皮蛋浸泡期间的温度低于14 ℃时，蛋白质结构紧密，色黄透明，食用时无皮蛋风味，温度越低这种情况越明显。当皮蛋浸泡期间的温度高于25 ℃时，黏壳皮蛋、小烂头蛋、大烂头蛋、水响蛋、臭皮蛋等次劣皮蛋随着温度的升高而增加，黑壳蛋、花壳蛋也随之增加；蛋白质结构松、嫩，呈现半透明红色，无弹性，食用时不爽口，且带苦涩味和碱味。

（4）加工时间

加工时间短，氢氧化钠还未使蛋白质达到凝固状态，也会影响皮蛋的贮存期；加工时间长，较强的氢氧化钠溶液又会使已经凝固的蛋白质液化。鲜蛋入缸浸泡后，夏季3 ~ 4 d，冬季6 ~ 7 d，蛋白变稀呈水化状态；再过2 ~ 3 d蛋清逐渐凝固，10 d后基本凝固；料液浸泡皮蛋的成熟期夏季为24 ~ 28 d，春秋冬在30 d以上。

料液、料泥氢氧化钠的含碱量高的成熟快，含量低的成熟慢。因此要根据检查结果来确定皮蛋的出缸时间。

拓展训练

超市或网店购买两种皮蛋，进行质量评价。

思考练习

简述皮蛋的加工原理。

任务7.3 咸蛋加工技术

活动情景

蛋黄酥加工

咸蛋也称盐蛋、腌蛋，是以鲜蛋为原料，经盐水或含盐的黄泥、草木灰等腌制而成的蛋制品。食盐依靠扩散和渗透作用，经过蛋壳气孔、蛋白膜、蛋黄膜进入蛋内，使蛋变咸并改善风味。以鲜鸭蛋为原料加工的咸鸭蛋黄，广泛用于粽子、广式月饼、蛋黄酥等食品中。

盐水腌蛋加工方法简单，盐水渗入蛋内的速度较快，用过一次的盐水，追加部分食盐后可重复使用。

任务要求

掌握咸蛋的加工工艺。

技能训练

进行咸蛋的加工。

【实验实训7.2】咸蛋加工

1）目的

掌握盐水浸泡法加工咸蛋的工艺及操作要点。

2）材料用具

鲜鸭蛋、电子秤、电炉、缸、桶、勺子、盆、木棒、橡胶手套、竹篾等。

3）操作步骤

①把食盐放入容器中，倒入开水使食盐溶解，盐水的浓度为20%。咸蛋腌渍所用盐

浓度一般为 18% ~ 20%，可产生高渗透压，这是咸蛋能够在常温下保藏的主要原因。

②待冷却至 20℃左右时，即可将蛋放入浸泡，蛋上压上竹篾，再加上适当重物，防止蛋上浮，然后加盖。

③夏季 20 ~ 25 d，冬季 30 ~ 40 d 贮存成熟即成。

拓展

有些出口企业创新咸蛋加工方法，就是将新鲜鸭蛋清洗后，装入小塑料袋中，加入几克盐和一勺盐水，扎口，在长途海运中完成咸蛋的腌制，品质更好，减少库存。

4）质量标准

根据《绿色食品　蛋及蛋制品》（NY/T 754—2021）的规定（咸蛋）进行质量评价（表 7.6）。

《绿色食品
蛋及蛋制品》

表 7.6　咸蛋感官要求

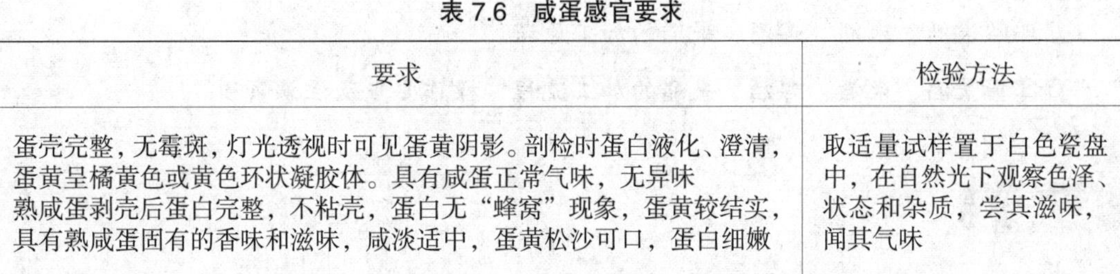

要求	检验方法
蛋壳完整，无霉斑，灯光透视时可见蛋黄阴影。剖检时蛋白液化、澄清，蛋黄呈橘黄色或黄色环状凝胶体。具有咸蛋正常气味，无异味 熟咸蛋剥壳后蛋白完整，不粘壳，蛋白无“蜂窝”现象，蛋黄较结实，具有熟咸蛋固有的香味和滋味，咸淡适中，蛋黄松沙可口，蛋白细嫩	取适量试样置于白色瓷盘中，在自然光下观察色泽、状态和杂质，尝其滋味，闻其气味

拓展训练

超市或网店购买两种咸蛋，进行质量评价。

思考练习

简述咸蛋的加工原理。

项目 8　发酵食品加工技术

★项目描述

本项目主要介绍几种发酵食品，包括果酒、米酒、啤酒、果醋等，重点讲解这些产品加工的原理、工艺流程、操作要点、实例实训。

学习目标

◎了解果酒、米酒、啤酒、果醋的概念、分类。

◎理解果酒、米酒、啤酒、果醋的加工原理。

◎掌握果酒、米酒、啤酒、果醋的加工流程、操作要点及注意事项。

能力目标

◎能正确选择发酵食品加工的原辅料。

◎能按照工艺流程的要求完成果酒、米酒的加工。

◎能进行果酒、米酒、啤酒、果醋的质量评价。

教学提示

教师应提前网上下载相关视频，结合视频辅助教学，包括果酒、米酒、啤酒、果醋等加工视频。可以根据实际情况，开设果酒、米酒等加工实验。

任务8.1 果酒加工技术

活动情景

果酒是以含糖水果为原料，经破碎、压榨取汁（或浸提）、发酵、陈酿等工艺加工而成的发酵产品。常见的果酒有葡萄酒、苹果酒、杨梅酒等。果酒的酒精度低，营养丰富，适量饮用既可提神又能增加人体营养，有益身体健康。

任务要求

理解果酒加工的原理，掌握红葡萄酒的加工技术。

技能训练

进行红葡萄酒加工。

8.1.1 果酒分类

按果酒的加工方法，可将果酒分为五类：

1）发酵果酒

发酵果酒是将水果经过一定处理，取其汁液，经酒精发酵和陈酿而制成。与其他果酒不同在于发酵果酒不需要经过蒸馏，酒精含量比较低，多数为10 ~ 13 %vol。酒的度数也称酒精度，指20 ℃时酒中含乙醇的体积百分比（单位为%vol）。如50度酒其产品标识为酒精度：50 %vol，表示在100 mL的酒中含有乙醇50 mL（20 ℃）。

拓展

酒精含量在10 %vol以上时，能有效防止其他杂菌对果酒的危害。

在发酵果酒中，葡萄酒占的比重最大，其酒精度要求≥ 7.0 %vol。按照色泽的不同，葡萄酒可分为红葡萄酒、白葡萄酒和桃红葡萄酒。按照糖含量的不同，葡萄酒可分为干葡萄酒（其残糖量≤ 4.0 g/L）、甜葡萄酒（其残糖量≥ 45.1 g/L）等，其中干葡萄酒占整个葡萄酒的大多数。

“干红”是用红色或紫色葡萄为原料，采用皮、汁混合发酵而成的葡萄酒，残糖量小于或等于 4.0 g/L。由于葡萄皮中的花青素与单宁在发酵过程中溶于酒中，因此，酒色呈暗红或红色，酒液澄清透明，口味甘美，微酸带涩（单宁引起干涩口感，使得葡萄酒口感更有层次、更加丰富）。

“干白”是用皮红肉白或皮肉皆白的葡萄为原料，将葡萄先拧压成汁，再将汁单独发酵制成，残糖量小于或等于 4.0 g/L。由于葡萄的皮与汁分离，而且色素大部分存在于果皮中，故干白色泽淡黄，酒液澄清、透明，酸度稍高，口味纯正，甜酸爽口（单宁溶入酒中少）。

2）蒸馏果酒

蒸馏果酒是将水果先进行酒精发酵，然后再经蒸馏、陈酿所得到的酒。蒸馏果酒的酒精含量多在 40 ~ 55 %vol。蒸馏果酒中以白兰地的产量最大。白兰地是指以葡萄为原料的蒸馏果酒，而以其他水果酿造的蒸馏果酒也可称为白兰地，但应冠以原料水果的名称，如樱桃白兰地、苹果白兰地、李子白兰地等。

3）加料果酒

加料果酒是以发酵果酒为基酒，加入植物性芳香物等增香物质或药材等而制成。常见的加料果酒以葡萄酒居多，如加香葡萄酒是将各种芳香的花卉及其果实利用蒸馏法或浸提法制成香料，加入酒内，赋予葡萄酒以独特的香气。

4）起泡果酒

起泡果酒是以发酵果酒为基酒，经密闭二次发酵产生大量二氧化碳气体（或人工充入二氧化碳气体），这些二氧化碳溶解在果酒中，饮用时有明显刹口感的果酒。例如，著名的香槟酒是将上好的发酵白葡萄酒加糖经二次发酵产生二氧化碳气体而制成的，其酒精度为 12.5 ~ 14.5 %vol。

5）配制果酒

配制果酒也称果露酒，通常是将果实、果皮或鲜花等用食用酒精或白酒浸泡提取，或用果汁加酒精，再加入糖分、香精、色素等调配成色、香、味与发酵果酒相似的酒，工艺简单，适合家庭自制果酒。如杨梅酒、青梅酒、桂花酒、柑橘酒、樱桃酒等，可用作乡村旅游食品供游客品尝和购买，促进地方特色农产品销售。

提示

葡萄酒为产量最大的发酵果酒，本任务针对葡萄酒进行讲解。

8.1.2　酒精发酵

果酒的酒精发酵是指果汁中所含的葡萄糖、果糖等在酵母菌的作用下，最终产生乙醇和二氧化碳的过程，可分为前发酵和后发酵两种。酵母菌也可利用果汁中的葡萄糖产生甘油（称为甘油发酵），会减少酒精的生成量。

在果酒发酵开始时，酒精发酵和甘油发酵同时进行，且甘油发酵占一定优势。而后酒精发酵逐渐加强并占绝对优势，产生大量酒精，而甘油发酵则随之减弱，但并不完全停止。为了使酒精得率高，少产甘油，必须控制酵母菌的发酵条件，发酵醪（即汁渣混合的酒）不要偏碱性，发酵温度不要太高，添加氮源不要过剩。

8.1.3　影响酒精发酵的主要因素

1）酵母菌

果酒发酵的成败和品质的好坏，首先取决于参与发酵的微生物种类。以葡萄酒为例，葡萄酒酵母（也称酿酒酵母）是酿造葡萄酒的主要有益微生物，尖端酵母、巴氏酵母也常参与酒精发酵。另外，在葡萄酒的发酵过程中，经常有一些好气性有害菌（如产膜酵母、圆酵母、醋酸菌等）干扰正常发酵，必须予以抑制。由于这些杂菌的繁殖需要充足的氧气，且其抗硫能力弱，因此在生产上常采用减少空气，加强硫处理（添加二氧化硫）和接种大量优良酵母菌等措施来消灭或抑制其活动。

在果酒生产中，葡萄酒酵母是主要的发酵微生物，其发酵能力强，可使酒精度达到12 ~ 16 %vol，发酵效率高，可将果汁中的糖分充分发酵转化成酒精；抗逆性强，能在经二氧化硫处理的果汁中进行繁殖和发酵，在发酵中可产生芳香物质，赋予果酒特殊风味。

2）温度

葡萄酒酵母的生长繁殖与酒精发酵的最适温度为20 ~ 30 ℃。在20 ~ 30 ℃的温度范围内，发酵温度每升高1 ℃，发酵速度就提高10%，而发酵速度越快，停止发酵就越早，酵母菌的“疲劳”现象出现也越早，产生酒精的效率就越低，产生的副产物就越多。因此，要获得较高酒精度的果酒，必须将发酵温度控制在较低的水平。

3）酸度

酵母菌在微酸性条件下发酵能力最强。当果汁中可滴定酸量为 0.8 ～ 1.0 g/100 mL、pH 3.5 时，酵母菌能很好地繁殖和进行酒精发酵，而有害微生物则不适宜这样的条件，其活动被有效地抑制。当 pH 值下降至 2.6 以下时，酵母菌也会停止繁殖和发酵。

4）空气

果酒发酵一般是在密闭条件下进行的。在果酒发酵初期，宜适当多供给些氧气，以增加酵母菌的个体数。一般在破碎和压榨过程中所溶入果汁中的氧气已经足够酵母菌发育繁殖之所需，只有在酵母菌发育停滞时，才通过倒桶适量补充氧气，如果供给氧气太多，会使酵母菌进行有氧呼吸而大量损失酒精。

5）糖分

酵母菌生长繁殖和酒精发酵都需要糖分，糖浓度为 2% 以上时酵母菌活动旺盛，当糖分超过 25% 时则会抑制酵母菌活动。因此，生产含酒精度较高的果酒时，可采用分次加糖的方法，这样可缩短发酵时间，保证发酵的正常进行。

6）酒精

酒精是发酵产物，会影响酒精发酵过程。酒精发酵初始阶段，发酵醪中酒精度较低，尖端酵母活动占优势，但当酒精含量达到 5 %vol 时尖端酵母菌生长受到抑制，而葡萄酒酵母由于能忍耐 13 %vol 的酒精，故成为主要的产酒微生物。

7）二氧化硫

葡萄酒的酿造离不开二氧化硫。如果没有添加二氧化硫，发酵醪在前发酵中容易因杂菌繁殖而败坏，或者所酿葡萄酒会在短短几个月之内坏掉。二氧化硫的添加量必须在合理范围内，太少，起不到应有的作用；太多，会使葡萄酒带有明显的硫醇味，酒质生硬，甚至对人体有害。不同葡萄原料中二氧化硫添加量如表 8.1 所示。

表 8.1　不同葡萄原料中二氧化硫添加量

原料状况	二氧化硫添加量 /（$mg \cdot L^{-1}$）
健康葡萄，一般成熟，强酸度（pH 3.0）	30 ～ 50
健康葡萄，完全成熟，弱酸度（pH 3.5）	50 ～ 100
带生葡萄，破损，霉烂	100 ～ 150

拓展

自酿葡萄酒不宜采用土法酿造（只加糖的纯天然、自然酿酒法），否则有安全隐患。葡萄中同时存在着的微生物群落有霉菌、细菌、酵母菌等几十种，如果不加以控制，酿出来的酒可能存在甲醇等有害的杂醇。

葡萄酒酵母具有较强的抗二氧化硫能力，可耐 1 g/L 的二氧化硫。果汁含 10 mg/L 的二氧化硫时，对酵母无明显作用，但其他杂菌则被抑制；二氧化硫含量达到 50 mg/L 时，发酵仅延迟 18 ~ 20 h，但其他微生物则完全被杀死。

8.1.4 陈酿

果酒完成酒精发酵后，酵母的臭味、生酒味、苦涩味和酸味等都较重，另外还含有很多细小微粒和悬浮物会使酒液浑浊。因此，果酒必须经过陈酿，经酯化反应、氧化还原反应、澄清等物理化学作用，使不良物质减少或消除，产生新的芳香物质，最终制成酒液清澈、色泽鲜美、醇和芳香的产品。只有经过陈酿的果酒，才适合消费者品尝。

其中，果酒中所含的有机酸和乙醇在一定温度下发生酯化反应生成酯和水。酯具有香味，它是果酒芳香的主要来源之一。通常陈酿时间越长，酯的含量也越多。酯的形成在陈酿的前两年较快，以后变得缓慢，直至完全停止。

拓展

用筛选的纯种酿酒酵母作为发酵菌种酿造的酒通常风味平淡。因此，有研究人员开展产酯酵母（也称生香酵母）选育研究，如孢汉逊酵母属、毕赤酵母属等。这些酵母能生成很多芳香物质和特殊风味成分，使酒的风味特征明显改善。

8.1.5 果酒加工技术

【实验实训 8.1】红葡萄酒加工

1）目的

理解果酒加工的基本原理，掌握红葡萄酒的加工技术。

补充

红葡萄酒是选择皮红肉白或皮肉皆红的酿酒葡萄作为原料，采用皮汁混合发酵，然后进行分离、陈酿而成。红葡萄酒的色泽应成自然宝石红色、紫红色或石榴红色等，失去自然感的红色不符合红葡萄酒的色泽要求。

2）材料及用具

红皮葡萄、白砂糖、酒石酸、葡萄酒酵母、偏重亚硫酸钾、鸡蛋、糖度计、pH 计、温度计、密度计、发酵罐、贮酒桶、不锈钢容器或塑料盆、过滤筛、电子秤、纱布、水浴锅等。

3）工艺流程

红葡萄酒加工工艺流程如图 8.1 所示。

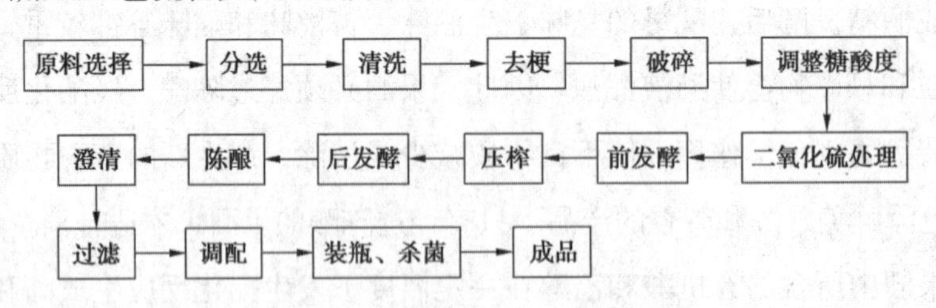

图 8.1　红葡萄酒加工工艺流程

4）操作要点

（1）原料选择

选择无病果、烂果并充分成熟的酿酒葡萄，颜色以深色品种、皮厚的为佳。

葡萄酒企业使用专用酿酒葡萄（与鲜食葡萄不同，其中玫瑰香鲜食葡萄适合家庭酿酒），常用的品种有赤霞珠、黑比诺、佳丽酿等。企业生产红葡萄酒时，要求原料糖分在 21% 以上，最好在 23% ~ 24%；原料要求完全成熟，糖、色素含量高而酸不太低时采收。

（2）预处理

葡萄预处理包括分选、清洗、去梗（果梗中苦涩味物质多，还有刺鼻的草味，需要去除）、破碎。若是企业生产，则有专门的破碎除梗机，可实现葡萄粒和果梗分离。

需要剔除霉变、未成熟的颗粒，进行彻底清洗。若受到微生物污染或有农药残留时，可用浓度为 1% ~ 2% 的稀盐酸浸泡或加入浓度为 0.1% 的高锰酸钾，以增强洗涤效果。如果原料霉烂未洗净、容器发霉等原因都会使酒产生霉味。

用手将葡萄挤破，把果浆（带皮）放入塑料盆或不锈钢容器中，注意不能用铁制容器。这是因为铁与单宁化合生成单宁酸铁，呈蓝色或黑色。

（3）调整糖酸度

①糖的调整：17 g/L 糖可生成 1 度酒精。一般葡萄汁的含糖量为 14 ~ 20 g/100 mL，只能生成 8.0 ~ 11.7 %vol 的酒精。而成品葡萄酒的酒精度多要求在 12 ~ 13 %vol，故生产中采用补加糖使其生成足量的酒精。

②酸的调整：酒石酸是葡萄中的主要酸，它的存在提升了葡萄酒的口味和存储过程中的稳定性。葡萄酒中也有适量的苹果酸和少量的柠檬酸。

葡萄酒发酵时，其酸度在 0.8 ~ 1.2 g/100 mL 最适宜。若酸度低于 0.5 g/100 mL，则需加入适量酒石酸、柠檬酸或酸度较高的果汁进行调整。若酸度偏高，可采用化学降酸法，即用碳酸钙、碳酸氢钾中和过量的有机酸来降低酸度。

（4）二氧化硫处理

发酵醪中二氧化硫含量一般要求在 30 ~ 150 mg/L。葡萄酒酿造时，为了便于操作，一般添加固体亚硫酸盐作为二氧化硫的来源。

本实训采用的是优质葡萄，腐烂果少，因此加入 30 mg/L 的二氧化硫即可。添加固体偏重亚硫酸钾：先将固体溶于水中，配成浓度为 10% 的溶液，然后按工艺要求添加。其中，偏重亚硫酸钾晶体（也称焦亚硫酸钾），理论上含二氧化硫 57.6%（实际按 50% 计算），目前在国内葡萄酒厂普遍使用。

（5）前发酵

前发酵也称主发酵，是酒精发酵的主要阶段。前发酵除产生大量的酒精外，还有色素物质和芳香物质的浸提作用，而浸提效果决定酒的颜色、耐贮性、酒体及特征香气。

将二氧化硫处理过后的葡萄浆放入已消毒的发酵罐中，充满容积的 80%（不能装满，防止发酵旺盛时汁液溢出容器）。接入活化后的活性葡萄酒酵母，如安琪葡萄酒干酵母。一般干酵母用量为 2 g/10 L。葡萄酒干酵母的活化：在 35 ~ 42 ℃温水中加入 10% 的活性干酵母，混匀；静置 20 ~ 30 min；酵母复水活化后，可直接添加到经二氧化硫处理过的果浆中。

补充

前发酵期间葡萄浆的甜味渐减，酒味增加，品温逐渐升高并产生大量二氧化碳，皮渣上浮形成一层酒帽。

在 26 ~ 30 ℃温度下，前发酵经过一周左右就能基本完成。前发酵期间，每天搅拌 4 次（白天 2 次，晚上 2 次），将酒帽压下（即将皮渣压入汁中），保证各部分发酵均匀。

也可在发酵池四周制作卡口，装上压板，压板的位置恰好使皮渣浸于葡萄汁中，以便将酒帽压下。

在前发酵期，每天测定发酵温度、发酵醪含糖量和密度，并做好记录。当发酵温度超过 30 ℃时，应及时采取措施进行降温。当相对密度达到 1.01 ~ 1.02，含糖量为 5 g/L 时，结束前发酵。前发酵期间能看到有明显的气泡冒出。

（6）压榨

前发酵结束后，要及时进行酒渣分离，即葡萄皮、渣不参与后发酵。如果不进行酒渣分离而将皮、渣浸在醪液中发酵直到糖分全部变成酒精，酿成的酒色泽过深，酒味粗糙涩口。

实验室条件下，可采用虹吸法将酒抽入后发酵罐中，最后用纱布将皮渣中的酒榨出，合并酒液进行后发酵。虹吸具体操作：将橡胶软管或塑料软管插入高位容器的葡萄酒中，利用吸耳球吸走软管中的空气，则高位葡萄酒会流入低位容器中。

企业生产红葡萄酒的前发酵阶段多在发酵池中进行。前发酵完毕后，出池时先将自流酒由排汁口放出，放净后打开人孔，清理皮渣，将含有葡萄酒的皮渣取出，进行压榨，使酒液和皮渣分开，得到压榨酒。压榨酒和自流酒的数量比例一般为 1 ∶ 7。

（7）后发酵

前发酵结束后，原酒中还残留有 3 ~ 5 g/L 的糖分，这些糖分在葡萄酒酵母的作用下继续转化成酒精和二氧化碳，该发酵过程称为后发酵，工艺上称为厌氧发酵（后发酵的原酒应避免接触空气）。后发酵比较微弱，宜在 20 ℃左右进行。若品温高于 25 ℃，不利于酒的澄清，并给杂菌繁殖创造了条件。

后发酵罐中装酒量为有效体积的 95% 左右，仍用偏重亚硫酸钾补充添加二氧化硫，添加量为 30 ~ 50 mg/L，发酵温度控制在 18 ~ 25 ℃，发酵时间为 5 ~ 10 d。当相对密度下降至 0.993 ~ 0.998 时，发酵基本停止，糖分已全部转化，可结束后发酵。

后发酵完成后，葡萄酒逐渐自然澄清，酒中悬浮物（包括酵母、果皮、其他微生物细胞等）因温度降低而析出，都慢慢沉淀到池底，形成酒脚。

（8）陈酿

将后发酵结束的原酒，用虹吸管转入专用贮酒桶中（如橡木桶），密封贮藏，进行陈酿。优质葡萄酒都采用橡木桶贮存，因为橡木中含有大量芳香化合物、单宁等物质，陈酿过程中这些物质会进入葡萄酒中，从而增加葡萄酒的风味和口感。

酿酒后第一年的酒称为新酒，2 ~ 3 年的酒称为陈酒，优质红葡萄酒陈酿期一般为 2 ~ 4 年。在陈酿期间，要注意倒酒（也称换桶，是将酒液从一个容器导入另一个容器的操作）。一般在酿酒的第一个冬天进行第一次倒酒，第二年春夏秋冬各倒一次。

倒酒的目的是清除酒脚，使各种微生物、有害物质与酒液分离，避免影响酒的品质。倒酒的同时，应根据贮酒容器容量和气温变化将原酒加入，以保持容器满容，否则果酒暴露接触空气，容易氧化或生膜。

（9）澄清

果酒在陈酿过程中，由于酒石的析出、单宁与蛋白质结合产生的沉淀，以及酵母细胞的存在等会使果酒发生浑浊。因此，需通过澄清使果酒达到稳定澄清的状态。一般葡萄酒陈酿一年后进行澄清。

葡萄酒的澄清，可分为自然澄清和人工澄清。自然澄清时间长。人工澄清可采用添加鸡蛋清的方法，每 100 L 酒添加 2 个鸡蛋清。先将鸡蛋清打成沫状，再加少量酒拌匀后加入果酒中，充分搅拌均匀，静置 8 ~ 10 d 即可。其中，人工澄清原理是鸡蛋清中的蛋白质与葡萄酒中的单宁、某些色素、果胶质、金属离子等发生絮凝反应，并将这些物质除去，使葡萄酒澄清稳定。

（10）过滤

红葡萄酒经澄清后，用虹吸管吸出，然后再用纱布进行过滤。

（11）调配

为使葡萄酒的酒质均一，提高酒质或修正缺点，常在酒已成熟而未出厂时取样品评及化学成分分析，根据《葡萄酒》（GB/T 15037—2006）确定是否需要调配及调配方案。例如，酒精度若低于指标，可用同品种的高酒精度的葡萄酒进行调配。红葡萄酒的色调太浅时，可用色泽较浓的葡萄酒进行调配。

（12）装瓶、杀菌

将封盖的酒瓶放入水浴锅中，逐渐升温进行巴氏杀菌，使瓶子中心温度达到 65 ~ 68 ℃，保持时间 30 min。以木塞封口的，水浴锅的液面应在瓶口下 4.5 mm 左右。

5）质量评价

根据《葡萄酒》（GB/T 15037—2006）的规定进行质量评价（表 8.2）。

《葡萄酒》

表 8.2　葡萄酒感官要求

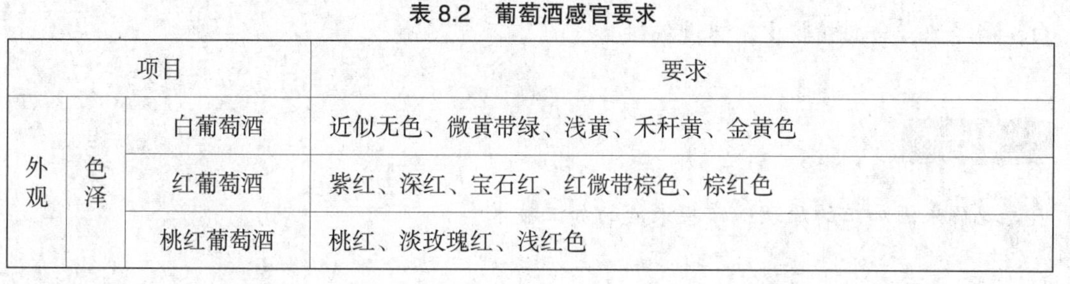

项目			要求
外观	色泽	白葡萄酒	近似无色、微黄带绿、浅黄、禾秆黄、金黄色
		红葡萄酒	紫红、深红、宝石红、红微带棕色、棕红色
		桃红葡萄酒	桃红、淡玫瑰红、浅红色

续表

项目			要求
外观	澄清程度		澄清，有光泽，无明显悬浮物（使用软木塞封口的酒允许有少量软木渣，装瓶超过一年的葡萄酒允许有少量沉淀）
	起泡程度		起泡葡萄酒注入杯中时，应有细微的串珠状气泡升起，并有一定的持续性
香气与滋味	香气		具有纯正、优雅、怡悦、和谐的果香与酒香，陈酿型的葡萄酒还应具有陈酿香或橡木香
	滋味	干、半干葡萄酒	具有纯正、优雅、爽怡的口味和悦人的果香味，酒体完整
		半甜、甜葡萄酒	具有甘甜醇厚的口味和陈酿的酒香味，酸甜协调，酒体丰满
		起泡葡萄酒	具有优美醇正、和谐悦人的口味和发酵起泡酒的特有香味，有杀口力
典型性			具有标示的葡萄品种及产品类型应有的特征和风格

思考练习

①在果酒发酵中，添加二氧化硫有什么作用？

②在葡萄酒加工中，为什么选用巴氏杀菌工艺？

③在葡萄酒发酵中，为什么要将酒帽压下？

任务8.2　米酒加工技术

活动情景

米酒也称糯米酒、江米酒、甜酒、酒酿、醪糟，是以大米（尤以糯米为佳）为原料，蒸煮成米饭，凉透后拌入甜酒曲（主要为根霉菌），边糖化边发酵的一种发酵酒。米酒色白，稍浑浊，含酒精较少，味道偏甜。

任务要求

理解米酒加工的原理；掌握米酒的加工技术。

技能训练

进行米酒加工。

8.2.1　酒曲

酒曲也称甜酒曲、甜酒药，以籼米为原料，多制成块状，呈白色。酒曲中含有大量微生物，主要包括根霉菌，还含有少量酵母菌及毛霉。

根霉菌中含有 α- 淀粉酶和糖化酶，能利用各种谷物原料生长，能将淀粉水解为葡萄糖。根霉菌在糖化过程中还能产生少量的有机酸（如乳酸），蛋白质水解成氨基酸。

酒曲中含有少量的酵母菌。酵母菌可利用根霉菌糖化淀粉所产生的糖发酵产生酒精，以使米酒有酒味，从而制成香甜可口、营养丰富的米酒。

8.2.2　米酒加工原理

糯米也称江米，是酿造米酒的主要原料。

先将糯米进行蒸煮，使所含淀粉糊化和蛋白质变性。冷却后，将酒曲撒上，并进行保温培养（30 ℃左右为宜）。

在保温培养过程中，根霉菌和酵母菌开始繁殖，并分泌淀粉酶（包括糖化酶），将淀粉水解成葡萄糖（米酒的甜味即由此得来）。一般 30 ℃ 48 h 左右，根霉菌生长旺盛，布满米饭，酶已起作用，米饭变软变甜，即成甜米酒。随后葡萄糖在无氧条件下，通过酵母菌作用，将葡萄糖酵解代谢成酒精和二氧化碳。

拓展

醪糟表面的白醭就是根霉的菌丝。

在发酵初期，应保留少量空气，使菌种在有氧条件下生长繁殖。在菌种增殖后，应防止更多氧气进入，避免葡萄糖被氧化成二氧化碳或者米酒变酸。在酿制过程中要控制好发酵时间，发酵时间过长，则淀粉被水解完全，酒味过大；发酵时间不够，则糯米尚未酥烂，口感黏腻。同时在发酵过程中不要打开发酵容器，防止进入空气，引起杂菌污染。

8.2.3 米酒加工技术

【实验实训 8.2】米酒加工

1）目的

理解米酒加工原理；掌握米酒的加工工艺和操作要点。

2）材料与设备

糯米、安琪牌甜酒曲、凉开水。

蒸锅、蒸屉、勺子、筷子、装酒容器、恒温恒湿培养箱、电子秤、纱布。

3）工艺流程

米酒加工工艺流程如图 8.2 所示。

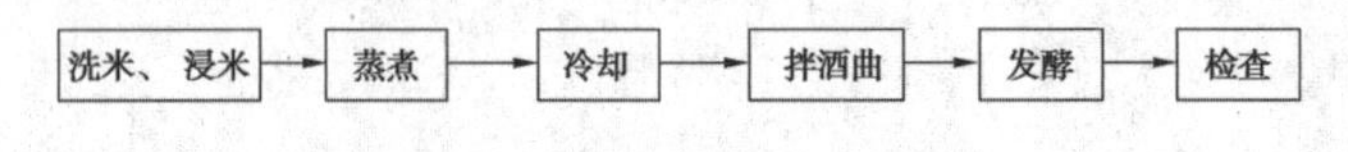

图 8.2 米酒加工工艺流程

4）操作要点

（1）洗米、浸米

选用优质糯米，挑拣米中杂物，反复淘洗几次至淘清白浆。用清水浸泡半天至可以用手碾粹（即米粒浸透无白心），再漂洗干净。

浸泡时，水层约比米层高出 20 cm，夏季更换 1 ~ 2 次水。

（2）蒸煮

在蒸锅里放上水，蒸屉上垫一层纱布。将浸泡好的糯米捞出，沥干后投入纱布内，用大火蒸出大汽后 10 min，打开锅盖，将糯米搅散，洒入适量清水，盖上锅盖继续蒸 20 min。用口尝糯米饭的口感，如果饭粒膨胀发亮、松散柔软、嚼不粘齿，即已成熟，可下锅。如果饭粒偏硬，再洒些清水搅散继续蒸。

（3）冷却

糯米饭蒸好后，用勺（或筷子）不停拨散、翻开，将米饭中的热气释放掉（不能让米饭粘在一起形成大饭团）。

将拨散的米饭盛到发酵用的容器中（盆、锅或者塑料、玻璃容器，已清洗消毒），用凉开水均匀地浇在饭上，用勺（或筷子）将糯米翻动搅几下，使米饭凉至不烫手的温度（30 ℃左右）。米饭太热或太凉，都会影响甜酒曲发酵。

（4）拌酒曲

用勺（或筷子）将糯米弄散摊匀，将酒曲均匀地撒在糯米上，稍微留一点酒曲最后使用，然后用勺将糯米翻动，目的是将酒曲尽量混均匀。

用勺轻轻压实，抹平糯米饭表面，可以蘸凉开水，做成平顶的圆锥形，中间压出一凹陷窝（便于出酒），将最后一点酒曲撒在里面，倒入一点凉开水，目的是使水慢慢向外渗，均匀溶解拌在米中的酒曲，有利于均匀糖化和发酵，但水不宜多。

（5）发酵

将容器盖盖严，放在适宜的温度下（30 ℃左右），如果房间温度不够，可以用厚毛巾将容器包上保温发酵。有条件的，可以使用 30 ℃恒温恒湿培养箱。

（6）检查

发酵期间可以检查，看有无发热，1 d 后即可品尝。完成发酵的糯米是酥的，凹陷窝中有大量酒液，气味芳香，味道甜美，酒味不冲鼻，即民间说的酒酿、醪糟。发酵时间可以根据个人口味，时间长，酒味酸味就浓，但太冲也不好。

发酵 1 ~ 2 d，将容器盖打开，按生米与水的质量比为 1 ：（1 ~ 1.5）加凉开水（降低糖分，否则太甜），再盖上盖，放入冰箱，以终止发酵或直接入锅蒸煮，即停止发酵。

注意掌握发酵的度。如果发酵过度，糯米就空了，全是水，酒味过于浓烈。如果发酵不足，糯米有生米粒，硌牙，甜味不足，酒味也不足。

5）质量评价

根据《绿色食品　米酒》（NY/ T 1885—2017）的规定（糟米型）进行质量评价（表 8.3）。

《绿色食品　米酒》

表 8.3　米酒感官要求

项目	要求
形态	具有相当含量固形物（米粒状糟米、辅料等）的固液混合体
色泽	具有以糯米为主要原料发酵制成米酒相符的色泽
气味	具有米酒特有的清香气味，无异味
滋味	味感柔和，酸甜可口
杂质	无肉眼可见的外来异物和杂质

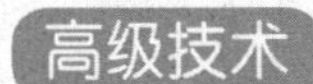

①做米酒的关键是清洁，所有原料都不能沾生水和油，否则就会发霉长毛。因此要把蒸米饭的容器、勺子、筷子和发酵米酒的容器都洗净擦干，并用开水烫过。

②拌酒曲一定要在糯米凉透至 30 ℃以后，否则容易变酸臭。中间温度太低也不可以，

酒曲不活跃，杂菌会繁殖，一般 30 ℃左右最好。

③发酵时要密闭好，否则米酒会又酸又涩。但是不宜将容器彻底封死，因为糖化和发酵过程需要氧气，保持相对密闭即可。

④发酵 12 h、24 h 时，可打开盖子看看。如果没有酒香味，米饭还没有结成豆腐块的趋势，可以将容器放在 30 ℃温水中水浴加热一下，使米不至于因温度低而不能继续发酵。

拓展训练

进入淘宝网，查找有哪些品牌酒曲可以购买，其主要成分是否有区别。

思考练习

米酒生产对糯米的要求是什么？

任务 8.3 啤酒发酵技术

活动情景

啤酒是以含有淀粉的谷类（主要是大麦）为主要原料，添加啤酒花，经酵母发酵酿制而成的含二氧化碳的低酒精度酒。淡色啤酒是啤酒产量最多的一种，具有明显的酒花香以及纯正爽口、柔和及苦味适中的口味。每升啤酒中含有约 35 克乙醇（3.5%vol），是各类饮料酒中乙醇含量最低的一种含醇饮料。

啤酒饮用的最佳温度是 12 ℃左右，酒中的香气成分可以正常地挥发出来；酒中的二氧化碳会慢慢起泡而带出酒香。温度太高，二氧化碳会很快消失；温度太低，影响香气的挥发，都会使口感不好。

任务要求

理解啤酒加工原理；掌握家庭自酿啤酒的加工工艺。

技能训练

进行家庭自酿啤酒的加工。

8.3.1　啤酒分类

1）根据啤酒杀菌处理情况分类

（1）鲜啤酒

鲜啤酒也称生啤，是指酒液不经过巴氏灭菌而采用“瞬时杀菌”或“无菌膜过滤”工艺处理的啤酒。因鲜啤酒中保存了一部分营养丰富的酵母菌，所以口味鲜美。但稳定性差，不能长时间存放，常温下保鲜期仅 1 d 左右，低温下可保存 3 d 左右。有的鲜啤酒经瞬时杀菌后，就直接灌入不锈钢专用酒桶内，采取冷藏运输、存放，低温下可保存一个月的时间，口味鲜美，是当前国际上最流行的啤酒。

在鲜啤酒的基础上又衍生出纯生啤酒，即不经过巴氏杀菌，但是在加工过程中需要进行严格的过滤，把微生物、杂质除掉，可以保存几个月，受到广大消费者的青睐。

（2）熟啤酒

熟啤酒也称熟啤、杀菌啤酒，是指鲜啤酒经过巴氏杀菌法处理后得到的啤酒。经过杀菌处理后的啤酒，稳定性好，保质期可长达 180 d。但口感不如鲜啤酒，超过保质期后，酒体会老化和氧化，并产生老化味和异杂味、沉淀、变质的现象。熟啤酒以瓶装或罐装形式出售。

2）根据原麦汁浓度分类

（1）低浓度啤酒

低浓度啤酒的原麦汁浓度为 2.5% ~ 9.0%，酒精含量为 0.8% ~ 2.5%。无醇啤酒属此类型。无醇啤酒是利用特制的工艺令酵母不发酵糖，只产生香气物质，除了酒精，啤酒的各种特性都具备，滋味、口感好。普通的啤酒酒精度是 3.5%vol 左右，无醇啤酒一般酒精度控制在 1.0%vol 以下，属于低度啤酒，适合妇女、儿童和老人饮用。

（2）中浓度啤酒

中浓度啤酒的原麦汁浓度为 11% ~ 14%，酒精含量为 3.2% ~ 4.2%。中浓度啤酒产量最大，最受消费者欢迎。淡色啤酒多属此类型。

（3）高浓度啤酒

高浓度啤酒的原麦汁浓度为 14% ~ 20%，酒精含量为 4.2% ~ 5.5%，少数酒精含量高达7.5%，黑色啤酒即属此类型。高浓度啤酒生产周期长，含固形物较多，稳定性强，适宜贮存或远销。

3）根据发酵性质分类

（1）上面发酵啤酒

上面发酵啤酒采用上面酵母发酵。在发酵过程中，酵母在底部发酵，发酵温度要求较低，酵母随二氧化碳浮到发酵表面上，发酵温度为15～20 ℃。上面发酵啤酒偏甜，酒精含量高，香味突出，风味浓郁。比较适合瓶中后发酵，在家酿中易于控温，但酵母沉降性一般。在传统的酿造方法和修道院手工酿造中，基本都以上面发酵为主。

（2）下面发酵啤酒

下面发酵啤酒采用下面酵母发酵。发酵结束后，酵母沉降性较好，会凝聚沉淀到发酵容器底部，发酵温度较低（5～10 ℃）。下面发酵啤酒的香味柔和，酒精含量较低，味道偏酸。目前全世界商业啤酒品牌中大多属于这种，我国的啤酒目前几乎都是下面发酵啤酒。

8.3.2 啤酒的原料

啤酒的原料为大麦、酿造用水、啤酒花、啤酒酵母、淀粉质辅助原料（玉米、大米、大麦、小麦等）和糖类辅助原料等。

1）大麦

啤酒生产的主要原料为大麦。这是因为大麦便于发芽，并产生大量的水解酶类，酶系全面；大麦种植遍及全球；大麦的化学成分适合酿造啤酒，所酿啤酒风味好；大麦不是人类的主粮。目前啤酒企业普遍采用啤酒专用大麦。

2）水

水会影响啤酒的品质和味道，软水适于酿造淡色啤酒。

3）啤酒花

啤酒花赋予啤酒特有的香味、苦味和防腐能力，产生洁白细腻的泡沫；在麦汁煮沸中，能澄清麦汁，增强啤酒的稳定性。商品途径购买的酒花多以加工好压成条状颗粒的为主。

4）啤酒酵母

在啤酒生产中，啤酒酵母将糖分（麦芽和大米中的）发酵产生酒精、二氧化碳和其他微量发酵产物，而这些微量发酵产物与其他直接来自麦芽、酒花的风味物质一起，组成了成品啤酒诱人而独特的感官特征。

8.3.3　啤酒的加工原理

1）麦芽的制备

将原料大麦制成麦芽的过程，称为制麦。

大麦浸渍吸水后，在适宜的温度、湿度下发芽，如将大麦在水中浸泡几天，将水排干后，在15.5 ℃下保持5 d，即可发芽。大麦发芽后，会产生各种水解酶，如蛋白酶、糖化酶、葡聚糖酶等，可将麦芽中的蛋白质水解成肽和氨基酸，将淀粉水解成糊精和麦芽糖等。

大麦发芽到一定程度（在刚刚出现糖转化酶，但大部分淀粉尚未被转化的时候），经过干燥，中止发芽，并使麦芽产生特有的风味物质。

最后除去发芽过程中长出的小根茎，就可以将麦芽用于酿酒了。

2）麦芽汁的制备

麦芽经过适当的粉碎，加入温水，在一定的温度下，利用麦芽本身的酶制剂进行糖化（主要将麦芽中的淀粉水解成麦芽糖）。为了降低生产成本，有的啤酒企业会加入一定比例的大米粉作辅料，也有的会将啤酒专用淀粉糖浆与麦芽汁混合，进行发酵。

制成的麦芽醪（固液未分离的混合物），用过滤槽进行过滤，得到麦芽汁，将麦芽汁输送到麦汁煮沸锅中，将多余的水分蒸发掉，并加入酒花进行蒸煮。

3）啤酒的发酵

麦芽汁经过冷却后，加入酵母菌，输送到发酵罐中，开始发酵。传统工艺分为前发酵和后发酵，分别在不同的发酵罐中进行；现在流行的做法是在一个罐内进行前发酵和后发酵。

前发酵主要是利用酵母菌将麦芽汁中的麦芽糖转变成酒精；后发酵主要是产生一些风味物质，排除掉啤酒中的异味，其间控制一定的罐内压力，使后发酵时产生的二氧化碳保留在啤酒中。

4）啤酒的过滤

发酵液中含有少量酵母、蛋白质等大分子物质，需要过滤除去以改善啤酒外观，提高啤酒的稳定性。

5）啤酒的罐装

将过滤好的啤酒从清酒罐分别装入瓶、罐或桶中，经过压盖、生物稳定处理（如巴氏杀菌）、贴标、装箱，成为成品啤酒。

8.3.4 啤酒加工技术

【实验实训 8.3】自酿啤酒加工

1）目的

掌握自酿啤酒的加工工艺和操作要点；理解啤酒加工原理。

2）材料及用具

麦芽 4 kg、啤酒花 25 g、啤酒酵母 7 g、水（纯天然山泉水 2 桶）、消毒液（酒精 1 瓶）。

大锅（20 L 以上不锈钢桶，2 个）；纯净水桶（18.9 L，2 个）；量筒（250 mL）；比重计；酸度计；烧瓶；硅胶管（2 根）；吸耳球（大号）；温度计；充氧泵（避免气味污染）；粉碎机；压盖机；硅胶塞（口径 18 ～ 25 mm，适合纯净水桶口径，中间开孔）；啤酒瓶；电子秤；冰水浴。

3）工艺流程

自酿啤酒加工工艺流程如图 8.3 所示。

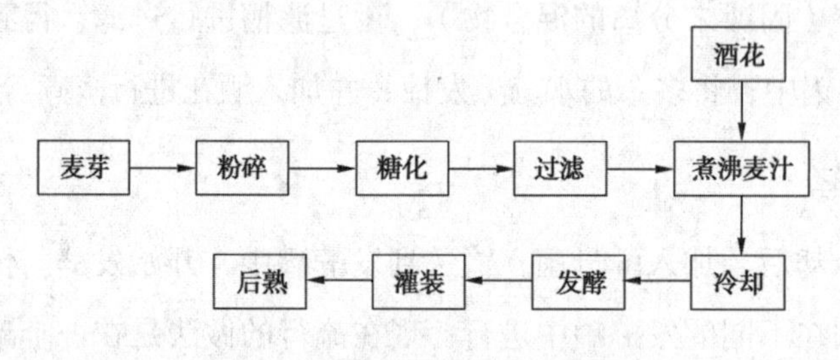

图 8.3 自酿啤酒加工工艺流程

4）操作要点

（1）麦芽

从啤酒生产厂家购买制备好的符合规格要求的新鲜优质麦芽。

（2）粉碎

将麦芽用粉碎机进行粉碎。

（3）糖化

①用 3 倍的水加热至 38 ～ 40 ℃，投入磨碎的麦芽进行浸泡，保持 38 ℃ 30 min。该

步骤用于浸泡出一些酶，以及形成酸性物质，调控 pH 值保持在 5.3 左右。

②加热到 48 ~ 52 ℃，52 ℃时保持 20 min，该阶段具有分解蛋白、形成可溶性氮等作用。

③继续加热到 62 ~ 68 ℃，此阶段可用缓慢升温方法灵活控制，总时间控制在 60 min。该阶段主要是大量生成麦芽糖。

④再继续加热到 75 ~ 78 ℃，此阶段大多数酶失活，淀粉酶仍发挥作用，以分解残余淀粉。当碘反应完全后，过滤分离麦汁。

整个糖化过程从加热到终止糖化，在 4 h 左右完成。

（4）过滤

糖化结束后，应在最短时间内将糖化醪中溶于水的浸出物与不溶性的麦糟分开，得到澄清的麦汁，此分离过程称为麦芽醪的过滤。前面的麦芽粉碎程度要控制好，这样容易得到清亮而纯净的麦汁。若是粉碎太细，麦芽粉末太多，或者麦皮碎得比较严重，过滤就会很困难。

首先以麦糟为滤层，从麦芽醪中分离出头号麦汁。刚开始抽出来的麦汁非常浑浊，用大容器接收并倒回桶内，注意不可破坏麦糟层。重复几次，待管子里流出来的是清亮的麦汁（头号麦汁），就用另一个大容器接收。

再利用热水洗涤麦糟，洗出残存于麦糟中的可溶性固形物，得到洗涤麦汁或称二号麦汁。即用 80 ℃的热水缓慢注入麦糟桶内，热水稍微盖过麦糟层。10 min 后，进行第二次抽取麦汁，方法同上。洗糟 2 ~ 3 次，以最后一次接的麦芽汁残糖为 1.0% ~ 1.5%，而高品质啤酒一般控制在 1.5% 以上。

制备的麦芽汁量应比啤酒的多出 5% ~ 10%，因为后期的煮沸需要蒸发消耗部分水分。

（5）煮沸麦汁

将过滤得到的清亮麦汁倒入另一个大容器，以分离出底部沉淀的杂质，煮沸 80 ~ 90 min。在煮沸过程中添加酒花，一般酒花的添加数量控制在 200 ~ 300 g/100 L 酒。

酒花添加的方法有一次投入的，也有分批加入的。以分三次投入、煮沸 90 min 为例，在煮沸 10 min 时投入总量 20%，促进蛋白质析出和压制过多泡沫；40 min 后加入总量的 50%（选用苦型酒花），萃取酒花中苦味物质，以此平衡麦芽汁中不可发酵的糖分带来的甜味口感；最后一次投入在结束熬煮前 5 ~ 10 min，投入剩下的所有酒花（选用香型酒花）。

（6）冷却

麦汁在煮沸时，由于水蒸汽保护，不会接触过多氧气。但是停止加热后，麦芽汁容易被氧化生成对酒口感不利的物质。因此麦汁煮沸后，应立即进行冷却。

①在本实验中，麦汁量少，可直接投入冰水浴中，3 ~ 5 min 即可冷却到 80 ℃左右。

②之后继续用冰水浴进行冷却，用长木棍进行快速搅拌，形成一个漩涡，此时热凝固物和酒花碎屑杂质等会集中在中央并沉淀下来。

③用硅胶管抽取热麦汁到另一个桶内。

④再继续对麦汁进行水浴冷却，当麦汁温度低于 60 ℃，就会逐渐析出冷凝固物。冷凝固物的去除采用浮选法，用充氧泵对麦汁充气，并随时撇除表面的浮沫。这样既分离了细微的蛋白质和杂质凝固物，又完成了麦汁发酵前的充氧。充氧和浮选温度保持在 25 ℃左右，时间约为 30 min。

⑤最后继续降温到 20 ℃，就可以虹吸进发酵桶。

特别注意，从停止加热煮沸那一刻起，麦汁就可能污染微生物。像硅胶管、充氧泵、装麦芽汁的锅或桶，必须严格做好高温或酒精消毒。主发酵（纯净水桶）容器因为是 PET 材质，不能采取高温消毒，只能用酒精消毒，之后以无菌水多次冲洗至完全干净。

（7）发酵

较专业的自酿基本都是选用进口酵母（上面发酵的啤酒酵母）。

①酵母投放。

充氧完成并冷却后的麦汁，要尽快装桶启动发酵。酵母使用前可以直接投放，也可以活化后投放，后者效果更好。以 15 L 啤酒为例，用 6 g 干酵母，60 mL 原麦芽汁，60 mL 纯水进行活化，28 ℃左右投入酵母，摇晃使其均匀，然后静置约 2 h 再投放到发酵桶中。

②主发酵过程。

投放酵母后的发酵桶应立即做好水封，隔离空气，以免感染杂菌。纯净水桶的小孔（大约 19 mm）用 18 ~ 25 mm 的带孔硅胶塞塞住。硅胶塞顶端插入一根 L 形小玻璃管，接一根硅胶管，另一端放在装满水的啤酒瓶里。

一般 6 h 后就能看到桶内液面上有少量气泡，12 ~ 15 h 液面气泡较多聚集成花菜状，20 h 后进入主发酵阶段。主发酵一般维持 2 ~ 3 d 旺盛期，这个阶段发酵剧烈，温度有明显上升，液面凝聚较厚的细腻泡沫。若温度上升过快，可以把发酵桶放入装满冷水的大盆子里，以水浴控制降温至 18 ℃左右，以减缓发酵速度和降低温度。

发酵高峰持续到 3 ~ 4 d 后就进入减弱阶段。这时候上面的泡沫会逐渐减少，且呈现黄褐色。这个阶段可以稍微升温，恢复到 20 ~ 22 ℃，以使发酵更为顺利彻底。

主发酵时间一般保持在 10 ~ 15 d 为宜。第 10 ~ 15 d 后，当糖度下降到 3.5 ~ 3.8° Bx

以下，再次降温 5 ~ 10 ℃并在 12 h 后倒桶，分离发酵罐底部的酵母泥沉淀舍弃，得到相对比较纯净透亮的啤酒。

（8）灌装和后熟

装瓶后的啤酒静置在 20 ℃的阴凉环境里，进行后熟和生成二氧化碳，并使酵母泥沉淀。后熟 3 ~ 4 周是鲜啤酒，酒精度数为 5% ~ 6%；后熟 7 ~ 8 周，啤酒已经基本熟化，瓶中残余的酵母也释放出不少利于口感丰富和饱满酒体的物质，使酒体显得更加圆润；后熟 10 周后，啤酒已经成熟，品质较好。

5）质量标准

根据《啤酒》（GB 4927—2008）的规定（淡色啤酒）进行质量评价（表 8.4）。

《啤酒》

表 8.4　淡色啤酒感官要求

项目		优级	一级
外观	透明度	清亮，允许有肉眼可见微细悬浮物和沉淀物（非外来异物）	
泡沫	形态	泡沫洁白细腻，持久持杯	泡沫洁白细腻，较持久持杯
香气和口味		有明显的酒花香气，口味纯正，爽口，酒体协调，柔和，无异香、异味	有明显的酒花香气，口味纯正，较爽口，酒体协调，无异香、异味
a. 对非瓶装的“鲜啤酒”无要求 b. 对桶装（鲜、生、熟）啤酒无要求			

市场上购买相关啤酒产品，进行感官鉴别，找出不同啤酒口味存在的问题。

思考练习

简述生啤和熟啤的区别。

任务 8.4　果醋加工技术

活动情景

果醋是以新鲜果实、果汁、果酒或果渣为原料，经过发酵（酒精发酵、醋酸发酵）、陈酿和调配等工艺酿造而成的酸性饮品，如苹果醋、蓝莓醋。果醋是一种营养丰富、风味优良的酸性调味品，保留了水果原有的大部分营养成分，兼有水果和食醋的营养保健功能，是集营养、保健、食疗等功能于一体的新型饮品，市场需求广阔。

任务要求

理解果醋加工原理。

技能训练

对市面上销售的苹果醋进行感官评价。

8.4.1 果醋发酵原理

果醋发酵，若以果酒为原料则只进行醋酸发酵。若以果品、果汁或果渣为原料，需经过两个阶段：首先是酒精发酵阶段；其次是醋酸发酵阶段。因此，果醋发酵常用的微生物有两类：酵母菌和醋酸菌。

1）果醋发酵常用的微生物

（1）酵母菌

酵母菌将可发酵性糖转化为酒精和二氧化碳，完成酒精发酵阶段。酵母菌在酒精发酵过程中，同时生成少量的酯和多种醇与有机酸，对形成醋的风味有一定的作用。

酵母菌生长最适温度为 28 ~ 30 ℃，生长繁殖最适宜 pH 值为 4.5 ~ 5.5，但在 pH 3.5 ~ 4 的条件下也能生长，它适合在微酸性环境中繁殖和发酵。酵母菌在有氧环境下呼吸，将糖彻底分解成二氧化碳和水，繁殖大量菌体。而在厌氧条件下将糖分解为酒精和二氧化碳。

在果醋酿造中，酒精发酵时间短，产酯较少。为了增加醋的香气，采取产酯酵母（生香酵母）与酒精酵母混合发酵，提高成品果醋中的酯含量，改善果醋的风味。

（2）醋酸菌

醋酸菌是能把酒精氧化为醋酸的一类细菌的总称。果醋生产用醋酸菌要求菌种要耐酒精，氧化酒精能力强，分解醋酸产生二氧化碳和水的能力要弱。常用的醋酸菌有 AS1.41 醋酸菌、沪酿 1.01 醋酸菌、奥尔兰醋酸杆菌、许氏醋酸杆菌、恶臭醋酸杆菌。

①醋酸菌的营养特性。

醋酸菌为好氧菌，必须供给充足的氧气才能正常生长繁殖。在高浓度酒精和高浓度醋酸环境中，醋酸菌对缺氧非常敏感，中断供氧会造成菌体死亡。

碳源：醋酸菌最适宜的碳源是葡萄糖、果糖等六碳糖，其次是蔗糖和麦芽糖等，酒精也是很适宜的碳源；有些醋酸菌还能以甘油、甘露醇等多元醇为碳源，但醋酸菌不能直接利用淀粉等多糖类。

氮源：部分果品中的蛋白质含量少，不能满足酵母发酵的需要，通常添加硫酸铵、碳酸铵或磷酸铵补充氮源。

无机盐：一般不需要另外添加无机盐。

②醋酸菌的生长繁殖与发酵特性。

醋酸菌繁殖的适宜温度为 30 ℃左右，醋酸菌进行醋酸发酵的适宜温度比繁殖的适宜温度低 2 ~ 3 ℃。繁殖时的最适 pH 值为 3.5 ~ 6.5。

醋酸菌的耐酒精浓度也因菌种不同而异，一般耐酒精浓度为 5 ~ 12%vol，若超过其限度，则停止发酵。醋酸菌只能忍耐 1% ~ 1.5% 的食盐浓度，因此，醋酸发酵完毕后添加食盐，不但能调节食醋滋味，而且可以防止醋酸过度氧化。

2）酒精发酵作用

在无氧条件下，可发酵性糖在酵母菌的作用下转化为酒精和二氧化碳。理论上，16.3 g/L 糖可发酵生成 1%vol（度）酒精，考虑酵母呼吸消耗以及发酵过程中生成甘油、酸、醛等，实际 17 g/L 的糖生成 1%vol 的酒精。

3）醋酸发酵作用

醋酸发酵是乙醇在醋酸菌作用下氧化为醋酸（乙酸）的过程。即第一阶段，乙醇在乙醇脱氢酶作用下氧化为乙醛。第二阶段，乙醛吸收一分子水形成水合乙醛，再由乙醛脱氢酶氧化成醋酸。

理论上，一分子乙醇能生成一分子醋酸，即 46 g 乙醇生成 60 g 醋酸，但实际产率要低得多，只是理论数的 85% 左右。醋酸产率减低的原因：①醋酸生产中的挥发损失；②醋酸发酵过程中生成了其他产物，如高级脂肪酸、琥珀酸等，这些物质在陈酿时与乙醇生成酯类，赋予果醋芳香；③醋酸被氧化生成二氧化碳和水。

8.4.2　影响醋酸发酵的因素

1）氧气

醋酸菌是好氧微生物。果酒中的溶解氧量越多，醋化作用越完全。在发酵中期，乙酸、乙醇含量都较高，温度也较高，醋酸菌处于旺盛产酸阶段，应增加氧气供给。发酵初期，酸量低，发酵力较弱，而后期已进入醋酸菌衰老死亡期，可少量供氧。

2）温度

28 ~ 30 ℃是醋酸菌最适宜繁殖的温度，而 28 ~ 33 ℃是其最适宜产酸的温度。一般温度低于 10 ℃，醋化作用进行困难，达到 40 ℃以上时，醋酸菌则停止活动。发酵温度过高常导致果醋香气不突出，应严格控制发酵温度，提高醋酸产率的同时，注意防止温度过高而引起香气消失。

3）乙醇

果酒中酒精度在 12%vol（度）以下时，醋化作用能正常进行，酒精全部转化为醋酸；当酒精度超过 12%vol，醋酸菌不能忍受导致繁殖迟缓，生成物以乙醛居多，醋酸产量低。

4）醋酸

醋酸也称乙酸，是醋酸发酵产物，随着醋酸含量的增多，醋酸菌活动也逐渐减慢，当酸含量达到某一限度，其活动完全停止。醋酸菌对酸的抵抗力因菌种不同而相差悬殊。一般在含醋酸 1.5% ~ 2.5% 时，醋酸菌的繁殖完全停止，但也有些菌种在含醋酸 6% ~ 7% 的条件下尚能繁殖。

此外，用果酒生产果醋，如果酒中二氧化硫含量过多，对醋酸菌具有抑制作用；阳光对醋酸菌的生长有害，其中以白色增强，红色最弱。因此醋酸发酵应在暗处进行。

8.4.3 果醋加工技术

1）工艺流程

苹果醋加工工艺流程如图 8.4 所示。

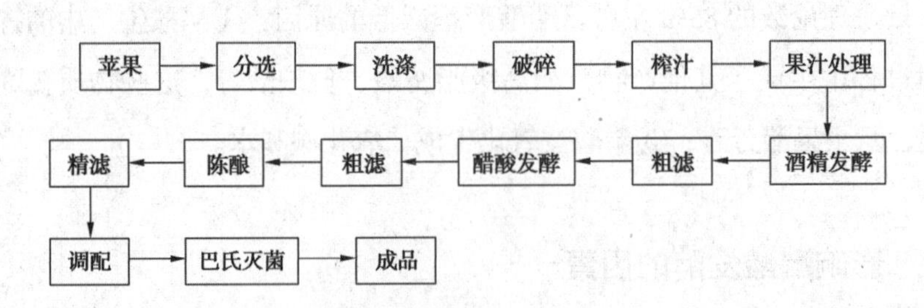

图 8.4　苹果醋加工工艺流程

《苹果醋》

2）质量评价

根据《苹果醋》（T/QGCML 285—2022）的规定进行质量评价（表 8.5）。

表 8.5　苹果醋感官要求

项目	要求
色泽	具有产品应有的色泽
香气	具有醋香和果香气
滋味	酸甜适口，无异味
体态	澄清，允许有少量沉淀拓展训练

拓展训练

市场上购买相关苹果醋产品，进行感官鉴别。

思考练习

简述果醋发酵原理。

项目9 其他食品加工技术

★项目描述

本项目主要介绍几种食品，包括豆腐、油脂等。重点讲解其加工原理、工艺流程、操作要点、实例实训。

学习目标

◎了解豆腐、油脂的概念和分类。

◎理解豆腐、油脂的加工原理。

◎掌握豆腐、油脂加工的工艺流程、操作要点及注意事项。

能力目标

◎能正确选择食品加工所需原辅料。

◎能按照工艺流程的要求完成豆腐、油脂的加工。

◎能进行豆腐、油脂的质量评价。

◎学生能通过网络、视频，自主学习食品加工技术，并能开展相关加工实验和研究。

教学提示

教师应提前从网上下载相关视频，结合视频辅助教学，包括豆腐、油脂等加工视频。可根据实际情况，开设豆腐花加工等实验。

任务9.1　豆腐加工技术

思政导读

通过讲解豆腐起源历史，引申传统食品是传统文化的重要方面，需要传承与创新，激发学生的文化自信。

活动情景

大豆起源于中国，将大豆加工成大豆食品在我国已有2 000多年的历史。大豆因种皮颜色不同，有黄豆、黑豆之分，其中最主要的是黄豆。大豆中富含油脂和蛋白质，可用来提取大豆油和大豆蛋白（属于优质植物蛋白）。

拓展

在我国使用的大豆有国产大豆和进口转基因大豆，其中国产大豆中蛋白质含量高，出油率偏低，但因其为非转基因产品，易被消费者认可，适合制作各种豆制品。

豆制品是指以大豆为主要原料，利用各种加工方法得到的产品。我国传统豆制品品种丰富，如豆浆、豆奶饮料、速溶豆腐花、水豆腐（豆腐花、南豆腐、北豆腐、内酯豆腐）、半脱水制品（豆腐干）、油炸制品（油豆腐）、卤制品（麻辣豆腐干、五香豆腐干）、烘干制品（腐竹）、酱类（甜面酱、酱油）等。

任务要求

理解豆腐的加工原理，掌握豆腐的加工工艺。

技能训练

进行豆腐花加工。

9.1.1　豆腐加工原理

在传统豆腐加工中，首先浸提出大豆蛋白（通过浸泡、磨浆、过滤等），再进行煮浆，使大豆蛋白发生热变性（为蛋白质的胶凝提供条件），然后加入凝固剂（石膏、盐卤等），通过钙离子（或镁离子）使蛋白质分子连接而凝固沉淀（发生胶凝作用），最后压制成型，从而形成具有一定弹性和形状的凝胶——豆腐。

9.1.2 豆腐凝固剂

豆腐加工的关键技术之一是在豆浆中添加凝固剂。

1）石膏

要采用食品级石膏，其主要成分是硫酸钙。石膏微溶于水，能缓慢释放钙离子，使加热变性后的大豆蛋白质分子连接形成三维网状结构，发生胶凝作用，形成凝胶。

石膏点浆的特点是凝固速度慢，属迟效性凝固剂。其优点是出品率高、保水性强，能适应不同豆浆浓度，但过量会使制品带有一定苦涩味。南豆腐多用石膏做凝固剂，可采取冲浆法加入热豆浆内，即用少量水加入适量石膏，充分搅拌使之尽可能溶化后，倒入冲浆容器中，而后把 75 ~ 85 ℃的熟豆浆倒入并加以搅拌，即可凝固。

2）盐卤

盐卤又称卤块，是生产海盐的副产品。盐卤的主要成分为氯化镁（46%），此外还有硫酸镁（3%）、氯化钠（2%）、水分（50%）。以盐卤制成的卤水为黑色汁液，味苦。

盐卤点浆的特点是凝固速度快。盐卤多用于北豆腐加工，也用于生产豆腐干等，质地硬实、弹韧性好。

拓展

有研究将其他钙盐用于豆腐凝固剂，发现用氯化钙、乳酸钙、醋酸钙、葡萄糖酸钙都可凝固大豆蛋白质，做豆腐凝固剂使用，其中氯化钙和醋酸钙的凝固效果较好。

3）葡萄糖酸 -δ- 内酯

葡萄糖酸 - δ - 内酯（以下简称“内酯”）在加热、有水的条件下，产生葡萄糖酸，使溶液 pH 值下降。当 pH 值接近大豆蛋白等电点（pH 4.5）时，引起蛋白质表层带电量下降（同种电荷排斥作用减弱），破坏胶体的稳定性，产生了酸凝固。

用内酯做凝固剂制得的豆腐略带酸味，常与硫酸钙等合用，可减少内酯的用量同时减轻酸味。例如，有研究表明内酯与石膏质量比为 2 ∶ 1 时，豆腐的出品率、含水率、离水率、豆腐外观、内部结构及风味各方面均好于单一凝固剂所制得的产品。

与石膏豆腐、卤水豆腐不同，内酯豆腐加工中不需要压制成型，而是在塑料包装盒内直接成型。内酯豆腐加工中，需要控制大豆与豆浆比例为 1 ∶ 5，也就是 1 kg 大豆要制作出 5 kg 豆浆，这样的豆浆浓度适合制作内酯豆腐，在经过杀菌、冷却到常温的豆浆中，加入内酯（用量为豆浆的 0.2%），搅拌均匀，然后装入塑料包装盒，热熔密封后，放入 90 ℃左右水中加热 30 min，取出冷却到常温即可。

拓展

有的酒店推出"刘安点丹"的菜肴，就是现场将热豆浆倒入装有内酯的容器中，静置 10 min 后即可制成内酯豆腐花。

9.1.3　豆腐加工技术

【实验实训 9.1】传统豆腐加工

1）目的

掌握传统豆腐（南豆腐）的基本工艺，理解豆腐加工的原理。

2）材料及用具

大豆、石膏、水、消泡剂、电子秤、磨浆机、炉子、筛网、锅、豆腐模具、包布、温度计等。

3）工艺流程

传统豆腐加工工艺流程如图 9.1 所示。

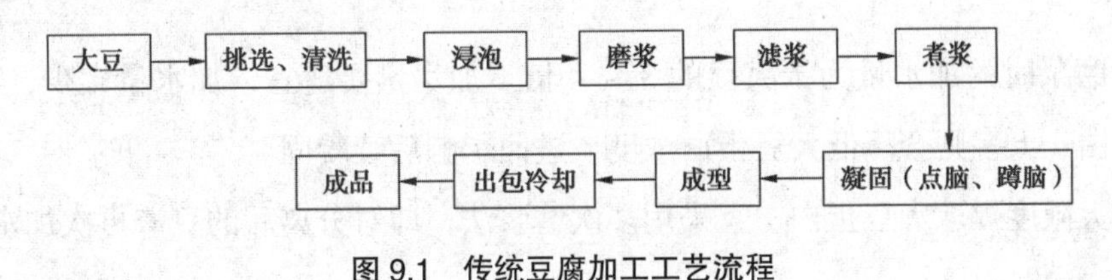

图 9.1　传统豆腐加工工艺流程

4）操作要点

（1）原料选择

在选择大豆原料时，应尽量选择那些蛋白质含量高、种植面积广的品种。以色泽光亮、籽粒饱满、无虫蛀和鼠咬的新大豆为佳。

与陈大豆相比，以新大豆为原料生产时产品得率高，质地细腻，弹性和口感好。

（2）挑选、清洗

对大豆原料进行手工挑选，确保颗粒饱满、无霉变、无虫蛀、无杂质。

大豆表面有很多微细皱纹，尘土和微生物附着其中，所以浸泡前应进行充分清洗，以减少微生物对成品的污染，并将漂浮的大豆去除。

拓展

在企业生产中，根据杂质与大豆间不同的物理性质（密度、大小等），可选用筛选、风选、去石机、磁选等方法除去各种杂质。

（3）浸泡

将清洗好的大豆加水浸泡。浸泡温度、浸泡时间是两个关键因素，比较理想的水温应控制在 15 ~ 20 ℃，浸泡时间为 8 ~ 12 h，用水量为大豆的 2 ~ 2.3 倍。

浸泡目的是软化大豆组织结构，降低磨浆时的能耗与磨损，提高蛋白质的提取率。浸泡程度以浸泡的大豆增重到 2 倍左右为宜。当浸泡水表面集中薄层泡沫，豆瓣已涨大为浸泡前的 2 倍左右，横断豆瓣，观察其断面的中心与边缘色泽一致，则表明浸泡时间已到。

（4）磨浆

磨浆是指吸水后的大豆用磨浆机粉碎制备生豆浆的过程。其目的是破坏大豆的组织结构，便于对大豆蛋白的提取。

目前，磨浆都已采用电动砂轮磨，且往往配有过滤网，实现了生豆浆与豆渣自动分离。

磨浆时要边粉碎边加水（水在研磨过程中，可以起到润滑、降温、溶解大豆蛋白等作用）。

一般磨浆时的加水量为干大豆的 3 ~ 4 倍。加水量要适宜，加水量太少，不易提取出大豆蛋白；太多则会降低大豆蛋白浓度，进而影响后续凝固。

为最大限度提取大豆蛋白，宜采用多次磨浆法，即对分离后的豆渣再次加水磨浆。

（5）滤浆

滤浆即过滤，主要是除去豆浆中的豆渣，同时也是豆浆浓度的调节过程（豆浆浓度可用手持式折光仪快速测定）。豆渣不但会使豆腐的口感变差，而且会影响后续豆腐凝胶的形成。

家庭作坊主要采用传统的过滤方法，如吊包过滤和挤压过滤，不需要任何机械设备，成本低廉，但劳动强度大，过滤时间长，豆渣中残留蛋白质含量也较高。

豆制品企业主要采用卧式离心筛过滤、圆筛过滤等。卧式离心筛过滤是目前应用最广泛的过滤分离方法，其速度快、噪声低、耗能少，豆浆和豆渣分离较完全。

（6）煮浆

煮浆是豆腐生产中的重要环节。一般要求生豆浆在 100 ℃下保持 3 ~ 5 min，可以在煮浆前加入消泡剂。为了避免煮煳，往往在煮浆缸的底部接有蒸汽管道，让蒸汽直接冲进豆浆里进行加热煮沸。

煮浆的主要目的：

①生豆浆通过加热发生热变性，有利于形成凝胶。煮浆温度、煮浆时间应保证大豆中的主要蛋白质能够发生变性，即大豆蛋白由有序的球状结构转为无序伸展的线性结构，有利于大豆蛋白分子交联形成牢固的三维网状结构。

②加热可破坏大豆中的抗生理活性物质（如胰蛋白酶抑制剂）和豆腥味物质，同时具有杀菌作用。值得注意的是，煮浆过程中，豆浆容易在 100 ℃以下就出现大量泡沫，会出现豆浆假沸现象（使人误以为豆浆已经加热到 100 ℃），而不能充分破坏胰蛋白酶抑制剂等有害物质。

煮浆后再次过滤，去除熟豆渣，得到的豆浆就可以用于点脑（点豆腐）。

拓展

豆浆在 70 ℃下加热，在凝固成型阶段不会凝固；在 80 ℃下加热，凝固极嫩；在 90 ℃下加热 20 min，制得具有通常弹性的豆腐并略带豆腥味；在 100 ℃下加热 5 min，所得豆腐弹性理想，豆腥味消失，超过 100 ℃加热，所得豆腐的弹性反而不够理想。

（7）凝固

凝固是指在大豆蛋白质发生热变性后，通过添加凝固剂，使豆浆由溶胶状态变为凝胶状态。凝固剂中的钙离子或镁离子可使蛋白质分子之间通过钙桥或镁桥相互连接，形成三维网状结构而凝固，而水主要存在于这些三维网状结构内。

凝固是豆腐生产中的重要工序，可分为点脑和蹲脑两部分。

①点脑又称点浆，即把凝固剂按一定比例和方法加入煮熟的豆浆中，使大豆蛋白质溶胶转为凝胶，即豆浆变为豆腐脑。南豆腐点脑的温度以 70 ~ 75 ℃为宜。成脑后正常的 pH 值为 5.8 ~ 6.0，不应高于 7.0。

拓展

南豆腐点脑时的pH值偏酸性有利于凝固，但pH值不能太低，否则凝固太快，豆腐脑收缩强烈，质地粗硬。而豆浆偏碱，则豆腐脑凝固慢，豆腐脑过分柔软，保不住水，不易成型，有时完全不凝固，还会出现白浆现象。

②蹲脑也称涨浆、养花，是大豆蛋白凝固过程的继续，蹲脑时间为 10 ~ 30 min。

点脑操作结束后，蛋白质与凝固剂的凝固过程仍在继续，蛋白质的三维网状结构尚不牢固，只有经过一段时间后凝固才能完成，组织结构才能稳固。

蹲脑过程中宜静不宜动。因为已经形成的三维网状结构会因振动而破坏，使制品产生裂隙，外形不整。不过，蹲脑时间不宜过长，否则凝固物温度下降太多，不利于后续成型。

（8）成型

南豆腐采用压制成型。压制成型是把凝固好的豆腐脑放入特定的模具内，通过一定的压力，榨出多余的黄浆水，使豆腐脑紧密地结合在一起，成为具有一定含水量和弹性、韧性的豆腐。

拓展

压制成型原理是随着水的排出，蛋白质分子间的空间距离减小，蛋白质的次级键（氢键等）重新调整。蛋白质肽链间的次级键数量增加，肽链与水分子间的次级键数量相对减少，肽链间的作用力增加，有利于三维网状结构更加坚实。

豆腐的压制成型是在豆腐箱和豆腐包内完成的。豆腐箱在压制时起固定外形和支撑作用，并可排出黄浆水。豆腐包可在豆腐成型过程中使水通过包布排出，使分散的蛋白质胶体连接为一体。

①上脑即在豆腐箱中铺好豆腐包，然后趁热将豆腐脑舀入豆腐包中。要求快速、均匀，上脑时中间部位的量宜多于四周。若三维网状结构中的水不易排出，可以把已形成的豆腐脑适当破碎（也称破脑）。

②压制豆腐脑上箱后，还必须压制才能定型。一般压制压力在 1 ~ 3 kPa。豆腐压制温度一般控制在 65 ~ 70 ℃，压制时间为 15 ~ 25 min。

拓展

kPa（千帕）是压强单位，1 kPa 表示 1 cm^2 上的压力是 0.01 kg。可根据豆腐箱的压制面积，计算出豆腐箱板上需要加上的重物。

（9）出包冷却

压制成型后，豆腐的温度比较高，质地比较柔嫩，这时要适当冷却，然后即可出包成为成品。可在水槽中出包，这样豆腐失水少、不粘包、表面整洁卫生，可在一定程度上延长豆腐的保质期，也可出包后将豆腐放入水中，有利于减少水分散失。

豆腐的水分含量高，营养丰富，常温露天放置会使微生物大量繁殖。因此，做好的豆腐适合密封包装后放入冷藏条件贮藏，保质期约为 3 d。

5）质量评价

根据《非发酵豆制品》（GB / T 22106—2008）的规定进行质量评价（嫩豆腐）。

《非发酵豆制品》

应具有该类产品特有的颜色、香气、味道，无异味，无可见外来杂质；呈固定形状，柔软有劲，块形完整；细腻，无裂纹。

高级技术

1）磨浆粉碎粒度调整

使用电动砂轮磨时，粉碎粒度是可调的。豆渣是细蓉状，以放在手上搓握不粘手，挤压无白色浆汁为好。

磨浆粉碎粒度调整时，必须保证粗细适度。粒度过大，则豆渣中的残留蛋白质含量增加，豆浆中的蛋白质含量下降，不但影响豆腐得率，也有可能影响豆腐的品质。但粒度过小，不但磨浆机能耗增加，易发热，而且过滤时豆浆和豆渣分离困难，豆渣的微小颗粒进入豆浆中，影响豆浆及豆制品的口感。

2）煮浆方法

（1）敞口缸蒸汽煮浆法

此法在中小型企业中应用比较广泛。敞口煮浆缸的结构是一个底部接有蒸汽管道的浆桶。煮浆时，让蒸汽直接冲进豆浆里，等浆面沸腾时把蒸汽关掉，防止溢出，停止 2 ~ 3 min 后再通入蒸汽进行二次煮浆。

（2）封闭式溢流煮浆法

这是一种利用蒸汽煮浆的连续生产过程。常用的溢流煮浆生产线是由5个封闭式阶梯罐组成的，罐与罐之间有管路连通，每一个罐都设有蒸汽管道和保温夹层，每个罐的进浆口在下，出浆口在上。采用重力溢流，从生浆进口到熟浆出口仅需2～3 min，豆浆的流量大小可根据生产规模和蒸汽压力来控制（图9.2）。

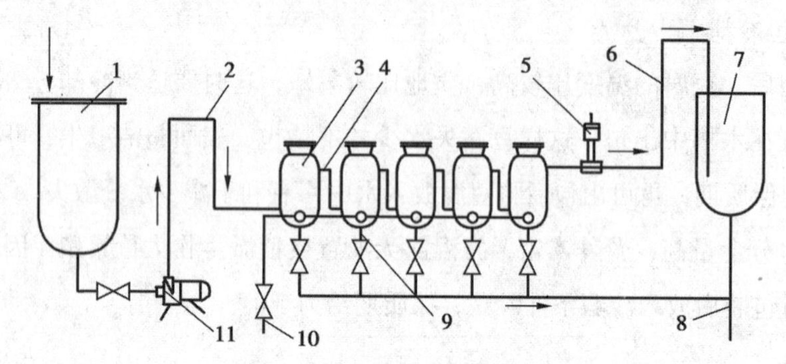

图9.2　溢流煮浆罐工作原理图

1—生浆罐；2—进浆管；3—煮浆罐；4—溢流管；5—电接点温度计；
6—出浆管；7—熟浆罐；8—放浆管；9—最后放浆管；10—给汽管；11—水泵

思考练习

①在豆腐加工中，大豆浸泡的目的是什么？如何判断大豆浸泡程度？

②在豆腐加工中，煮浆的主要目的有哪些？

③豆腐箱、豆腐包有什么作用？

④豆腐花属于传统小吃，你觉得可以将豆腐花与哪些食品搭配以更好地满足消费者需要？从创新创业角度思考，你认为适合在什么地方售卖豆腐花？

任务9.2　油脂加工技术

思政导读

媒体报道不法之徒用价格低的大豆油勾兑色素、花生油香精后制成“浓香花生油”，而消费者很难从颜色、香味上鉴别真伪。从思政导读角度，分析不法之徒的行为存在什么问题。

活动情景

油脂也称脂肪，是多种甘油三酯的混合物。油脂是生物体内能量贮存的主要形式，能提供人体必需的脂肪酸，是脂溶性维生素的载体，并能溶解风味物质，赋予食品良好的风味和口感。通常，室温下固态的油脂称为脂，液态的油脂称为油。

根据来源，油脂可分为动物油脂、植物油脂和微生物油脂，其中植物油脂是最主要的食用油脂和重要的工业原料。本任务主要介绍植物油脂加工技术。

食用的植物油脂主要有大豆油、花生油、菜籽油、葵花籽油、茶籽油、玉米油、棕榈油、米糠油等，品种多样，风味各异。我国土地辽阔，适合植物油脂制取的油料资源丰富，主要有大豆、花生、油菜、芝麻、葵花籽等，此外米糠、玉米胚芽、小麦胚芽等农产品加工副产物近年来也成为重要的制油原料。

任务要求

掌握植物油脂制取、精炼的加工原理和工艺要点。

技能训练

分析小作坊自榨花生油存在的问题。

9.2.1　油脂的制取

人类制取植物油脂的历史悠久，经历了人力机具榨油（木榨、石榨或撞榨、杠杆榨等）、间歇式水压机榨油、连续螺旋榨油机榨油、预榨浸出或一次直接浸出法制油、水代法以至现代的超临界萃取法制油等阶段。目前植物油脂的制取方法主要有机械压榨法、溶剂浸出法及水代法等。所制取的没有经过精炼加工的油脂称为毛油。

1）机械压榨法

机械压榨法是利用机械外力的挤压作用（如静态压榨水压机、螺旋挤压式榨油机等），将油料中的油脂提取出来的方法。机械压榨法是比较古老的制油方法，出油率较低，由于压榨产生高温导致蛋白质变性，饼粕的利用受到限制，动力消耗较大，目前多被浸出法所取代。但机械压榨法工艺简便、灵活、适应性强，适合小批量多品种或特殊油料的加工。

2）溶剂浸出法

溶剂浸出法是利用某些溶剂溶解油料中油脂的特性，将油料料坯中的油脂提取出来的方法。对于低油分油料（如大豆、棉籽、米糠等），一般采用一次直接浸出。对于高油分油料（如菜籽、花生、葵花籽等），可以采用预榨浸出或两次浸出法。相比于压榨法，浸出法具有出油率高、饼粕残油率低、饼粕中蛋白质变性低而可利用性强，同时浸出法制油过程的连续化、自动化程度高，生产效率高。但是浸出法也存在毛油成分较复杂，油脂中会有少量的溶剂残留，溶剂易燃、易爆等缺点。

3）水代法

水代法是利用油料中的非油成分（如蛋白质）对油和水的亲和力的差异，并利用油水密度不同而将油脂与蛋白质等成分分离的制油方法。水代法是以水为溶剂溶解蛋白质等亲水成分或使蛋白质吸水膨胀，而不是萃取油脂，因此具有操作简单、安全、经济等优点。但是油脂和其他成分分离较为困难，适合于生产一些特有油脂，如我国的小磨香油就是以芝麻为油料采用水代法生产的。

值得注意的是，油脂制取前应对油料进行必要的处理，使得油料具有最佳的制油性能，以满足不同制油工艺的要求。通常包括清理除杂、剥壳、破碎、软化、轧坯、蒸炒等。

9.2.2 油脂的精炼

由压榨法、浸出法或水代法制取的毛油中成分比较复杂。除甘油三酯外，还含有磷脂、游离脂肪酸、色素、过氧化物、蜡质以及各种机械杂质等。这些杂质的存在对于油脂的贮存、食用或加工都有不利的影响。为满足食用或工业用途的要求，以及贮存、应用和保持营养成分与风味等方面的需要，必须有效地去除毛油中的各种杂质。毛油去杂的工艺过程称为油脂的精炼。植物油脂的精炼工艺流程如图 9.3 所示。

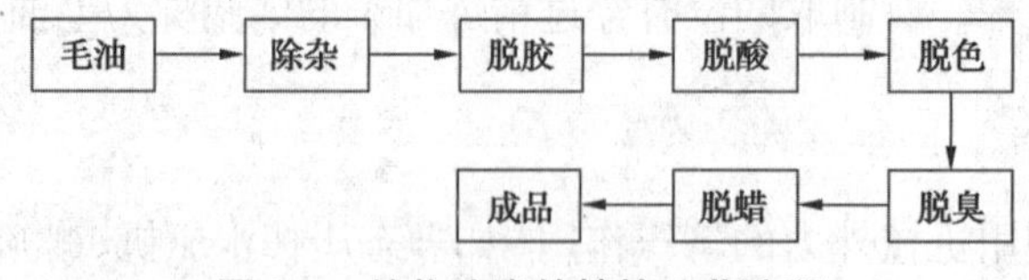

图 9.3 植物油脂的精炼工艺流程

1）毛油中机械杂质的去除

毛油中的机械杂质包括饼粉、壳屑与沙土等固体物，可以采取过滤或离心分离等方法加以去除。

过滤法是借助重力、压力、真空或离心力的作用，在一定温度条件下使用滤布过滤的方法。油能通过滤布而杂质留存在滤布表面从而达到分离的目的。过滤设备主要有箱式过滤机、板框式过滤机、圆盘过滤机等。

离心分离法是利用离心力的作用进行过滤分离或沉降分离油渣的方法。该方法分离效果好，生产连续化，处理能力大，且滤渣中含油少，但设备成本较高。

2）脱胶

毛油中往往含有磷脂、蛋白质以及多种树脂状胶质，如浸出法制取的大豆油中磷脂含量达 3% 以上。磷脂具有胶体作用，能吸附水、微生物和其他杂质，容易将其带入油脂中。这些物质会促进油脂水解和氧化酸败，缩短油脂的贮存期；还能使其及吸附的物质形成大胶团，从油脂中沉淀出来，变成油脚，降低了油脂的品质；含有大量磷脂的油，加热易起泡沫，冒烟多有臭味，同时磷脂氧化而使油脂呈焦褐色。因此，油脂需要进行脱胶处理，以脱除磷脂等胶体（也包括油脂中混有的少量蛋白质胶体）。

例如，大豆油采用水化法脱胶，即加入 2% ~ 3% 的水，并在 50 ℃左右搅拌，然后静置沉降或离心分离水化磷脂。其原理是利用磷脂分子中含有亲水基团而使磷脂等胶体杂质吸水膨胀并凝聚，从油中沉降析出而与油脂分离，沉淀出来的胶质则称为油脚。大豆油的油脚中含有丰富的大豆卵磷脂，具有重要的营养保健作用。因此，大豆卵磷脂是大豆油精炼过程的重要副产物，可大量廉价获得供应。

3）脱酸

对于植物油脂而言，成熟的油料种子在收获时油脂已经发生明显水解而产生游离脂肪酸。此外，未精炼的植物油脂在存放过程中，由于混有水和分泌脂酶的微生物，也会产生大量的游离脂肪酸。植物油脂中出现较多游离脂肪酸后，油脂的氧化速度加快，会分解出更多的小分子物质，使油脂的发烟点降低，油的品质明显劣化，严重时发生酸败而不能食用。因此，制取的毛油需要进行脱酸处理，通常是通过加碱中和（如氢氧化钠溶液）而将游离脂肪酸除去。加碱中和后形成的沉淀物称为皂脚。

4）脱色

毛油通常具有各种颜色，如棕黄、黄绿、黄褐色等，这是因为毛油中溶有各种脂溶性色素物质，如类胡萝卜素、叶绿素、叶黄素等，影响油脂的外观和稳定性。尤其是食品中存在的某些天然色素（如叶绿素）是光敏化剂，受到光照后吸收能量被激发，成为活化分子，可直接与油脂作用，生成自由基，从而引发油脂自动氧化。因此，在油脂精炼加工中，需要对毛油进行脱色处理。工业生产中应用最广的是吸附脱色法，即采用活性白土、酸性白土、活性炭等吸附油脂中的各种色素物质，再过滤除去吸附剂及杂质，使油脂脱色后色泽变浅。

5）脱臭

未精炼的油脂容易氧化酸败，产生小分子的醛、酮等物质，使油脂产生臭味，加上存在白土、溶剂残留的气味等，需要对毛油进行脱臭处理。真空蒸汽脱臭法是目前国内外应用最为广泛的方法。它是利用油脂内的臭味物质和甘油三酯挥发性的差异，在高温、高真空条件下，借助水蒸气蒸馏的原理，使油脂中引起臭味的挥发性物质在脱臭器内与水蒸气一起逸出而达到脱臭的目的。

6）脱蜡

某些植物油脂（如大豆油、玉米胚芽油、葵花籽油）中含有少量的蜡，由于蜡的熔点较油脂的高，当冬天或低温时，蜡凝成云雾状态悬浮于油脂中，使油混浊，影响外观，一般在油脂精炼加工中加以脱除，即脱蜡处理。

油脂脱蜡是利用油脂与蜡质熔点相差大的特性，通过冷却、结晶，然后用过滤或离心分离的方式进行油蜡分离。一般将油脂冷却到 4 ～ 6 ℃，并在此温度下保持 12 ～ 24 h，油脂中的蜡在低温下结成蜡晶，即可经加压过滤设备滤除。

高级技术

一些地区的人们喜欢购买榨油小作坊现场机械压榨法制取的花生油（后续未经过精炼加工），认为其风味醇香，在加工过程中不添加任何化学物质，绿色健康。但是这种机械压榨法存在饼粕的残油量高、出油率低，以及后续未精炼加工而容易出现氧化酸败、保质期短等问题。此外，需要注意所用花生原料是否存在霉变的问题，否则这种方法制取的花生油在后续未经精炼加工的情况下容易出现黄曲霉毒素超标问题，导致人体中毒。

因此，建议消费者通过正规渠道购买品牌花生油产品。因为专业的花生油加工企业会选择优质的花生原料，并采用色选机挑选、人工挑选等方法将发霉、发芽等不合格花生原料去除，以有效地降低花生油毛油中黄曲霉毒素含量，同时严格控制花生压榨的工艺条件（如花生炒制温度和时间控制不当而炒焦，会产生 3,4- 苯并芘等有害物质），并对机械压榨法制取的花生油毛油进行除杂、脱胶、脱酸、脱色、脱臭等精炼加工，对每批产品进行黄曲霉毒素检测，以确保花生油产品的品质达标。

目前市面上已有家用榨油机，消费者可在家自制花生油，但应挑选没有霉变的花生作为原料。

思考练习

①油脂精炼加工有哪几道工序？

②小作坊自榨花生油存在哪些安全隐患？

附 录

附录 1　食品信息资源网络检索

安排学生上机操作，通过教师示范，演示如何检索食品相关信息，为科研开发和课外学习打下基础。

1）期刊文献检索

从学校图书馆网页进入中国知网，根据关键词（如沙田柚）进行检索，并下载该网站的文献阅读软件。采用逐年下载，根据年份建立文件夹，保存所下载文献。

2）标准检索

进入食品伙伴网，选择其中的“标准”栏目。

3）专利检索

进入国家知识产权局网，选择其中的“专利检索”栏目。

4）视频检索

进入央视网，根据关键词检索相关视频，使用“维棠”软件下载网上视频。

5）文档检索

进入搜搜网，根据关键词（如“食品加工 filetype:ppt”）进行检索，可下载课件。

6）微信公众号“下厨房”

手机微信查找公众号“下厨房”，可以检索相关食品加工工艺和配方。

7）淘宝网购买食品添加剂

进入淘宝网，根据关键词（如苯甲酸钠）进行检索，按照销售量排序，然后看商品是否符合自己的需要，结合网站等级和评价。

附录 2　课程实验指导书

1）课程实验要求

①通过本课程实验，使学生掌握食品加工工艺、操作要点和加工原理；掌握不同的配方、加工条件对食品品质的影响；了解食品加工设备操作方法及其构造、原理；了解食品加工中的卫生、安全要求；积极主动思考，提高分析问题、解决问题的能力。

②实验前，应认真书写实验预习报告。每组同学可以开会讨论，共同完成一份实验预习报告，内容包括：绘制实验操作示意图，确定实验操作步骤的先后顺序（使实验连贯开展），确定原辅料称量配制的方法，确定每组的原辅料、器具清单（避免实验中临时找物品的混乱），确定人员基本分工，确定实验研究的内容，确定食品感官评价标准。

③实验过程中，应认真操作，细心观察，善于思考，详细记录。积极主动实验，克服实验困难，能与组员协作完成实验。

④在完成课程实验之外，应积极开展自主实验。在实验过程中，各组同学应积极探索研究与讨论问题，实现头脑风暴。注意“鱼”和“渔”的关系。

⑤对于实验中出现的问题，应认真思考，分析原因并记录在实验报告中。

⑥实验结束后，认真书写实验报告，按时上交。

实验报告包括：项目名称、实验原理、实验工艺简述、实验结果（产品描述，如所制食品的色、香、味、形等描述）、实验问题与分析（提出一个或多个实验情景问题，尤其是实验失败问题）、实验感受（实验的经验教训或建议）。

2）食品加工实训室规则

①自觉遵守纪律，不得喧哗吵闹、迟到早退，更不得缺席。

②爱护加工设备，厉行节约。如不慎损坏加工设备，应及时报告老师，说明原因，经老师同意后，方可换领，并按规定处理。

③应将所用器皿、设备等清洗干净，对加工的食品卫生安全负责。

④称取食品原辅料时，应仔细辨明标签，以免取错。取完后，应及时将瓶盖盖好，放回原处，切忌乱拿乱放。

⑤注意安全，防火、防烫伤、防电击、防机械伤害等。

⑥注意实训室卫生、整洁。废弃液体应倒入水槽，放水冲走；固体废渣等应放入指定容器，不得随意乱扔或丢进水槽。

⑦实验结束后各组应将实验台整理好。安排值日生清扫，关好水、电、门、窗，经老师检查同意后，方可离开实训室。

实验 1　花生罐头加工

1）实验目的

掌握花生罐头的加工工艺和操作要点，理解罐藏原理。

2）实验原辅料和设备

花生（每组花生仁 500 g）、食盐、味精、白砂糖、老抽、甘草、花椒、八角。

电子秤、高压灭菌锅、电磁炉、四旋玻璃罐、漏勺。

其中，四旋玻璃瓶需要实验室提前购买。每位同学自带品尝容器、勺子和饮水杯。

3）汤汁配方

（1）基础配方（500 g 干花生仁）

1 000 g 汤汁：食盐，24 g；味精，4.4 g；白砂糖，20 g；老抽，6 g；红辣椒，16 g；香料水，补足至 1 000 g。该配方可以通过预备实验进行优化。

其中，香料水配方：甘草，8 g；花椒，5 g；八角，20 g；水，2 200 g。煮沸 30 min，过滤，补水至 2 000 g，即每个组制备 2 000 g 香料水。

花生：汤汁 = 1 ∶ 2。之所以需要较多汤汁，是因为需要部分汤汁进行感官品尝，且加工中会有损失。先称好花生重量，再准备所需汤汁的量。

依据基础配方，进行花生罐头加工，标记组号、配方代号等。

（2）自主配方

每组装罐时，在每罐装完花生仁、汤汁后，分别添加不同量的红辣椒（0 g、0.5 g、1 g、2 g），再密封、杀菌、冷却。

4）人员安排

6 ~ 7 人一组。

5）工艺流程

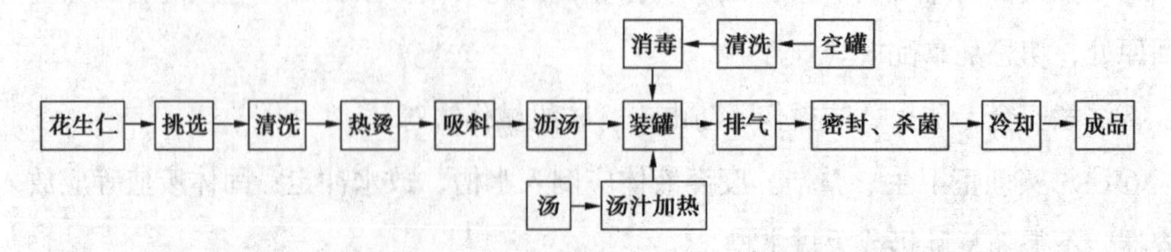

6）操作要点

（1）空罐清洗、消毒

空罐及罐盖先清洗，再用沸水消毒 5 min，然后进行香料水配制。

（2）挑选

严格挑选和分级，剔除不合格的原料（如霉变、虫蛀等）。

（3）热烫

将洗净的花生仁倒入沸水中，再次沸腾后，改为微沸热烫 5 min。捞出，沥水。

（4）吸料

称好加热容器重量，便于后续补水。

按基础配方称量调味料，加香料水煮沸成调味料，搅匀。趁热放入花生仁，沸腾后，改为微沸保温 30 min，对花生进行吸料，使花生更入味，质地更软绵。在其过程中需要加上盖子，减少水分蒸发，其间适当补水。煮好后，需要补水至原重（热烫后花生仁质量 +1 000 g）。

汤汁用纱布过滤，留待后面装罐用。

（5）装罐

将吸料好的花生仁趁热按规格计量分装，使得每罐中花生装填量相近；汤汁要浸没腌制花生。留出 5 mm 左右顶隙（顶层距罐盖的高度），以免杀菌时形成鼓盖或胀裂。

（6）排气

置于沸水中保温 10 min 排气，趁热密封。

（7）密封、杀菌

密封后，放入高压杀菌锅（应提前预热好），杀菌条件为

$$\frac{15\ \text{min}-30\ \text{min}-15\ \text{min}}{118\ ℃}$$

主要是控制恒温杀菌温度、杀菌时间达到要求。

（8）冷却

应采用分段冷却。

（9）品尝

冷却至室温后，开盖品尝，进行感官评价。

7）实验讨论

①对所制的花生罐头进行感官评价，确定哪个配方更好，提出改进意见。

②有些同学采用玻璃罐，杀菌后取出，罐内产生气泡，且汤汁减少了，是什么原因造成的？

③有同学提出："经杀菌后的花生罐头，开封后 2 d 出现了臭味，所以自制的花生罐头保质期不长。"你认为这位同学的说法存在什么问题？

④你是否会食用放置 4 周以上的花生罐头（未开盖）？

实验 2　凝固型酸奶加工

1）实验目的

掌握凝固型酸奶的加工原理和加工工艺，研究发酵时间对酸奶品质的影响。

电子秤的使用

2）实验设备

电子秤、恒温培养箱、冷藏柜、温度计、搅拌器（棒）、保鲜膜、恒温水浴锅、封口机、不锈钢烧杯等。

凝固型酸奶加工

3）配方

6 ~ 7 人一组。

全脂奶粉, 12%；白砂糖, 8%；发酵剂（市售凝固型酸奶, 含有活菌）, 4%；水, 76%。

4）工艺流程

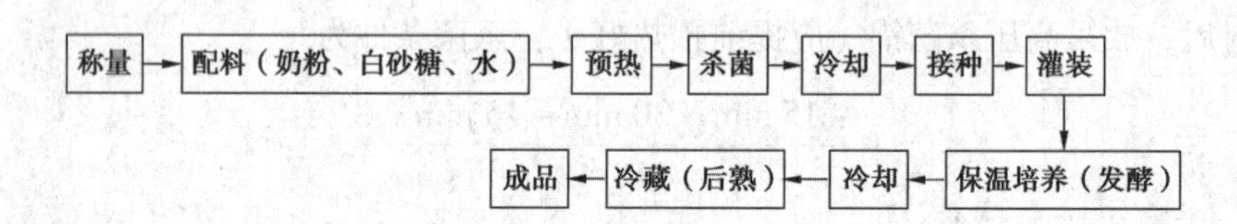

5）实验步骤

（1）称量

根据每组分配的全脂奶粉量（180 g），计算所需物料的量，称好，备用。由于最后需要用水补足，应提前称好容器重量。

相关器具要清洗干净并用沸水消毒，确保食品卫生。其中，空瓶先清洗，再在空瓶中加入沸水消毒即可。

（2）配料

将奶粉、白砂糖、水混合（装入水壶），溶解，搅拌均匀。

（3）预热

采用水浴预热（55 ～ 65 ℃）并搅拌，促进所有原料溶解，不得有固体物料存在。

（4）杀菌

采用电磁炉加热水浴，并将装有物料的容器（如水壶）放入水浴中加热。水浴煮沸后，保持 5 min，其间要不断搅拌。

（5）冷却

杀菌后，加入纯净水（烧沸后的）补足重量。操作中应避免二次污染。采用水浴冷却至 45 ℃，以备接种。

（6）接种

接种前，将发酵剂（如市售的燕塘低脂酸奶）进行充分搅拌，到凝乳完全破坏的程度，是为了使菌体从凝乳块中游离分散出来。注意使用清洗、消毒、冷却好的玻璃棒等。将发酵剂（酸奶）加入杀菌冷却乳中，充分搅拌均匀（不能有不溶物）。

（7）灌装

使用宽口酸奶瓶，每瓶灌装 150 g。手工灌装，然后用保鲜膜封口（用橡皮筋箍紧）。灌装速度要快，时间越短越好。

（8）保温培养（发酵）

恒温培养箱的使用

一般采用 42 ℃左右，保温培养 4 ～ 5 h。进行保温培养时间研究，即 4.5 h 取 5 瓶、5 h 取 5 瓶，做好标记（组号、保温时间）。

（9）冷却

将保温培养好的酸奶放入 2 ～ 7 ℃冷柜中冷却。

（10）冷藏（后熟）

在 2 ～ 7 ℃下冷藏 12 ～ 24 h。第二天品尝，进行感官评价。

6）实验讨论

①对所制的凝固型酸奶，确定不同保温培养时间下样品组织状态、口感对比，提出改进意见。

②你所制酸奶是否忘记加糖？如果酸奶忘记加糖，应如何补救？

③在分组实验中，曾经发生过有一个组的同学食用酸奶后腹泻，而其他组未出现不适的现象。分析在凝固型酸奶加工中杀菌操作完成后，哪些环节可能引入杂菌。

④为什么杀菌后需要进行补水操作?

实验 3　豆腐花加工实验

1）实验目的

掌握豆腐花的加工工艺，能够自主开展豆腐花加工研究。

2）实验设备

榨汁机（或磨浆机）、电子秤、电磁炉、滤布、恒温水浴锅等。

3）配方

每组提供 250 g 干黄豆，可以做 2 次豆腐花。

干黄豆，125 g；白砂糖，85 g，凝固剂（内酯 1.5 g，石膏 0.7 g）；水，950 g。

豆腐花
加工实验

4）工艺流程

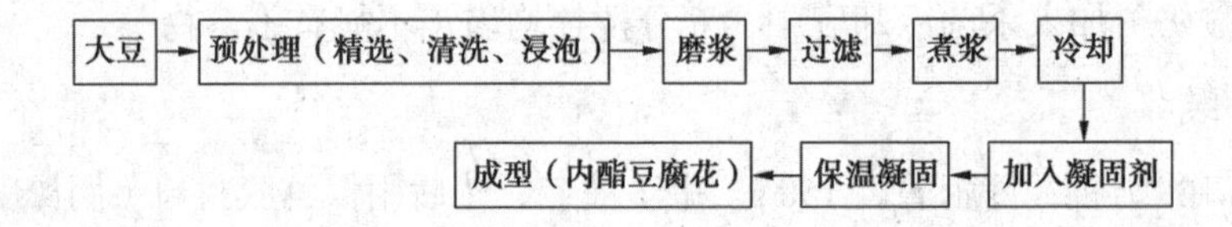

5）实验步骤

（1）预处理

购买新鲜、品质良好的干黄豆。挑选，去除霉烂、虫蛀的黄豆。

每组提前一天称取 125 g 干黄豆，洗净，用 3 倍自来水浸泡过夜，使大豆蛋白吸水利于后续提取。使用前需要再次清洗，沥干。

豆渣馒头
加工

（2）磨浆、过滤

加水，用榨汁机破碎，加水量为 950 g，应分 2 次加水（600 g+350 g）榨汁过滤；用纱布挤压过滤，收集浆液，即为生豆浆。再收集 2 次生豆浆，用纱布自然过滤，不用挤压，去除生豆浆中的豆渣。

（3）煮浆

将生豆浆水浴加热至 85 ℃，边加热边搅拌，再直接加热煮沸，保持沸腾 3 min 左右（泉涌状），去除豆腥味，产生豆香味，即为熟豆浆。其间要不断搅拌，尤其是锅底需要搅动，防止煳底。

煮浆后，控制熟豆浆总重为 850 g。

拓展

如果想直接作豆浆饮用，可以在上述 850 g 熟豆浆中加入 55 g 白砂糖，趁热搅匀即可。

之后，在熟豆浆中加入 85 g 白砂糖，趁热搅匀。

（4）冷却

将装有熟豆浆的容器放入水浴中，冷却至 40 ℃以下。

（5）加入凝固剂

称取凝固剂（内酯 1.5 g，石膏 0.7 g），临用前用 30 g 水（40 ℃以下）溶解。加入冷却好的豆浆中，充分搅拌均匀，再用汤匙撇去表面泡沫，使产品表面更平整。

（6）保温凝固

将容器加盖或用保鲜膜覆盖，放入 80 ℃水浴中，保温 15 min 左右，豆腐花凝固成型。要求豆浆能在水浴锅的水浴面以下，确保保温凝固均匀。

将容器取出，放于室温下，快速去除容器盖或保鲜膜（避免水蒸气冷凝成水珠滴入豆腐花上），静置冷却 1 min。

（7）品尝

每组配制 10% 浓度糖液，即 20 g 白砂糖（黄片糖更好）和 180 g 纯净水，搅匀。糖液浓度可以根据各自口感微调，或者自备果酱或其他辅料。

品尝时，将豆腐花舀于杯中，直接品尝，或加入少量上述糖液进行品尝。

6）质量评价

根据《豆腐》（Q/KBC 0002S—2011）中豆腐脑的要求进行质量评价。

项目	要求
色泽	白色或淡黄色
气味与滋味	具有豆香味，不涩，不苦，甜度适宜
组织形态	细腻滑润
杂质	无肉眼可见外来杂质

实验 4　曲奇饼干加工实验

饼干是以面粉、糖、油脂、膨松剂等原料，经调制、成型、烘烤等工序制成的水分含量低的方便食品。在我国，饼干产品水分要求≤ 6.5 g/100 g。饼干具有口感膨松、水分含量少、便于包装携带且耐贮藏等优点。按加工工艺，可将饼干分为酥性饼干、韧性饼干、发酵饼干、压缩饼干、曲奇饼干、夹心饼干、威化饼干、蛋卷、煎饼等。

1）实验目的

掌握曲奇饼干的加工工艺。

2）实验设备

电子秤、烤炉、烤盘、电动打蛋器、裱花袋（配不同花嘴）或曲奇枪（配不同花片）、刮刀、筛网等。

3）配方

曲奇加工

6 ~ 7 人一组。

面包粉（高筋粉），150 g；糕点粉（低筋粉），125 g；糖霜粉，100 g；黄油，200 g；鸡蛋液，62.5 g；奶粉，12.5 g。

4）实验步骤

①将黄油在室温下自然软化后，加入糖霜粉，用刮刀搅匀。

②使用电动打蛋器，不断搅打第一步混合物，将黄油搅至发白（充气，但不可过头）。

③加入鸡蛋液搅匀。

④加入混匀过筛的面包粉、糕点粉、奶粉到黄油糊中，用刮刀拌匀，成为均匀的曲奇面糊。

⑤使用刮刀将曲奇面糊装进裱花袋（配相应的花嘴）中，挤在烤盘上（排位、大小要均匀），或者使用曲奇枪（配相应花片）。

⑥放入预热好的烤炉烘烤，上火 190 ℃、下火 160 ℃，时间 15 ~ 18 min，表面金黄色即可出炉。

5）质量评价

根据《曲奇饼干》（T/AHFIA 019—2019）的规定进行质量评价。

项目	要求
形态	外形完整，花纹清晰或无花纹，同一造型大小基本均匀，饼体摊散适度，无连边，特殊加工品种表面或中间允许有可食颗粒存在
色泽	呈金黄色、棕黄色或品种应有的色泽，色泽均匀
滋味与口感	有明显的奶香味及品种特有的香味，无异味，口感酥松或松软
组织状态	断面结构呈细密的多孔状，无较大孔洞

实验 5 馒头加工实验

馒头是我国的传统面食，是面粉加酵母、水或食用碱等混合均匀，通过和面、醒发、蒸汽加热而成的食品，成品外形为半球形或长方形，味道可口松软。馒头种类繁多，各具特色。随着人们生活水平和健康意识的提高，日益重视主食的营养保健功能，如在馒头原料中添加一定比例的全麦粉、荞麦粉等加工全麦馒头、荞麦馒头等，以更好地满足高血糖、糖尿病人群的需要。

1）实验目的

掌握馒头的加工工艺。

2）实验设备

和面机、醒发箱、蒸锅（配有蒸盘）、电子秤、面盆、操作台、切刀等。

馒头加工实验

3）配方

面粉，600 g；水，300 g；馒头酵母，5 g；白砂糖，40 g。

4）工艺流程

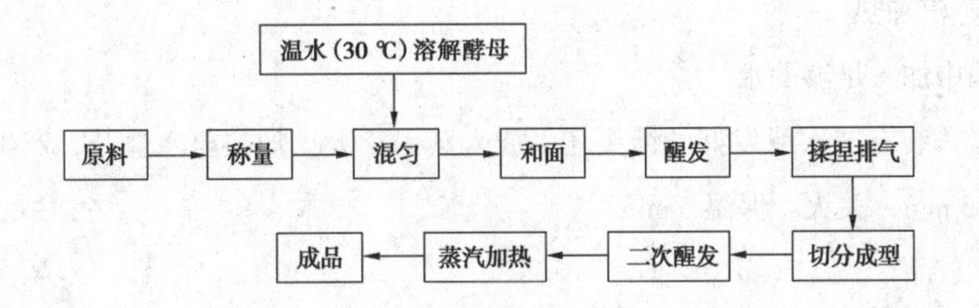

5）实验步骤

（1）原料

面粉选用适合馒头加工的普通面粉，酵母选用馒头酵母。

（2）称量

用电子秤准确称取各种原料。其中，称取 30 ℃温水 100 g，加入 5 g 馒头酵母，搅拌活化 3 min，得到酵母水。

（3）混匀

将面粉、白砂糖倒入和面机的料桶，混匀。

（4）和面

将酵母水倒入装有面粉、白砂糖的料桶中，边搅拌边分次加入 200 g 水。搅拌 15 min

左右，直至面团表面光滑、不粘手，面团内不含生粉。

（5）醒发

将和好的面团置于温度为 38 ℃、相对湿度为 80% 的醒发箱中，醒发 60 min 左右，使面团体积膨大 1 倍，面团内部呈蜂窝状且均匀的组织结构。

（6）揉捏排气

在操作台上撒上少量面粉，再将醒发好的面团进行揉捏排气，并根据面团情况加入少量面粉，揉捏面团至表面光滑、不粘手。

（7）切分成型

用擀面杖将面团擀成面片，使得面片表面光滑，然后卷成圆柱形，应使面片之间紧密，无大的空隙。

用切刀将圆柱形面团切成段，形成形状相同、大小均匀、表面光滑的馒头坯。在蒸盘上提前放置油纸或屉布，将馒头坯放入蒸盘中，每个馒头之间保留一定间隔。

（8）二次醒发

将装有馒头坯的蒸盘再次置于温度为 38 ℃、相对湿度为 80% 的醒发箱中，醒发 30 min 左右，至馒头坯体积膨胀 1 倍，表面光滑，不皱缩为宜。

（9）蒸汽加热

在蒸锅中加入足够的水。

将蒸盘（装有二次醒发好的馒头坯）放入蒸锅，大火加热至水烧开，产生蒸汽，再大火加热 15 min，关火。保温 5 min。

（10）成品

加工好的馒头，室温冷却，进行品尝。

6）质量评价

《小麦粉馒头》

根据《小麦粉馒头》（GB/T 21118—2007）的规定进行质量评价。

项目	要求
外观	形态完整，色泽正常，表面无皱缩、塌陷，无黄斑、灰斑、黑斑、白毛或粘斑等缺陷，无异物
内部	质构特征均一，有弹性，呈海绵状，无粗糙大孔洞、局部硬块、干面粉痕迹及黄色碱斑等明显缺陷，无异物
口感	无生感，不粘牙，不牙碜
滋味与气味	具有小麦粉经发酵、蒸制后特有的滋味和气味，无异味

附录3 【思考练习】答案

绪论

①答：例如在戚风蛋糕加工中使用了塔塔粉、泡打粉等。

②答：例如梅州的沙田柚、肇庆德庆县的皇帝柑、云浮郁南县的无核黄皮等。

③答：马铃薯是世界第四大粮食作物，亩产量高；马铃薯耐寒、耐旱、耐瘠薄，适应性广，生长需水少，种植相对容易；马铃薯营养价值高，含有人体必需的碳水化合物、蛋白质、维生素、膳食纤维等。因此，推进马铃薯成为我国主食产品对保障国家粮食安全意义重大。

④答：例如结合家乡的一种水果资源（如百香果、黄皮），确定自己想将其加工成哪种产品和如何销售，然后网上查找一家OEM生产企业，加工出产品。

⑤答：家用炒菜机器人会逐步在家庭广泛使用，使得人们从繁重的家务劳动中解放出来，让不会做饭菜的人也能烹饪出美味；商用炒菜机器人可以在学校饭堂等应用，减轻厨师的劳动强度，菜肴口感更加统一。

⑥答：例如通过学习该课程，今后在食品企业从事检验或品控工作的同学，懂得相关食品加工的原理和工艺，可以结合检验数据确定产品质量是否稳定或发现生产中存在的问题；今后从事乡村旅游创业的同学，可以学习相关食品制作的工艺、优化配方，拓宽视野，完善自己的创业想法。

项目1 果蔬加工技术

任务1.1 果蔬贮藏保鲜技术

①答：在果品涂膜保鲜中，不是涂膜越厚越好。涂膜过厚，会影响果蔬的正常呼吸作用，使果蔬腐败变质。

②答：起到减少脐橙等水果的水分散失、降低呼吸强度、减少微生物污染等作用。不能，因为刚采摘的水果温度高，呼吸作用旺盛，此时套塑料袋，容易在袋内出现水珠凝结而引起水果发霉。

③答：气调保鲜包装机还可以用于净菜、冷鲜肉等食品保鲜。

任务1.2 果蔬速冻加工技术

①答：相对蒸汽漂烫而言，热水漂烫的优点是物料受热均匀，升温速度快，方法简便；

缺点是可溶性固形物损失多。

②答：主要是钝化引起果蔬变色的多酚氧化酶、过氧化物酶等酶，延缓果蔬褐变。

③ B

④ B

⑤ A

⑥ C

任务 1.3 果蔬罐头加工技术

①答：马口铁罐是用镀锡薄钢板制成的，罐内壁使用锡层防腐蚀，但长时间与食品成分接触过程中，存在锡迁移问题。

②答：杀菌后的罐头应立即冷却，终止高温对果蔬的继续作用。冷却不及时，就会造成内容物色泽、风味的劣变，组织软烂，甚至失去食用价值。

③ D

④ D

⑤ C

⑥ C

⑦答：由于罐头采用排气、密封、杀菌，会在罐内形成一定真空度，使得罐盖呈内凹。如果罐盖凸起，说明发生了胀罐，可能是杀菌不彻底所致，不能食用。

任务 1.4 果蔬糖制加工技术

①答：在果蔬硬化工序中，若氯化钙浓度过高或浸泡时间过长，会生成过多的果胶酸钙，或引起纤维素钙化，而使产品粗糙，品质下降。

②答：a. 高渗透压作用。一般果脯蜜饯的含糖量达到 65% 以上，可以产生高渗透压作用，从而抑制微生物的生长，使糖制品能较长时间保存。b. 降低水分活度。如干态蜜饯的水分活度为 0.65 以下，几乎抑制了一切微生物的活动，具有较强的保藏作用。

③答：在糖制工序中，如果吃糖不足，糖分没有充分渗入果蔬组织内部，在后续干燥过程中，果脯产品会出现皱缩、干硬等问题，影响产品的外观，同时含糖量不足、渗透压不足，会影响果脯的贮存保藏。

任务 1.5 果蔬干制加工技术

①答：a. 因骤然高温，组织中汁液迅速膨胀，易使细胞壁破裂，内容物流失。b. 原料中糖分和其他有机物常因高温而分解或焦化，有损成品外观和风味。c. 初期的高温低

湿易造成结壳现象，而影响水分扩散。

②答：果蔬在干制过程中（或在干制品贮藏中），易发生褐变，常常变成黄色、褐色或黑色，一般称为褐变。按产生的原因不同，又分为酶促褐变和非酶褐变。其中，酶促褐变是在多酚氧化酶（PPO 酶）和过氧化物酶（POD 酶）的作用下，果蔬中单宁等多酚物质被氧化成醌类及其聚合物而呈现褐色。干燥温度一般不足以钝化酶活性，因此在干制前进行热烫或加化学抑制剂（如抗坏血酸、亚硫酸氢钠等）处理，能有效抑制酶促褐变和色素物质（如叶绿素、胡萝卜素）褪变。硫处理对抑制非酶褐变有一定作用。

③答：冷冻干燥和真空干燥都利用了高真空条件进行干燥，可以避免热敏性成分的变化。但是冷冻干燥是将食品先进行冻结，然后在高真空条件下进行干燥，水分是从固态升华为气态，较好地保持了食品的结构状态。真空干燥没有先将食品进行冻结，水分是从液态变为气态，食品仍存在皱缩的问题。

任务 1.6　果蔬汁饮料加工技术

①答：倒瓶是指橙汁饮料热灌装、密封后，将瓶翻转保温对瓶盖杀菌，即利用余温对瓶盖及瓶颈进行杀菌。

②答：橙汁饮料的 pH 值小于 4.5，属于酸性食品，可以采用常压杀菌。

③答：抗氧化，延缓褐变发生。

④答：脱除橙汁中混入的氧气，延缓对橙汁的色、香、味的影响。

⑤答：如果不均质，由于果蔬汁中的悬浮果肉颗粒较大，产品不稳定，在重力的作用下果肉会慢慢向容器底部下沉，放置一段时间后就会出现分层现象，而且界限分明，容器上部的果蔬汁相对清亮，下部浑浊，影响产品的外观质量。

⑥ B

项目 2　乳制品加工技术

任务 2.1　原料乳验收与预处理

①答：均质的作用是防止脂肪上浮，使乳脂肪均匀地分布于乳中，口感细腻，同时又易于消化吸收，提高乳香味。

②答：生乳中微生物的来源包括：a. 乳房中的微生物。在健康乳牛的乳房内，总有一些细菌存在。b. 挤乳过程中的微生物。如牛舍空气、垫草、饲料、牛的粪便和土壤等，都含有大量的微生物；不洁的牛体附着的尘埃和牛粪；挤乳用具和盛乳容器；挤乳工人

和其他管理人员也会把微生物带入乳液。c. 挤乳后微生物的污染和繁殖。乳液挤出后，应进行过滤、冷却，在此过程中所接触的空气、过滤器、容器等，都可能使其再污染微生物。原料乳如果不及时加工或冷藏，乳液中的微生物就会增殖。

乳中微生物控制措施：挤乳前应将牛舍通风，并用清水喷洒地面，以减少舍中的尘埃。挤乳后再进行喂饲。在挤乳前，牛的乳房和乳头、挤乳工人的手应经严格的清洗消毒。贮奶桶在使用后应及时进行清洗消毒。挤乳时要弃去最先挤出的少数乳液。管道、设备、滤布等应定时清洗杀菌。乳液挤出后，应及时进行冷却，使乳温下降至 10 ℃以下。

任务 2.2 巴氏杀菌乳加工技术

①答：牛奶营养丰富，在足够的温度和时间下，微生物会迅速地在牛奶中繁殖。造成牛奶包装变鼓的现象称为胀袋或胀包，主要是大肠菌群的繁殖分解了牛奶中的乳糖并产生气体引起的。这种发生了胀袋或胀包现象的牛奶是不能饮用的。

②答：防止过度受热，且巴氏杀菌乳并非是无菌的，故在巴氏杀菌后必须快速冷却，以防残存细菌的繁殖。

任务 2.3 酸乳加工技术

①答：当鲜乳中抗生素或残留有效氯等杀菌剂超标，会抑制乳酸菌的生长。

②答：不可以不冷却。冷却的目的：迅速有效地抑制酸乳中乳酸菌的生长，降低酶的活性，防止产酸过度；使酸乳逐渐凝固成白玉般的组织状态；降低和稳定酸乳脂肪上浮和乳清析出；延长酸乳的保存期限；使酸乳产生一种食后清凉可口的味感。

③答：例如加入蓝莓酱、芒果块、黄桃块等。

④答：例如作为食检专业同学，在学好检验操作的同时，掌握乳制品加工原理和工艺，有利于根据检测数据发现产品存在的问题，进而提出品质控制改进的建议，因此有必要加强食品加工技术课程学习。

任务 2.4 乳粉加工技术

答：乳粉中的水分过高，会加速乳粉中细菌繁殖，使酪蛋白变性而成为不溶性物质，从而使乳粉的溶解度下降，而水分过低，又易引起氧化臭味。

任务 2.5 冰淇淋加工技术

①答：高脂肪和高糖组分的存在会保护细菌免遭热破坏。

②答：灌装阶段。如果在凝冻过程加入，葡萄干会被凝冻机搅碎，同时影响凝冻膨胀效果。

③答：老化工序。

④答：冰淇淋的重结晶现象严重，也会促进乳糖结晶，造成冰淇淋质地粗糙，形成砂状组织。

⑤答：有利于提高冰淇淋膨胀率，抑制冰晶形成，减少冰渣感产生。

⑥答：老化的目的是可促进蛋白质和稳定剂的水合作用，使其充分吸收水分，料液黏度增加，有利于凝冻时膨胀率的提高。

⑦答：速冻硬化的目的是固定冰淇淋的组织状态，保持适当的硬度，便于销售和运输；有利于形成极细小冰晶体，避免产生冰渣感，保证冰淇淋的质量。迅速硬化时，冰的结晶体细小，组织润滑且均匀一致；如果硬化迟缓，则一部分混合料开始融化，此时硬化则生成大的冰块，品质低劣，故硬化需迅速进行。

项目 3　粮食制品加工技术

任务 3.1　面包加工技术

①答：刚出炉的面包温度高，皮脆瓤软，没有弹性，如果立即包装或切片，受到挤压或机械碰撞，必然造成断裂、破碎或变形。此外由于温度高，易在包装内形成水滴，使皮和瓤吸水变软，同时给霉菌繁殖创造条件。所以面包出炉后必须经过冷却才能包装。

②答：高筋粉。高筋粉的特点是面筋性蛋白质含量高，组成比例适宜，有利于形成持气的黏弹性面团。

③答：在烘烤熟制中，通过炉内高温作用，水分蒸发，气泡膨胀，淀粉糊化，面包体积增大，面包内部组织形成多孔洞的瓜瓤状结构，面筋蛋白受热变性而凝固、固定，使面包松软而有一定弹性。面包坯外表皮层在高温烘烤下，发生美拉德反应和焦糖化反应，形成悦目的棕黄褐色泽和令人愉快的香味。

任务 3.2　蛋糕加工技术

①答：戚风蛋糕膨松充气的原料主要是蛋白。蛋白是黏稠的胶体，具有起泡性，经过机械搅拌，使空气充分混入坯料中，蛋白液的气泡被均匀地包在蛋白膜内，经过加热，空气膨胀，坯料体积疏松而膨大。

②答：塔塔粉化学名为酒石酸氢钾（酸性物质），是加工戚风蛋糕必不可少的原材料之一。戚风蛋糕是利用蛋白来起发的，蛋白偏碱性，pH 7.6，而蛋白在偏酸的环境下（pH 4.6 ~ 4.8）能形成膨松稳定的泡沫，起发后才能添加大量的其他配料。没有添加塔塔粉

的蛋白虽然能打发，但是加入蛋黄面糊下去则会下陷，不能成型。所以可以利用塔塔粉的这一特性来达到最佳效果。

③答：在戚风蛋糕加工中，蛋黄部分、蛋白部分混合时没有搅匀所致。

④答：油脂具有消泡作用，会影响蛋白的起泡，进而影响戚风蛋糕的膨松效果。

任务 3.3　月饼加工技术

①答：企业普遍采用自动冲印成型机成型，即采用带有气孔的塑料模具，对包好馅的饼坯进行成型，并气压脱模（结合空气压缩机产生的压缩空气）。

②答：广式月饼的内包装中放入的是脱氧剂。因为广式月饼含有较多油脂，在贮存销售期间容易发生氧化酸败。

任务 3.4　膨化食品加工技术

①答：挤压膨化是将原料（玉米、小麦、大米等粮食颗粒）经粉碎、混合、调湿，送入螺杆挤压机，物料在螺杆的挤压作用下，产生高温、高压，物料中的水分呈过热状态，然后通过特殊设计的模孔挤出，高压迅速变成常压，此时物料内呈过热状态的水分便瞬间气化，类似强烈爆炸，水分子剧烈膨胀逸出，物料内部因失水而高温干燥、膨化定型，形成膨松多孔的结构。膨化食品经过杀菌、干燥处理，其水分含量低，且采用充氮气包装，延缓了氧化作用，故其保质期长。

②答：膨化食品结构膨松易碎，且易氧化，适宜充氮气包装。如果采用真空包装，可以减少氧化作用，但是膨化食品容易在运输、销售过程中破碎。

③答：与蒸煮加热饲料相比，挤压膨化处理饲料具有加热时间短、能耗低、保存期长等优点。

任务 3.5　面条加工技术

①答：方便面糊化度越高，其食用时复水性能越好。不进行蒸煮糊化，而直接通过油炸进行糊化，容易出现面块糊化度低，复水性能差；同时容易出现夹生。

②答：通过面块油炸，面条含水量大大降低，经包装可以长期贮存；使面条内的水分逸出，面条形成多孔性结构，在面块浸泡时，热水很容易进入这些微孔，因而具备了很好的复水性；使面条中淀粉的糊化状态被固定，大大降低了方便面在贮运期间的老化速度，改善其产品质量。

任务 3.6　米粉加工技术

①答：为了使方便米粉口感爽滑、有弹性，应选用直链淀粉含量比较高的早籼米；

在稻谷加工成大米的过程中，会产生部分碎米，经济价值较低，而加工米粉对大米外观要求不高，可以采用碎米作为原料，提高碎米的利用率，也降低了米粉的生产成本。

②答：方便米饭具有携带方便、保质期长、卫生、经济的特点，适合旅游、出差、野外作业等人员食用。

项目 4　肉制品加工技术

任务 4.1　冷鲜肉加工技术

答：a. 安全系数高。冷鲜肉从原料检疫、屠宰、快冷、分割到剔骨、包装、运输、贮藏、销售的全过程始终处于严格监控下，防止发生可能的污染。屠宰后，产品始终保持在 0 ~ 4 ℃的低温下，大大降低了初始菌数，抑制了病原菌的生长，其卫生品质显著提高。若超过 7 ℃，病原菌和腐败菌的增殖机会大大增加。b. 营养价值高。在适宜的低温（0 ~ 4 ℃）下，使胴体有序完成了僵直、解僵、成熟过程，肌肉蛋白质正常降解，肌肉完成冷却排酸，嫩度明显提高，肉的香味增加，非常有利于人体的消化吸收。因为冷鲜肉未经解冻，不会产生营养流失，克服了冻结肉的这一营养缺陷。c. 感官舒适性高。冷鲜肉在规定的保质期内色泽鲜艳，肌红蛋白不会褐变，此与热鲜肉无异，且肉质更为柔软。因其在低温下逐渐成熟，使冷鲜肉的风味明显改善。同时低温减缓了冷鲜肉中脂类的氧化速度，减少了醛、酮等小分子异味物的生产，并防止其对人体健康的不利影响。

任务 4.2　肉类干制品加工技术

答：如果横着肌纤维切块，则后续煮制加工中，容易搓散而失去块型，不利于后续切块。

任务 4.3　中式香肠加工技术

①答：广式腊肠还用作月饼、粽子的馅料。

②答：可以。将家乡特色食品资源与传统食品（腊肠、月饼、粽子等）结合，创新开发特色食品，可以更好地满足消费者需要，同时带动家乡特色食品资源销售。

项目 5　水产品加工技术

任务 5.1　冷冻水产品加工技术

①答：提高冻结速度、降低和稳定冻藏的温度以及控制解冻的速度等。

②答：干耗、产品变色、风味损失、蛋白质变性等。

③答：家用冰箱的贮藏温度高，冷冻鱼虾容易出现重结晶问题，破坏鱼虾的组织结构，造成解冻时流失很多汁液；也会使鱼虾水分容易升华，造成干耗严重。

任务 5.2 鱼糜制品加工技术

①答：添加一定量的淀粉，可以降低成本，而且适量的淀粉在一定程度上可提高鱼糜的凝胶能力。

②答：因为早期对海洋过度捕捞，造成海洋渔业资源在日益枯竭，单一鱼种的渔获量不足。

任务 5.3 水产罐头加工技术

①答：水产品的 pH 值大于 4.5，属于低酸性食品，需要采用高压杀菌。

②答：使用万用电表，并将两个表笔端（与待测物品接触的）都裹上棉球，蘸上生理盐水。操作中，一个表笔放置在马口铁罐的外壁，另一个表笔接触马口铁罐的内壁并转动位置。经抗硫涂料（或抗酸涂料）处理的马口铁罐，其内壁是不导电的，则万用电表电路不能接通。如果万用电表接通，则意味着该处存在没有涂料覆盖的部位（漏铁点）。

项目 6 饮料加工技术

任务 6.1 包装饮用水加工技术

①答：原水中含有的杂质会影响饮用纯净水的浊度、色泽、风味，例如铁离子含量高，会使得产品色泽加深，并有铁锈味等。

②答：电导率是电阻率的倒数，衡量物质导电能力的大小。水的电导率是衡量水质的一个很重要的指标，它能反映出水中存在的电解质的程度，通常表示水的纯净度。饮用纯净水是通过砂滤、活性炭吸附、精滤、离子树脂交换、反渗透等处理，所制饮用纯净水中已经去除了各种离子，其导电性能低，可以通过导电率间接反映纯净水的纯度。

③答：饮用纯净水进行臭氧消毒后，无后续消毒工序，因此臭氧灭菌后要立即灌装，从而利用残余的臭氧确保产品质量。

④答：例如化学实验室可以配备反渗透膜法纯净水机制备纯净水，用于化学试剂配制。野外科考队或部队可以配备反渗透膜法纯净水机制备纯净水，解决饮水问题。

任务 6.2 蛋白饮料加工技术

①答：胰蛋白酶抑制、红细胞凝集素。

②答：豆乳饮料 pH 值大于 4.5，属于低酸性食品，需要采用高温高压杀菌。

③答：豆乳加工中，需要提取大豆蛋白，加酸往往会降低 pH 值，接近大豆蛋白等电点，不利于大豆蛋白的提取。

任务 6.3 茶饮料加工技术

答：茶饮料的 pH 值为 5 ~ 7（大于 4.6），属于低酸性食品，需要采用高压杀菌。

项目 7 蛋制品加工技术

任务 7.1 蛋与蛋制品概述

答：鲜鸡蛋放入蛋托，是大头朝上。

任务 7.2 皮蛋加工技术

答：皮蛋加工主要利用纯碱（碳酸钠）与熟石灰（氢氧化钙）生成氢氧化钠，或直接加入氢氧化钠，由蛋壳渗入蛋白内并逐步向蛋黄渗入，使蛋白变性而凝聚成凝胶状，并有弹性。同时溶液中的钠离子（食盐）、石灰中的钙离子、植物灰中的钾离子、茶叶中的单宁物质等，都会促使蛋内的蛋白凝固和沉淀，蛋黄凝固和收缩。同时发生皮蛋的呈色、松枝花纹的形成。

任务 7.3 咸蛋加工技术

答：咸蛋是以鲜蛋为原料，经盐水或含盐的黄泥、草木灰等腌制而成的蛋制品。食盐依靠扩散和渗透作用，经过蛋壳气孔、蛋白膜、蛋黄膜进入蛋内，使蛋变咸并改善风味。

项目 8 发酵食品加工技术

任务 8.1 果酒加工技术

①答：a. 抑菌作用。二氧化硫能抑制微生物的活动，细菌对二氧化硫最为敏感，而葡萄酒酵母抗二氧化硫能力较强。b. 澄清作用。由于二氧化硫的抑菌作用，使发酵起始时间延长，从而使葡萄汁中的杂质有时间沉降下来并除去。c. 抗氧化作用。二氧化硫能防止酒的氧化，特别是阻碍和破坏葡萄中的多酚氧化酶，减少单宁和色素的氧化，阻止氧化浑浊、颜色退化，并能防止葡萄汁过早褐变。

②答：巴氏杀菌可以更好地保持葡萄酒的风味，同时达到杀菌要求。

③答：前发酵期间葡萄浆的甜味渐减，酒味增加，品温逐渐升高并产生大量二氧化碳，

皮渣上浮形成一层酒帽。若酒帽浮起，则不能对皮渣中有效成分进行浸提，同时易暴露在空气中，引起腐败变质等问题。

任务 8.2　米酒加工技术

答：淀粉含量高，蛋白质、脂肪含量低，以达到产酒多、酒气香、杂味少、酒质稳定的目的；淀粉颗粒中的支链淀粉的比例高，以利于蒸煮糊化及糖化发酵，产酒多，糟粕少，酒液中残留的低聚糖较多，口味醇厚；工艺性能好，吸水快而少，体积膨胀小。

任务 8.3　啤酒发酵技术

答：生啤是指酒液不经过巴氏灭菌而采用瞬时杀菌或无菌膜过滤工艺处理的啤酒。因生啤中保存了一部分营养丰富的酵母菌，所以口味鲜美。但稳定性差，不能长时间存放，常温下保鲜期仅 1 d 左右，低温下可保存 3 d 左右。熟啤是指生啤经过巴氏杀菌法处理后得到的啤酒。经过杀菌处理后的啤酒，稳定性好，保质期可长达 180 d。但口感不如生啤，超过保质期后，酒体会老化和氧化，并产生老化味和异杂味、沉淀、变质的现象。熟啤均以瓶装或罐装形式出售。

任务 8.4　果醋加工技术

答：果醋发酵，若以果酒为原料则只进行醋酸发酵。若以果品、果汁或果渣为原料，需经过两个阶段：首先是酒精发酵阶段；其次是醋酸发酵阶段。

项目 9　其他食品加工技术

任务 9.1　豆腐加工技术

①答：大豆浸泡目的是软化大豆组织结构，降低磨浆时的能耗与磨损，提高大豆蛋白胶体的分散程度，有利于蛋白质的萃取，提高蛋白质的提取率。浸泡程度以浸泡的大豆增重到 2 倍左右为宜。根据具体情况掌握浸泡时间，当浸泡水表面集中薄层泡沫，豆瓣已涨大为浸泡前的 2 倍左右，横断豆瓣，观察其断面的中心与边缘色泽一致，则表明浸泡时间已到。

②答：a. 生豆浆通过加热发生热变性，有利于形成凝胶。煮浆温度、煮浆时间应保证大豆中的主要蛋白质能够发生变性。b. 加热可破坏大豆中的抗生理活性物质（如胰蛋白酶抑制剂）和产生豆腥味的物质，同时具有杀菌的作用。

③答：豆腐的压制成型是在豆腐箱和豆腐包内完成的。豆腐箱在压制时起固定外形和支撑的作用。豆腐包可以在豆腐定型过程中使水分通过包布排出，使分散的蛋白质胶

体连接为一体。

任务 9.2　油脂加工技术

①答：油脂精炼加工通常包括毛油中机械杂质的去除、脱胶、脱酸、脱色、脱臭、脱蜡。

②答：在我国一些地区，人们喜欢小作坊的自榨花生油，觉得香气浓郁。但是小作坊自榨花生油存在安全隐患，包括后续未经精炼加工容易出现氧化酸败、保质期短等问题；所用花生原料容易存在霉变的问题，容易出现黄曲霉毒素超标问题，导致人体中毒。

参考文献

［1］德力格尔桑．食品科学与工程概论［M］．北京：中国农业出版社，2002.

［2］胡小松，蒲彪，廖小军．软饮料工艺学［M］．北京：中国农业大学出版社，2002.

［3］蒋爱民，南庆贤．畜产食品工艺学［M］.2 版．北京：中国农业出版社，2008.

［4］李秀娟．食品加工技术［M］.2 版．北京：化学工业出版社，2018.

［5］林洪，张瑾，熊正河．水产品保鲜技术［M］．北京：中国轻工业出版社，2001.

［6］蔺毅峰．焙烤食品加工工艺与配方［M］．2 版．北京：化学工业出版社，2011.

［7］刘成梅，罗舜菁，张继鉴．食品工程原理［M］．北京：化学工业出版社，2011.

［8］刘俊英，李金玉．饮料加工技术［M］．北京：中国轻工业出版社，2010.

［9］罗云波，蔡同一．园艺产品贮藏加工学：加工篇［M］．北京：中国农业大学出版社，2001.

［10］马国刚．食品工艺实验与检验技术［M］．2 版．北京：中国轻工业出版社，2016.

［11］马俪珍，刘金福．食品工艺学实验［M］．北京：化学工业出版社，2011.

［12］彭珊珊，钟瑞敏，李琳．食品添加剂［M］．2 版．北京：中国轻工业出版社，2009.

［13］彭元怀，朱国贤．食品科学与工程专业实验与实训［M］．北京：化学工业出版社，2017.

［14］邱礼平．食品机械设备维修与保养［M］．北京：化学工业出版社，2010.

［15］邵长富，赵晋府．软饮料工艺学［M］．北京：中国轻工业出版社，1987.

［16］沈月新．水产食品学［M］．北京：中国农业出版社，2001.

［17］王如福，李汴生．食品工艺学概论［M］．北京：中国轻工业出版社，2014.

［18］魏强华，姚勇芳．食品生物化学与应用［M］．重庆：重庆大学出版社，2015.

［19］夏文水．食品工艺学［M］．北京：中国轻工业出版社，2007.

［20］谢晶．我国水产品冷藏链的现状和发展趋势［J］．制冷技术，2010，30（3）：5-10.

[21] 严佩峰，邢淑婕. 畜产品加工［M］. 重庆：重庆大学出版社，2007.
[22] 杨宝进，张一鸣. 现代食品加工学［M］. 北京：中国农业大学出版社，2006.
[23] 叶兴乾. 果品蔬菜加工工艺学［M］.3 版. 北京：中国农业出版社，2009.
[24] 于新，李小华. 肉制品加工技术与配方［M］. 北京：中国纺织出版社，2011.
[25] 翟玮玮，刘靖. 食品生产概论［M］. 北京：科学出版社，2011.
[26] 翟玮玮. 食品加工原理［M］.2 版. 北京：中国轻工业出版社，2011.
[27] 詹现璞. 乳制品加工技术［M］. 北京：中国轻工业出版社，2011.
[28] 张富新，杨宝进. 畜产品加工技术［M］. 北京：中国轻工业出版社，2000.
[29] 张和平，张佳程. 乳品工艺学［M］. 北京：中国轻工业出版社，2007.
[30] 张慜，陈卫平. 水产类调理食品加工过程品质调控理论与实践［M］. 北京：中国医药科技出版社，2013.
[31] 张文朴. 普通食品工艺学［M］. 北京：化学工业出版社，2010.
[32] 张雪. 粮油食品工艺学［M］. 北京：中国轻工业出版社，2017.
[33] 赵晨霞. 果蔬贮藏与加工［M］. 北京：高等教育出版社，2005.
[34] 赵丽芹. 果蔬加工工艺学［M］. 北京：中国轻工业出版社，2002.
[35] 周光宏，张兰威，李洪军，等. 畜产食品加工学［M］. 北京：中国农业大学出版社，2002.
[36] 周家春. 食品工艺学［M］. 3 版. 北京：化学工业出版社，2017.